"十四五"职业教育国家规划教材

"课程思政+核心素养+分层教学"立体化新理念教材

计算机组装与维护

（第2版）

主　编◎李　丰　梁庆铭

副主编◎甘汉波　谭金惠　何翠云　李　巧

参　编◎黄梓恩　黎家慧　黎　敏　陈　健

电子工业出版社

Publishing House of Electronics Industry

北京·BEIJING

内 容 简 介

本书以计算机硬件的认知和应用为主线，构建立体化的学习框架，多层次、多角度地展开介绍，涵盖计算机组装、配置、维护和应用实践的完整流程，帮助学生解决未来生活、职业和创业环境中的相关问题，注重培养学生的家国情怀、工匠精神、时代职业精神、使命担当意识、工程伦理意识及创新探索能力。

本书围绕专业教学标准的基本要求编写，融合了思政课与专业课的内涵特色，以推进课程思政为指导，以满足岗位实践为导向，以增强职业素养为核心，以实施分层教学为渠道，凸显德技并修的育人途径，将思想性、技术性、人文性、趣味性与实用性有机结合起来，实现思政教育与技术技能培养的融合统一，落实立德树人的根本任务。

本书对接多个专业中与计算机组装维护相关课程的教学要求，衔接对应的岗位工作需要，内容翔实、条理清晰、通俗易懂、简单实用，既是一本专业课教材，也是一本职业型工作手册，可作为职业院校计算机类专业的授课教材、职业技能培训班的培训资料及广大用户的参考工具书。

未经许可，不得以任何方式复制或抄袭本书的部分或全部内容。
版权所有，侵权必究。

图书在版编目（CIP）数据

计算机组装与维护 / 李丰，梁庆铭主编. —2 版. —北京：电子工业出版社，2022.2 (2025.8 重印)

ISBN 978-7-121-42967-5

Ⅰ．①计… Ⅱ．①李… ②梁… Ⅲ．①电子计算机—组装—中等专业学校—教材②计算机维护—中等专业学校—教材 Ⅳ．①TP30

中国版本图书馆 CIP 数据核字（2022）第 028305 号

责任编辑：杨　波
印　　刷：三河市君旺印务有限公司
装　　订：三河市君旺印务有限公司
出版发行：电子工业出版社
　　　　　北京市海淀区万寿路 173 信箱　邮编　100036
开　　本：880×1 230　1/16　印张：18.75　字数：432 千字
版　　次：2017 年 12 月第 1 版
　　　　　2022 年 2 月第 2 版
印　　次：2025 年 8 月第 11 次印刷
定　　价：45.00 元

凡所购买电子工业出版社图书有缺损问题，请向购买书店调换。若书店售缺，请与本社发行部联系，联系及邮购电话：(010) 88254888，88258888。
质量投诉请发邮件至 zlts@phei.com.cn，盗版侵权举报请发邮件至 dbqq@phei.com.cn。
本书咨询联系方式：(010) 88254584，yangbo@phei.com.cn。

PREFACE

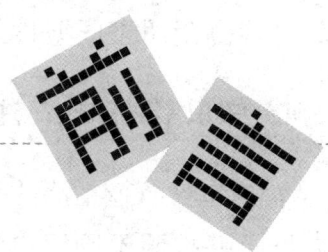

本书以党的二十大精神为统领,全面贯彻党的教育方针,落实立德树人根本任务,践行社会主义核心价值观,铸魂育人,坚定理想信念,坚定"四个自信",为中国式现代化全面推进中华民族伟大复兴而培育技能型人才。

本书涵盖了计算机组装与维护课程学习的几个阶段(基础入门、实践强化、能力提升、评价考核和职业应用等阶段),遵循由浅入深、由易到难、由点到面的设计原则,并采用项目管理的基本方法来组织全书内容,将计算机组装、维护与应用的相关知识融入每个阶段的知识结构树中,符合学生从接受知识、消化知识再到应用和转化知识的认知发展规律。书中二维码内容为导读和相关拓展知识,供学生课前预习及课后复习使用。

本书在整体规划与内容编排方面独具匠心,形成了特色鲜明的知识框架,阐述如下。

1. 内容覆盖全面,结构清晰合理

本书按照计算机组装、配置、维护和维修的主要流程来安排内容结构,全面介绍了组成计算机的各种硬件设备和软件系统,对每个部件的介绍都包含部件概述、部件特点、功能作用、部件分类、选购参考、主流产品介绍、真伪辨别、前沿技术(或未来产品)等部分,不仅有利于学生学习该部件各个方面的知识,还可以拓展学生的知识视野。

2. 有机融入思政协同育人理念,实现思想与技能培养的融合统一思想

本书针对每个篇章设计了主题导读课,以及情感价值、职业能力、职业素养品质三类育人目标,帮助学生坚定"四个自信",培养家国情怀、民族自豪感和使命担当意识,同时在教材中穿插中国元素,展现中国制造魅力,弘扬勇于奋斗、开拓创新的民族精神。

本书加入了我国在超级计算机、量子计算机、拟态可变计算机、未来芯片制造技术、液态金属散热技术、机械硬盘技术、穿戴式显示设备、大型救援无人机等计算机科技领域的先进成果,并加以适当点评,启发学生进行正面思考,将课程思政的协同育人理念有机融入计算机专业的人才培养过程。

3. 强化职业素养训练,培育新时代工匠型技能人才

本书结合企业相关岗位工作要求,在各章节设置若干课堂实训任务和对应的实践评价,强化计算机实践操作的规范性、安全性和标准化,加强职业素养的训练,并以中国制造和中国产品为启发,培养精益求精、追求卓越的职业精神、工匠精神和创新精神,培育德才兼备

的新时代高素质工匠型技能人才，助力我国信息技术产业发展，推进中国式现代化建设。

4. 知识紧跟时代，注重实用性

本书选取当今主流的硬件和软件产品，详细介绍其主要型号、性能参数、品牌特点及适用人群，并按照不同用户的需求提供有针对性的分析和应用建议。如在"选购参考"环节，除了对主流品牌、型号和产品特点进行说明外，还介绍了在选购时如何辨别硬件产品的真伪及质量优劣，让用户在购买时能够心中有数，以避免盲目地进行选择。

5. 编写风格通俗易懂，趣味性强

本书站在读者的角度，用通俗易懂的语言来描述专业性的概念、原理、类型及实现过程，并采用故事性的叙述手法来组织编写，如同一本科普类的故事书，语言风趣，可读性强。另外，本书还介绍了相关硬件未来将要实现或者已经实现的前沿技术，使学生了解这个行业的一些新潮、有趣、酷炫的科技成果，激发学生对硬件技术的兴趣和好奇心。

6. 融合课堂内外探究实践，提升自主学习能力

本书旨在帮助读者开展自主学习与探究式实践。建议教学课时应不少于 64 学时，并根据培养需要与实训条件，灵活安排理论与实训课时。教师可重点讲解基础知识和实训任务，而将其他说明性和拓展性内容留给学生开展自主学习。教师设置相应的学习任务与能力目标，同时结合"技能实践评价""知识巩固与能力拓展"来考核学生的学习情况。本书不仅可满足日常教学所需，也适合进行知识探索、兴趣拓展和探究训练，以提高学生的自主学习和职业实践能力。

本书建议的课时分配安排如下表。

阶段结构/章节归纳	理论课时	实操课时	技能实践评价
第一篇　认识和选购计算机配件			
第 1 章　认识计算机	2	按需分配	熟悉计算机的组成结构
第 2 章　认识和选购 CPU	2	按需分配	熟悉 CPU
第 3 章　认识和选购 CPU 散热器	2	按需分配	熟悉 CPU 散热器
第 4 章　认识和选购主板	2	按需分配	熟悉主板
第 5 章　认识和选购内存	2	按需分配	熟悉内存
第 6 章　认识和选购硬盘	2	按需分配	熟悉硬盘
第 7 章　认识和选购键盘、鼠标	2	按需分配	熟悉键盘、鼠标
第 8 章　认识和选购计算机板卡	2	按需分配	熟悉计算机板卡
第 9 章　认识和选购显示器	2	按需分配	熟悉显示器
第 10 章　认识和选购电源与机箱	2	按需分配	熟悉电源与机箱

续表

阶段结构/章节归纳	理论课时	实操课时	技能实践评价
第二篇　安装与配置计算机			
第 11 章　计算机选配解决方案	2	2	DIY 配置一台计算机 选配一台品牌计算机
第 12 章　组装一台计算机	2	4	观察计算机的硬件构成 组装一台计算机 测试计算机硬件
第 13 章　设置 BIOS	2	2	进入 BIOS 设置界面 设置系统日期和时间 禁用软驱 设置光驱为第一启动设备 设置 BIOS 登录密码 恢复 BIOS 出厂设置 清除 BIOS 密码
第 14 章　硬盘分区与格式化	2	4	查看本地计算机的硬盘分区 使用分区工具对硬盘进行分区和格式化 删除现有分区 对硬盘进行快速分区 调整分区容量 拆分磁盘分区
第 15 章　安装 Windows 7 操作系统	2	4	准备 Windows 7 操作系统安装 使用光盘安装 Windows 7 操作系统 用光盘安装主板驱动程序 使用驱动精灵安装主板驱动程序 通过 Windows 7 更新功能升级驱动程序 设置计算机网络连接属性 更改本地计算机名称
第 16 章　系统备份与故障恢复	2	4	使用 U 深度启动盘制作工具制作 U 盘启动盘 使用 U 盘启动盘备份 Windows 7 操作系统 使用 U 盘启动盘还原 Windows 7 操作系统 使用 Windows 7 操作系统自带工具备份系统 使用 Windows 7 操作系统镜像文件恢复系统 使用 EasyRecovery 恢复被误删除的文件 在已被格式化的磁盘分区中恢复文件 在已损坏的磁盘分区中恢复文件
第三篇　维护与修复计算机			
第 17 章　计算机保养与维护	4	2	计算机保养维护的操作要点 主机配件的日常保养维护 外围设备的日常保养维护
第 18 章　计算机故障诊断与排除	4	2	认识计算机故障 计算机工作过程中的故障诊断与排除 计算机常见故障的诊断与排除 Windows 蓝屏故障的诊断与排除

7. 对接专业教学标准，适合中高职融通化培养

本书依据《职业院校教材管理办法》及专业教学标准编写，对接计算机与数码设备维修、计算机网络技术等多个相关专业的课程教学要求，面向计算机技术、服务和销售类岗位群，并融合了中高职院校的计算机人才培养需要，能很好地融入不同层次的专业课程体系，使本书不仅适合中等职业学校、技工学校开展计算机硬件课程教学所用，也可作为高职院校的计算机专业教材及社会相关职业技能培训班的授课教材。

8. 配置丰富的教学资源，便于实施分层教学

本书配有电子教学参考资料包，包括 PPT 课件、电子教案、教学指南、教学视频、习题库、技能大赛方案及题库、国家职业标准与行业规范文件、典型企业岗位招聘要求汇编、计算机硬件拆装技能竞赛实施方案、社会实践项目—计算机硬件市场调查报告、期末考试样卷和参考答案等，拓展内容则通过电子活页来组织与呈现，以方便教师根据培养需要实施分层教学和实践训练，从而拓展知识层次，延伸学习路径。

本书提供了 3 个导读课件，每个导读课件对应一个篇章的课程思政主题，并囊括了该篇章的核心思政要素及典型案例，主题明确，重点突出，教师可结合教材内容有针对性地开展课程思政教育。

9. 优化校企"双元"建设方式，凸显专业人才培养特色

本书的编写得到了广西盈科信息科技有限公司、岑溪市智通电脑有限公司、岑溪市图拉丁计算机维修服务部（联想广西客服中心岑溪服务部）等多家计算机服务型合作企业的支持，我们邀请这些企业的负责人、技术部主管及联想认证服务工程师共同研讨计算机硬件类人才培养与教材体系建设，以服务的角度衔接课程教学与行业需求，体现了计算机专业人才培养的特色。

本书由李丰、梁庆铭主编，由甘汉波、谭金惠、何翠云、李巧任副主编，黄梓恩、黎家慧、黎敏、陈健参加编写与教学资源制作。第一主编曾在企业担任 7 年 IT 工程师，后进入中职学校从事计算机网络相关课程的教学与科研，负责计算机实训基地管理、学科团队与课程建设、1+X 证书制度试点建设、教材开发等工作，具有丰富的一线技术工作与专业教学管理经验。

虽然在本书的规划设计和编写过程中倾注了大量的精力与心血，但由于个人能力有限，加上计算机硬件技术发展迅速，书中难免存在错漏和缺陷之处，恳请读者不吝提出批评建议，以便进行改正和完善，编者的 E-mail：stephenli06@126.com。读者也可以加入本书的服务交流群，QQ 群：746941286。

本书在编写过程中参考了百度、京东、太平洋电脑网、中关村在线、泡泡网、电脑百事网、天极网、IT168 资讯网、驱动之家等网站的开放资源和商情信息，在此一并表示感谢。

编　者

PREFACE

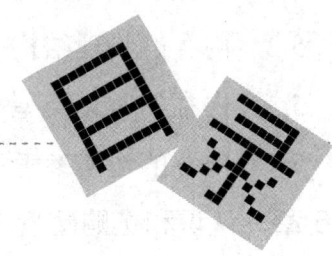

第一篇 认识和选购计算机配件

第1章 认识计算机 003
1.1 计算机的发展简史 004
1.2 计算机的分类 005
1.3 计算机的基本组成 008
1.4 与IT行业相关的岗位 013

第2章 认识和选购CPU 016
2.1 CPU的性能参数 017
2.2 CPU的主要品牌与特点 019
2.3 Intel和AMD主流处理器产品与性能参数 021
2.4 CPU的选购参考 022

第3章 认识和选购CPU散热器 027
3.1 散热器的分类 028
3.2 散热器性能参数 029
3.3 散热器的选购参考 030

第4章 认识和选购主板 033
4.1 主板的功能作用 034
4.2 主板的组成结构 034
4.3 常见的主板类型 040
4.4 主板选购参考 042

第 5 章　认识和选购内存 052
5.1　内存的功能作用 053
5.2　内存的物理结构 053
5.3　内存的常见类型 054
5.4　内存的选购参考 055

第 6 章　认识和选购硬盘 063
6.1　计算机硬盘的特点与作用 064
6.2　硬盘的主要类型 064
6.3　机械硬盘 066
6.4　固态硬盘 070
6.5　机械硬盘与固态硬盘选购参考 072

第 7 章　认识和选购键盘、鼠标 077
7.1　认识键盘 078
7.2　认识鼠标 080
7.3　键盘和鼠标的选购参考 082

第 8 章　认识和选购计算机板卡 086
8.1　显卡 087
8.2　声卡 090
8.3　网卡 093
8.4　计算机板卡选购参考 096

第 9 章　认识和选购显示器 100
9.1　显示器的分类 101
9.2　LCD 显示器的主要性能指标 103
9.3　LCD 显示器的主流品牌 105
9.4　LCD 显示器选购参考 106

第 10 章　认识和选购电源与机箱 110
10.1　认识电源 111
10.2　认识机箱 113
10.3　电源和机箱的选购参考 114

第二篇 安装与配置计算机

第 11 章 计算机选配解决方案 122
- 11.1 DIY 装机方案分析与配置 123
- 11.2 品牌计算机选购方案分析与配置 130

第 12 章 组装一台计算机 137
- 12.1 观察计算机的硬件构成 138
- 12.2 组装一台完整的计算机 138

第 13 章 设置 BIOS 156
- 13.1 认识 BIOS 和 CMOS 157
- 13.2 熟悉 BIOS 设置界面 159
- 13.3 基本 BIOS 参数设置 162
- 13.4 高级 BIOS 参数设置 166

第 14 章 硬盘分区与格式化 171
- 14.1 硬盘分区与格式化概述 172
- 14.2 了解和创建硬盘分区 174
- 14.3 硬盘分区与格式化操作实践 177

第 15 章 安装 Windows 7 操作系统 189
- 15.1 准备 Windows 7 系统的安装 190
- 15.2 使用光盘安装 Windows 7 操作系统 192
- 15.3 安装硬件驱动程序 198
- 15.4 Windows 7 操作系统基本设置 207

第 16 章 系统备份与故障修复 215
- 16.1 制作 U 盘启动盘 216
- 16.2 使用 Ghost 软件备份系统 219
- 16.3 使用 Ghost 软件还原系统 222
- 16.4 使用 Windows 自带工具备份和还原系统 225
- 16.5 使用 EasyRecovery 恢复数据 232

第三篇 维护与修复计算机

第 17 章 计算机保养与维护 ·· 242
   17.1 计算机保养与维护的基本要求 ··· 243
   17.2 主机配件的保养和维护方法 ··· 244
   17.3 外围设备的保养和维护方法 ··· 249

第 18 章 计算机故障诊断与排除 ·· 257
   18.1 认识计算机故障 ··· 258
   18.2 计算机工作过程中的故障诊断与排除 ·· 266
   18.3 计算机各类组成部分的故障诊断与排除 ··· 271
   18.4 计算机蓝屏故障的诊断与排除 ·· 277

附录 本书导读和拓展知识列表 ·· 285

导读
在计算机硬件领域,我们中国已经很厉害啦!

第一篇

认识和选购计算机配件

💡 职业场景创设

职业院校学生小明毕业后入职当地一家企业,任职技术岗位,负责计算机相关设备的管理、维护与技术支持工作。部门主管老陈为此拟定了学徒制的培训计划,带领并指导小明开展岗前实习工作。第一个工作任务先从认识计算机及相关岗位的职业要求开始。

老陈:目前市场上计算机种类繁多,计算机的配件和软件产品也是五花八门,我们要先熟悉常见的计算机软硬件和周边产品,这对日常工作的开展是很有帮助的。

小明:好的。那我应该怎样开展好工作呢?

老陈:作为技术人员,首先要具备扎实的技术功底,掌握计算机配件的常见类型、性能参数、品牌型号、选购方法和真伪辨别技巧,熟悉本行业的新技术、新规范、新标准和热门产品,并能够将所学知识和技能服务于工作需要。另外,作为员工,还需要养成良好的职业品德和职业素养,实现更大的职业价值。

小明:明白了!我一定会认真工作,不断提升自己,努力成为一名优秀的员工!

职业训练计划

主管老陈计划先让小明熟悉计算机的软硬件构成，提升计算机的通识能力，掌握各类配件的基本特点、常见类型及选购方法，做到融会贯通，能分析和解决相关问题，并通过对我国计算机先进科技成果及相关岗位素质要求的介绍，培养小明具备必要的职业素养和职业核心能力，以达成德技并修的人才培养目标。

情感价值目标

- 培养国家认同感与民族自豪感。
- 培养文化自信与科技自信情怀。
- 培养职业认同感与职业荣誉感。

职业能力目标

- 良好的自主学习与探究精神。
- 较强的分析与解决问题能力。
- 必要的沟通交流与合作能力。

职业素养品质

- 牢固的法治观念，遵纪守法和坚持操守的职业意识。
- 爱岗敬业、公道办事、吃苦耐劳、乐于奉献的职业精神。
- 较强的职业责任感，自觉实践本行业的职业精神和职业规范。
- 诚实守信、自律性强、开拓创新的职业品格和行为习惯。
- 主动学习和熟悉本行业的新产品、新技术和新趋势，能运用于岗位工作实践。

认识计算机

第 1 章

🔽 工作任务分析

本任务主要学习计算机的基础知识,包括常见的计算机产品类型,计算机系统的基本组成,以及当前与计算机技术相关的岗位,使学生能对计算机行业与职业有一个直观的概要认识,并拓展学生的知识视野,激发学生的爱国情感、职业认同感及学习计算机知识的热情。

🔽 知识学习目标

- 了解现代计算机的发展历程。
- 了解计算机的常见类型。
- 了解当前热门的 IT 行业岗位。
- 熟悉计算机的软硬件组成。

🔽 技能实践目标

- 能够辨识常见的计算机产品类型。
- 能够简述计算机硬件设备的基本作用。
- 能够上网查找和选购主流的计算机产品。

🔽 课程思维导图

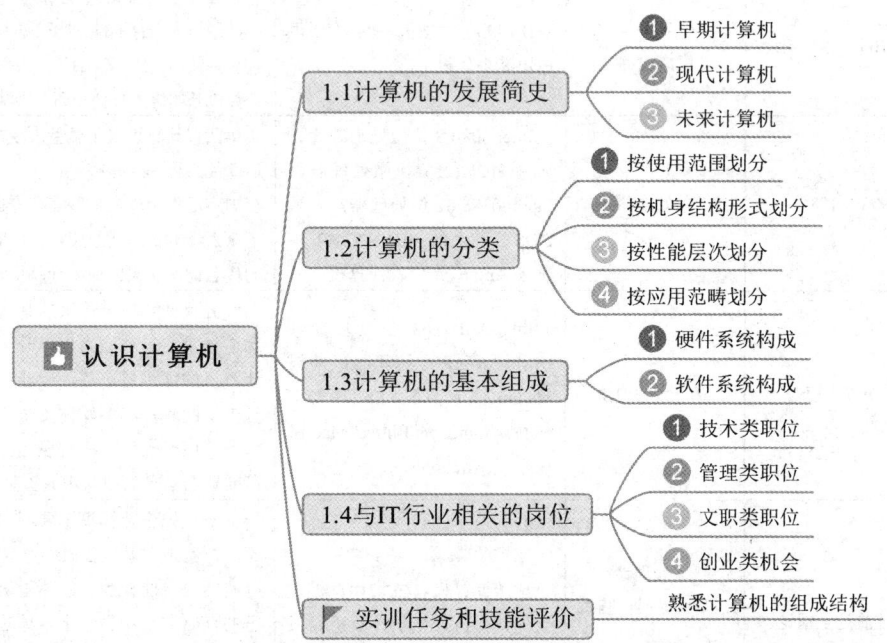

计算机(Computer)俗称电脑,是 20 世纪人类最伟大的发明创造之一,它对现代科技的发展与人类文明的进步起着举足轻重的作用。时至今日,计算机的应用已几乎渗透到人类社

会的所有领域，并成为一个国家经济与科技快速发展的重要引擎。而我国也形成了规模巨大的计算机制造、软件开发和信息服务产业，这不仅极大地推动了计算机技术的革新，也由此引发了深刻的社会变革。

1.1 计算机的发展简史

自从 1946 年诞生至今，仅仅 70 多年时间，现代计算机就已经历了 5 次更新换代，从早期的巨型机、大型机、小型机阶段发展到微型计算机阶段，再到当前的智能计算机阶段。计算机的设计和制造发生了翻天覆地的变化，性能迅速提升，而体积和价格却在不断下降。表 1-1 简要列出了现代计算机的"进化"过程。

表 1-1 现代计算机的发展阶段

发展历程	起止年限	里程碑	代表产品	特点简介
第一阶段	1946—1957 年	电子管	ENIAC 与 EDVAC 计算机	第一代计算机采用电子管作为基本元件，体积庞大，功耗极高，价格昂贵，稳定性差，操作也很复杂，运算速度只有每秒数千次，一般采用机器语言和汇编语言编程，主要用于武器研制和科学运算
第二阶段	1958—1964 年	晶体管	IBM 公司 RAMAC 计算机、CDC 公司 CDC6600 大型机	第二代计算机由晶体管代替了电子管，以磁芯作为主存储器，磁盘作为外存储器。具有体积小、重量轻、效率高、能耗和发热量更低等特点，运算速度达到每秒几十万次，开始使用系统软件及 FORTRAN、COBOL 等高级语言编程
第三阶段	1965—1970 年	硅半导体集成电路	IBM360 大型机、DEC 公司 PDP-8 小型机	第三代计算机采用中小规模集成电路制造，以半导体存储器作为主存部件，体积更小，功耗更低，稳定性更强，并使用高级语言编程，用操作系统管理硬件资源，计算机开始进入社会与商业领域
第四阶段	1971—1985 年	微处理器	Intel 8080 8 位微处理芯片、Intel 80286 16 位微处理器、Intel 80386 32 位处理器；微软 DOS 操作系统；IBM PC/AT 与苹果 Apple II 个人计算机	第四代计算机采用微型大规模集成电路制造工艺，运算能力提高至每秒上亿次。内存容量越来越大，外存则广泛使用软盘、硬盘和光盘。Intel 微处理器揭开了个人计算机时代的序幕，IBM PC 成为个人计算机的代名词，苹果则成为计算机时尚设计的风向标
第五阶段	1986 年至今	智能微处理器	Intel/AMD 64 位处理器、IBM PowerPC 处理器；苹果 Macintosh 计算机、Sun 图形工作站；Windows/Linux/Mac 操作系统；Internet	第五代计算机普遍采用智能型超大规模集成电路制造技术，运算能力也飙升至每秒几十亿次以上。计算机的体积更小巧，性能更强，稳定性更高，拥有丰富的软件和多媒体资源，价格为普通消费者所接受。由于互联网高度发达，计算机已成为人们不可或缺的信息处理与沟通工具
第六阶段	目前处于理论研究或实验阶段	量子处理器；基因芯片、脑机交互接口；蛋白质分子导体与存储元件	量子计算机、生物计算机、类脑计算机、光学计算机、人工神经网络计算机；深度神经网络；深度学习技术	下一代先进计算机主要利用蛋白质分子作为基本元件，制造出基因芯片、传输导体与存储部件，具有速度快、能耗小、发热量极小等优势，其蛋白分子的存储容量相当于半导体芯片的数百万倍。而基于量子叠加态原理制造的量子计算机则拥有高于传统计算机指数级的并行运算和存储能力，能够同时计算并提取所有可能的信息，将极大地提升人们探索解决复杂问题的能力

1.2 计算机的分类

计算机的产品和形态类型众多,大体上可分为以下几类。

1. 按使用范围划分

按照计算机的使用范围划分,可分为个人计算机和商用计算机。

(1)个人计算机

个人计算机(Personal Computer)简称 PC 或微机,是现在使用最广泛的计算机类型,主要用在家庭、学校、企业单位等普通个人消费场合。

(2)商用计算机

商用计算机外观比较大方,拥有更高的稳定性、安全性、耐用性和运行性能,在售后服务和技术支持方面也更完善,大多用于满足企业和事业单位中的商务办公、专业设计、数据处理、工程开发等使用需要。

2. 按机身机构形式划分

按照计算机的机身结构形式划分,可分为台式计算机、便携式计算机、一体式计算机等。

(1)台式计算机

台式计算机(Desktop Computer)是一种将各类部件分离开来的计算机,散热性能比较好,可以很方便地安装、拆卸、添加或更换配件,在装机时也可以灵活、个性化地配置计算机的硬件性能,如图 1-1 所示。

(2)便携式计算机

便携式计算机则将大部分配件都集中在一个狭小的空间内,体积更加小巧,具有优异的集成性、便携性与可移动性。目前比较流行的笔记本电脑(Laptop Computer)、平板电脑(Tablet PC)、二合一设备均属于便携式计算机的范畴,如图 1-2 所示。

图 1-1 台式机

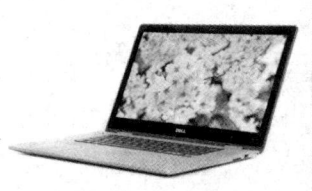  

图 1-2 常见的便携式计算机

(3)一体式计算机

一体式计算机(AIO Computer)简称一体机,是一种比较前卫的计算机形态,它将主机和显示器等主要部件及芯片整合在一起，显示器就是一台计算机。一体机既保持了台式计算机宽大的显示界面与主流的性能配置，又吸纳了笔记本电脑的高度集成化、轻薄化和体积小等特性，如图1-3所示。

图1-3　一体式计算机

3. 按性能层次划分

按照计算机的性能层次划分，可分为服务器、工作站和普通计算机。

（1）服务器

服务器（Server）是一类性能较高的计算机，一般采用专门设计的核心部件、操作系统和应用软件，具有优异的稳定性、安全性和运行效率，主要负责处理大部分的网络数据和网络支持服务，是网络的关键节点之一，如图1-4所示。

图1-4　工业级服务器

（2）工作站

工作站（Workstation）也属于一种特殊的计算机，其核心性能往往不及服务器强大，但是仍然具有较高的数据运算和图形处理能力，主要用在计算机辅助设计、大型软件开发、建筑工程图纸制作、影视特效渲染、3D动画建模、数据分析处理等专业领域。如图1-5和图1-6所示分别为台式图形工作站和移动式图形工作站。

图1-5　台式图形工作站

图1-6　移动式图形工作站

（3）普通计算机

普通计算机是指办公用或家用计算机。

4. 按应用范畴划分

按照计算机的应用范畴划分，可分为超级计算机、大型计算机、小型计算机和微型计算机。

（1）超级计算机

超级计算机（Super Computer）属于巨型机的一种，是一套庞大、复杂的计算机系统，通常拥有数千个乃至数万个数据计算核心与图形处理核心,有极快速的数据处理速度,以及超大容量的数据存储设备。

超级计算机是一个国家科研实力的突出体现,对国家战略发展与国家安全防护具有举足轻重的意义。近年来,我国超算实力不断增强,在探月工程、载人航天、大飞机制造、基因工程、智慧城市等重大项目中大显身手,为建设创新型国家做出了重要贡献。其中,"天河二号"超级计算机曾连续六次蝉联全球超级计算机 500 强榜首,而"神威·太湖之光"超算系统则首次全部采用中国自主知识产权的处理器芯片,并连续四次问鼎世界超算排行冠军。如图 1-7 和图 1-8 所示分别为"天河二号"超级计算机与"神威·太湖之光"超级计算机。

图 1-7 "天河二号"超级计算机

图 1-8 "神威·太湖之光"超级计算机

(2)大型计算机

大型计算机(Mainframe,简称大型机),是一种特殊的计算机设备,通常采用封闭式系统设计,其处理性能、可靠性、安全性和 I/O 吞吐能力都很强,主要用于银行、电信、证券、电力、交通运输、互联网等行业的后台数据处理服务。IBM 公司的 Z 系列是最具有代表性的大型机产品。如图 1-9 所示为 IBM Z 系列大型机系统。

(3)小型计算机

小型计算机(Midrange Computer,简称小型机)是指功能介于大型机和普通服务器之间的计算机设备,多采用 RISC(精简指令集系统)处理器结构,整机体积较小,拥有稳定的运行性能和出色的并发访问处理能力,可满足中小规模业务环境的运算和数据处理要求。IBM AS/400 是当今世界最成功的小型机系统之一,以其卓越的运行性能和先进的集成体系设计,广泛应用在商业、金融、证券、保险、制造、电信、运输等行业,如图 1-10 所示。

图 1-9 IBM Z 系列大型机系统

图 1-10 IBM AS/400 小型机家族

图 1-11　PC 迷你型主机

（4）微型计算机

微型计算机（Micro Computer，简称微机）一般就是指人们平常所用的个人计算机（PC），具有体积较小、组建灵活、外观时尚、使用方便等特点，性能也越来越高，适合各行各业的终端消费者使用。如图 1-11 所示为一款 PC 迷你型主机。

1.3 计算机的基本组成

计算机虽然种类繁多，形式各异，但基本都是以冯·诺伊曼体系为设计基础的，具有共同的组成配置，在系统结构上并没有什么区别。一台完整的计算机主要由硬件系统和软件系统两大部分组成，两者相依相存、互不可分。硬件是计算机的核心与物理基础；软件则是计算机的灵魂，它能让计算机拥有更高层次的逻辑运算和智能处理能力。

1. 计算机的硬件构成

计算机硬件系统通常由主机和外部设备两大部分组成。

（1）主机

主机是指安装在机箱内部的各种硬件的统称，由 CPU、主板、内存、硬盘、光驱、显卡、声卡、网卡、电源和机箱等部件组成。

- CPU：CPU 是 Central Processing Unit 的简称，即中央处理器或微处理器，主要负责计算机内部数据的运算、处理与逻辑判断，并协调其他硬件设备的正常运行，如图 1-12 所示。
- 主板：主板是一种经过多层印刷而制成的电路板，如图 1-13 所示。主板负责把计算机内外部的硬件设备连接在一起，并实现这些硬件的高效和稳定运行，对计算机系统的整体性能起到关键性作用。

图 1-12　CPU

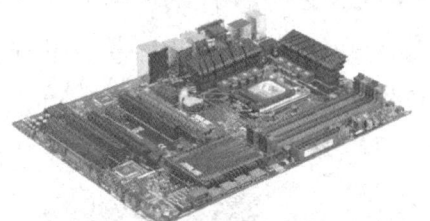
图 1-13　主板

- 内存：内存是计算机内部存储器的简称，如图 1-14 所示。内存负责临时存放需要执行的程序与数据，对计算机核心性能的发挥有非常重要的影响。
- 硬盘：硬盘是计算机中最主要的存储设备，具有存储容量大、稳定性好等特点，可永久性存放各类数据。常用的硬盘包括机械硬盘和固态硬盘等，如图 1-15 和图 1-16 所示。

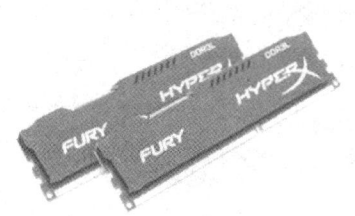  

图 1-14　内存　　　　　图 1-15　机械硬盘　　　　　图 1-16　固态硬盘

- 光驱：光驱即光盘驱动器的简称，是一种光存储设备，如图 1-17 所示。光驱又分为只读型光驱和刻录型光驱，既可以读取光盘信息，也可以刻录数据，制作软件盘和影音播放盘。
- 显卡：显卡也叫图形加速卡，负责处理计算机中的图形、图像和文字信息。对于游戏娱乐、电影观赏和图像设计来说，显卡起到极为关键的作用，如图 1-18 所示。
- 声卡：声卡也叫音频卡，主要用来处理、转换并输出计算机中的音频信号。好的声卡能够提供高质量的声音，大大增强计算机在多媒体领域的音频体验，如图 1-19 所示。

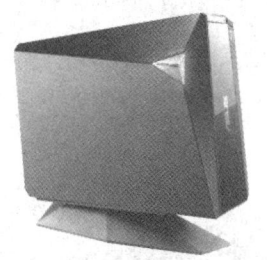  

图 1-17　蓝光刻录光驱　　　　图 1-18　显卡　　　　　图 1-19　声卡

- 网卡：网卡负责计算机与其他设备之间的网络信号解码和网络数据传输，对网络通信起到非常重要的作用，如图 1-20 所示。
- 电源：电源是计算机的动力之源，负责为计算机各个部件提供稳定的输入电能，如图 1-21 所示。
- 机箱：机箱用来安装、固定和保护主机部件，使之免受外部损害，同时还能在一定程度上屏蔽主机部件发出的电磁辐射，如图 1-22 所示。

  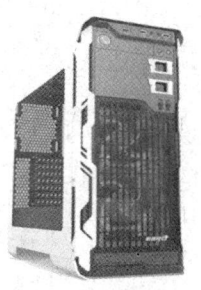

图 1-20　网卡　　　　　图 1-21　电源　　　　　图 1-22　机箱

（2）外部设备

主机以外的所有硬件统称为外部设备或外围设备，一般包括显示器、键盘和鼠标、音箱、摄像头、打印机、扫描仪与可移动存储设备等。

- 显示器：显示器是计算机最重要的输出设备，主要负责显示文字和图形信息。常见的显示器包括 CRT 显示器、LCD 显示器、LED 显示器和 PDP 显示器等，其中 LCD 和 LED 显示器是目前主流的显示器，如图 1-23 至图 1-25 所示。

图 1-23　CRT 显示器　　　　图 1-24　LCD 显示器　　　　图 1-25　PDP 显示器

- 键盘和鼠标：键盘和鼠标是计算机最主要的输入设备。键盘用来输入各种文字符号、程序数据和控制命令，如图 1-26 所示。鼠标是图形操作界面催生的产物，可以通过拖动、单击来选择对象，也可通过双击、右击或滚动滑轮来完成各种操作任务，如图 1-27 所示。

图 1-26　人体工程学键盘　　　　　　　　图 1-27　游戏型鼠标

- 音箱：音箱是计算机最主要的多媒体设备之一，负责放大、优化与重放音频信号，方便人们欣赏各种影音作品，如图 1-28 所示。
- 摄像头：摄像头是一种视频图像传输设备，可提供能够被计算机识别的图像和视频数据，实现视频信息的实时传送与交流，图 1-29 所示为一款高清摄像头。
- 打印机：打印机属于一种数码办公设备，能够将计算机中的信息打印到纸张上。打印机可分为激光打印机、喷墨打印机、针式打印机、3D 打印机和照片打印机等类型。如图 1-30 所示为一款照片级喷墨打印机。
- 扫描仪：扫描仪可将文本、照片、图纸等资料输入计算机，并转换成可编辑与可存储的电子图片。扫描仪不仅能扫描平面物品，有些还支持 3D 立体扫描。如图 1-31 所示为一款家用扫描仪。

图 1-28　低音炮音箱

图 1-29　高清摄像头

图 1-30　照片级喷墨打印机

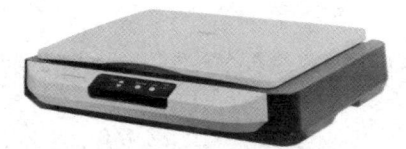

图 1-31　家用扫描仪

- 可移动式存储设备：可移动式存储设备主要包括移动硬盘和 U 盘等，如图 1-32 和图 1-33 所示。这类设备采用 USB 接口，存储容量大，稳定性较好，且支持即插即用，携带和使用都非常方便。

图 1-32　移动硬盘

图 1-33　U 盘

2. 计算机的软件构成

根据功能应用的不同，计算机软件可分为系统软件和应用软件两大类。

（1）系统软件

系统软件能对硬件资源进行统一管理、协调和控制，提高计算机运行效率，并为用户操作和程序运行提供基础支持及访问接口。系统软件主要包括操作系统和数据库管理系统等，常见的计算机操作系统有微软 Windows 7、Windows 8、Windows 10、Windows Server 2019，以及 UNIX、Linux、Solaris、苹果 Mac OS 等，我国也推出了多种定制操作系统，包括深度（Deepin）操作系统、银河麒麟（Kylin）操作系统、中标麒麟操作系统、中兴新支点操作系统，以及面向万物互联应用的华为鸿蒙操作系统（HarmonyOS）等。

其中，Windows 10 系统和华为鸿蒙操作系统（HarmonyOS）分别如图 1-34 和图 1-35 所示。

图 1-34　Windows 10 操作系统

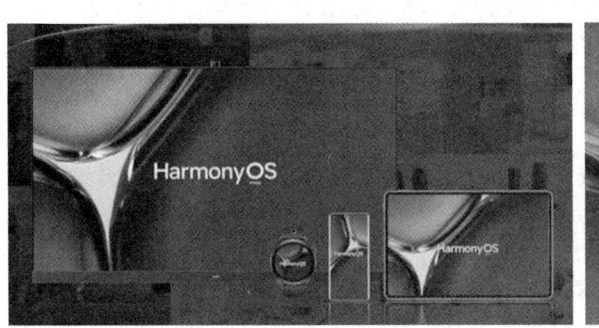 

图 1-35　华为鸿蒙操作系统（HarmonyOS）

（2）应用软件

应用软件是为实现一些特定的应用目的而开发的，能够满足人们多种多样的使用需求，最大限度地发挥硬件资源的效能，拓宽计算机的应用领域。如图 1-36 所示为 Photoshop CC 2019 平面设计软件，如图 1-37 所示为金山 WPS 办公一体化软件。

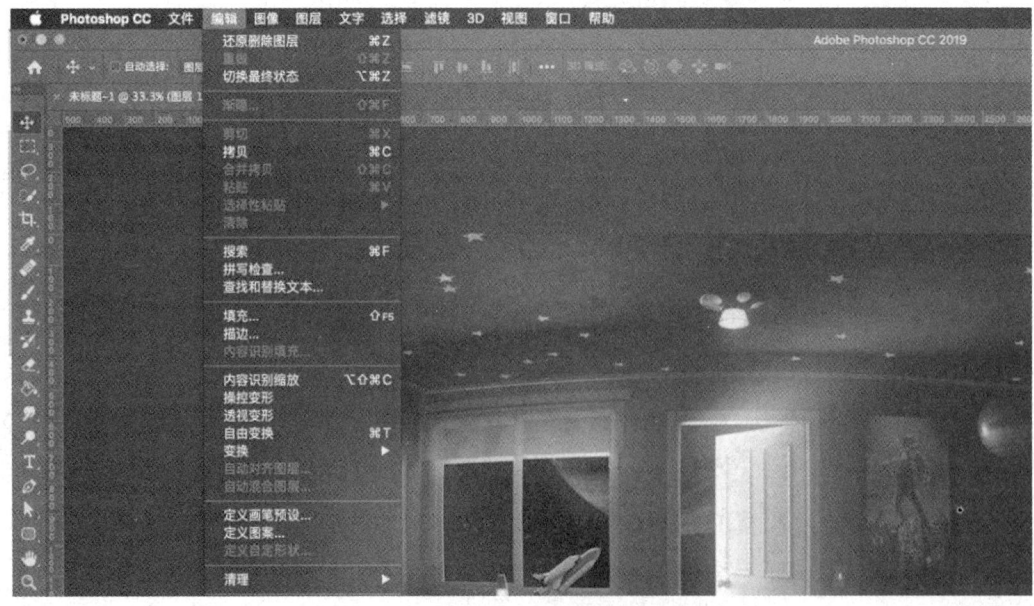

图 1-36　Photoshop CC 2019 平面设计软件

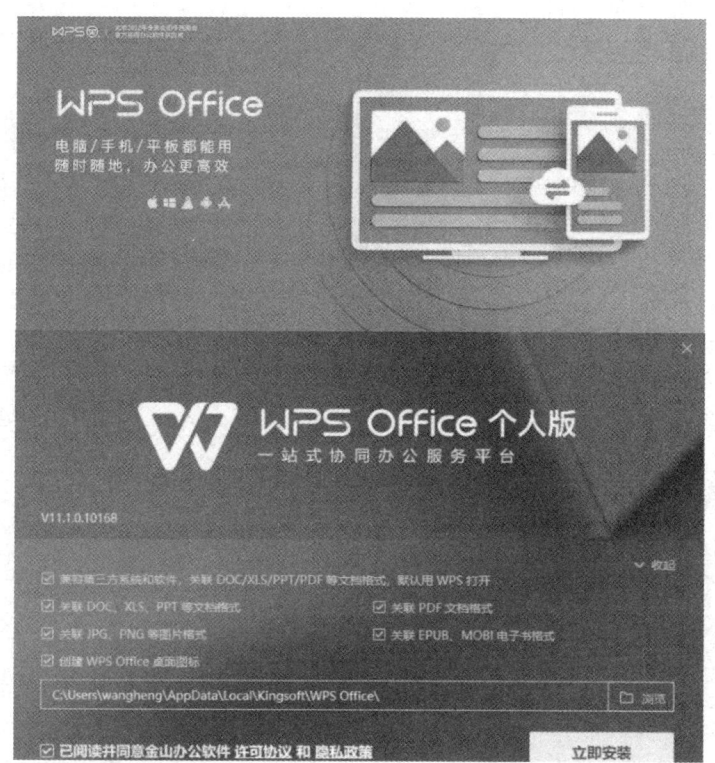

图 1-37　金山 WPS 办公一体化软件

1.4 与 IT 行业相关的岗位

掌握一门 IT 专业技能,将来能创造哪些对口的职业机会呢？下面为读者梳理一些目前 IT 行业中比较热门的岗位。

（1）技术类职位

① 计算机维护员、网络工程师、信息安全工程师、系统集成工程师。

② 软件设计师、软件工程师、App 小程序/云计算应用开发人员。

③ 数据库管理员、数据分析师、大数据系统管理人员。

④ 网站管理员、网站设计师、网站系统程序员、网站美工设计等。

（2）管理类职位

① IT 主管/IT 项目经理/CIO（首席信息官）。

② 生产系统管理人员、数据业务管理员。

③ 商业应用/商业智能（BI）分析人员等。

（3）文职类职位

① IT 产品、IT 解决方案销售人员。

② IT 市场营销/技术销售/商务拓展人员。

③ 行政/文秘/运营/客服人员等。

(4) 创业类机会

① 创办 IT 或 3C 产品零售店/网店。

② 创办软件/网络工程/系统集成类企业。

③ 创办电子商务/商业服务类企业等。

实训任务　熟悉计算机的组成结构

在本实训中，将熟悉计算机常见的硬件与软件系统构成，便于读者对计算机系统有一个总体上的认识，为后续深入学习计算机软硬件知识打下基础。

【操作步骤】

① 准备一台实训用的计算机，查看该计算机的主机和外部设备分别由哪些部件组成，并将这些硬件设备的名称、型号等基本信息记录下来。

② 查看该计算机安装了哪种操作系统和应用软件，并将相关软件的名称、版本等基本信息记录下来。

③ 上网查找几款主流的计算机（如台式机、笔记本电脑、一体机或服务器等），看看这些计算机采用了哪些核心部件和操作系统。

④ 对照实训计算机所用的软硬件产品，讨论并简述实训计算机和网上查找的计算机有何相似和不同之处。

实训结束，完成下面的技能评价表。

熟悉计算机的组成结构技能实践评价

实 训 任 务	检 查 点	完 成 情 况	出现的问题及解决措施
熟悉计算机的组成结构	查看实训计算机的主要硬件和软件构成	□完成　□未完成	
	上网查找主流计算机的硬件和系统配置	□完成　□未完成	
	简述以上两种计算机主要部件的区别	□完成　□未完成	

未来产品

未来先进的计算机形态

前沿动态/未来产品

★ 未来先进的计算机形态

长期以来，研发更快、更强、更智能的先进计算机一直是人类的不懈追求。随着原子级计算、生物遗传计算、极限超导、鳍式场效微晶片、碳纳米管芯片制造等一系列前沿技术取得了突破性进展，很多以前难以想象的计算机也将走进人类的生活了。下面一起来看看未来的几种有可能实现的计算机产品形态吧！

知识巩固与能力拓展

1. 计算机的应用范围很广,请列举与人们生活息息相关的几种计算机的用途。
2. 迄今为止,你使用计算机做过哪些有意义或者有趣的事情?
3. 上网查一查:我国在计算机应用领域还有哪些世界领先的科技成果?
4. 找一找:自己家庭或者学校实训机房所用的计算机由哪些硬件和软件组成?
5. 想一想:你期望未来自己会从事何种职业?该职业对员工的综合素养和专业技能有什么要求?你该怎样培养自己相应的职业品质与能力,从而更好地实现职业价值?

认识和选购 CPU

第 2 章

工作任务分析

本任务主要学习 CPU 的性能指标、主流品牌型号以及 CPU 的选购方法，引导学生学会辨识和选择合适的处理器产品，锻炼学生自主探究学习的能力，激发学生学习计算机硬件知识的兴趣，同时拓展学生的知识视野，培养良好的职业意识和职业素养。

知识学习目标

- 了解 CPU 的基本功能作用。
- 熟悉 CPU 主流品牌和型号。
- 掌握 CPU 主要的性能指标。
- 掌握 CPU 常见的选购方法。

技能实践目标

- 能够辨识主流的 CPU 品牌和型号。
- 能够根据需要上网选购 CPU 产品。
- 能够分辨 CPU 产品的真伪与优劣。

课程思维导图

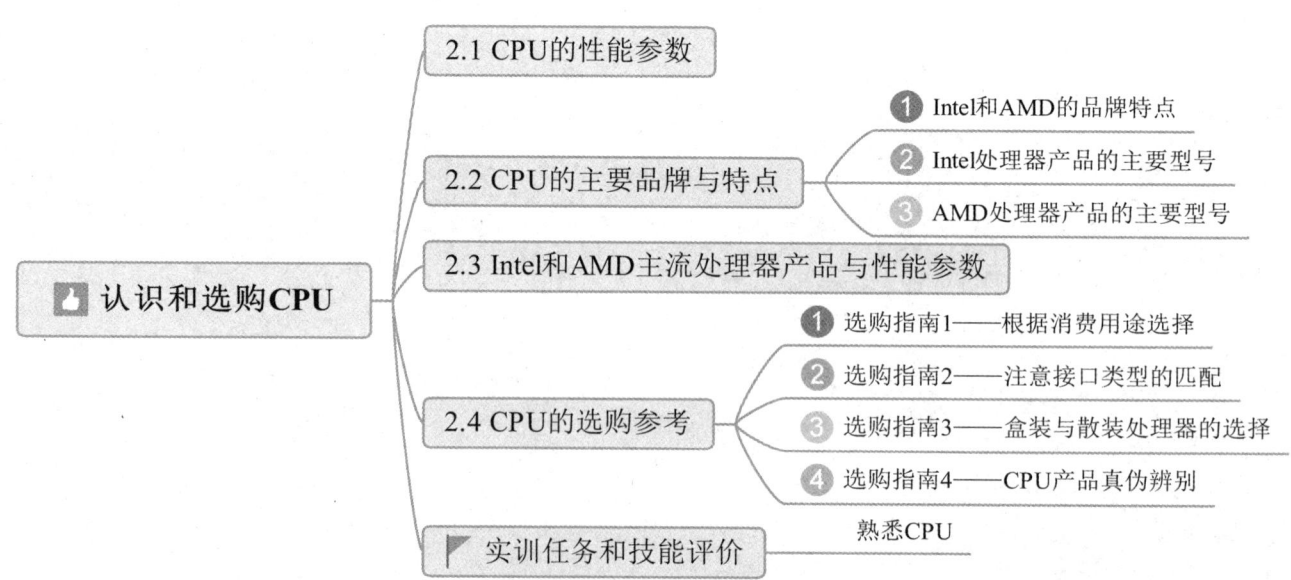

CPU 即 Central Processing Unit 的简称，一般译为中央处理器、微处理器或处理器。

CPU 是一种超大规模的集成电路芯片，主要由运算器、控制器、高速缓冲存储器和指令集等部分组成，主要用于数据处理、逻辑运算，执行各种中断信号和操作指令，并协调、控制计算机系统的运行。可以说，CPU 是计算机的运算中心和控制中心，其地位非常关键，堪比人类的大脑组织，因此也可以把 CPU 看作计算机的"智慧大脑"。

2.1 CPU 的性能参数

影响 CPU 性能的主要技术参数包括以下几种。

（1）主频

主频也叫时钟频率，它是指 CPU 内部数字脉冲信号振荡的速度，单位是赫兹（Hz）。主频能在很大程度上提升 CPU 的运算速度，但它并不直接决定 CPU 的整体性能，而必须和缓存、制造工艺与核心数量等多种指标来共同决定。

CPU 常见的主频有 2.8GHz、3.0GHz、3.2GHz、3.6GHz、3.9GHz、4.2GHz、4.5GHz、4.9GHz 等。目前 CPU 主频已普遍达到或超过了 3GHz，4GHz 以上的主频也已进入主流应用行列，而新一代的 CPU 还能够将主频提升至 5GHz 以上。

（2）外频与倍频

外频是 CPU 的基准频率，单位是 MHz。CPU 借助外频与主板及内存保持同步运行速率，外频越高，对提高 CPU 与主板的运行速率就越有利。平常说的超频就是指超外频，但外频一般不要轻易改动，否则可能会造成系统的不稳定。

倍频是指主频与外频之比的倍数。在其他主要频率稳定的条件下，CPU 的主频可通过倍频来获得成倍提升。

主频、外频与倍频之间的计算公式为：**主频=外频×倍频**。

（3）内核

内核（Core）是 CPU 内部专门进行数值运算与信号处理的芯片。每个 CPU 都拥有一个或者多个内核，多核 CPU 是将多个内核芯片整合到一个物理处理器中，这样 CPU 就拥有了多个功能一样的运算核心。

相比单核心 CPU 来说，多核心 CPU 能提供数倍的并行计算能力，这意味着 CPU 可同时处理多种操作。目前 CPU 的内核以双核与四核为主，随着市场价格的下降，六核与八核 CPU 也越来越受到消费者的青睐，而一些顶级的桌面型 CPU 还会配备 10 个以上的处理核心。

（4）缓存

缓存（Cache）是位于 CPU 与内存之间的缓冲存储器，它先于内存与 CPU 进行数据交换，因此传输速率极快，又称为高速缓存。

2.1 CPU 的性能参数 -缓存（Cache）详解

缓存是 CPU 不可或缺的核心组成部分，共分为三个级别：一级缓存（L1 Cache）、二级缓存（L2 Cache）和三级缓存（L3 Cache）。不同级别的缓存有着不一样的作用，相关内容的详细介绍，请扫描二维码查阅。

目前主流 CPU 大多包含了三个级别的缓存，在可接受的价格范围内，应尽量选择二级缓存与三级缓存容量较大的处理器。

（5）前端总线

前端总线（Front Side Bus，FSB）是一种特殊的数据通道，负责 CPU 与外界硬件之间的数据传输，其单位是 MHz 或 GT/s。FSB 如同计算机内部的一条信息高速公路，用来运输各种各样的"货物"——数据，包括发送给 CPU 运算的数据，和返回给各个部件执行的数据。

CPU 常用的总线频率有 1066MHz、1333MHz、1600MHz、1800MHz、2000MHz、4000MHz、5000MHz 等，有些高端 CPU 的总线频率可达到 8000MHz。总线频率越大，就越能发挥 CPU 的速度优势和性能潜力。

（6）制造工艺

CPU 在生产过程中，要加工各种电路、导线与元件，进行大量的零件组装，这个生产程序统称制造工艺或制程。制造工艺非常重要，工艺的先进与否决定了 CPU 质量的高低。而能不能造出性能优良、品质卓越的处理器，是衡量一个国家计算机产业发展水平的重要标志之一。

业界一般使用纳米（nm）来描述 CPU 制造工艺的精度，指的是 CPU 内核中每一根电路管线之间的距离，它只相当于一根头发丝直径的 1/60000。纳米数值越小表明制造工艺越先进。当今世界只有少数几家企业拥有研发和制造先进 CPU 的能力。市场上主流 CPU 大多采用 14nm、10nm 和 7nm 工艺，而随着 5nm 制程量产序幕的揭开，全球芯片企业将掀起新一轮的技术对决。

（7）TDP 功耗

TDP（Thermal Design Power，热设计功耗）是指 CPU 达到最大运行负载时所释放出来的热量，单位是瓦特（W）。TDP 数值可大致反映出 CPU 总体功耗水平，是人们选择 CPU 的重要参考指标之一。

普通 CPU 的 TDP 值通常不超过 100W，而很多高性能 CPU 的 TDP 值则达到了 120W 以上，这就需要配备功率更大的电源和散热更好的机箱。

（8）接口类型

接口是 CPU 与主板连接的通道。CPU 一般使用针脚式和触点式两种接口，但不同品牌的 CPU 或同种品牌但型号不同的 CPU 在接口方式上通常会有所差别。

Intel 处理器主要采用 LGA 触点式接口，这类接口自身不带针脚，而是将针脚嵌入主板的 CPU 插槽中，CPU 背面则以触点代替，这种设计既方便了 CPU 的安装操作，也能避免因误插而导致针脚折断。与 Intel 的设计理念不同，AMD 的消费级处理器主要采用传统的针脚式接口，而服务器级处理器则采用触点式设计。

（9）工作电压

CPU 核心维持正常工作所需的稳定电压称为工作电压，一般在 1.3～3V。随着 CPU 制造工艺的提高，CPU 的核心工作电压也在逐步下降，从而能有效地解决 CPU 耗电过快和温度过高的问题，这对于笔记本电脑和高性能计算机来说尤为重要。

2.2 CPU 的主要品牌与特点

Intel 和 AMD 是全球主要的计算机处理器制造商，在台式计算机、笔记本电脑和 x86 服务器市场上占有绝对地位。这两家公司的产品和技术各有特点，并拥有相当数量的忠实用户。如图 2-1 和图 2-2 所示分别为 Intel 和 AMD 的企业 Logo，如图 2-3 和图 2-4 所示分别为 Intel 和 AMD 的处理器产品 Logo。

图 2-1　Intel 的企业 Logo

图 2-2　AMD 的企业 Logo

图 2-3　Intel 的处理器产品 Logo

图 2-4　AMD 的处理器产品 Logo

（1）Intel 品牌特点与主流型号

Intel（英特尔）公司是计算机行业中历史悠久、驰名世界的芯片巨头，以性能卓越、稳定性好、工艺精良著称。Intel 拥有完备的 CPU 产品线，涵盖了低端的入门级处理器、主流的智能处理器、高性能的专用处理器以及移动型和嵌入式处理器等，主要包括以下几类。

- 入门级处理器 Celeron 和 Pentium 系列；
- 面向主流应用的智能处理器 Core i3、Core i5 系列；
- 面向高性能计算环境的 Core i7、Core i9、Core X 系列；
- 面向服务器级可扩展运算平台的 Xeon 系列；

- 面向移动商务计算机应用领域的酷睿 i（移动版）、凌动 X 系列；
- 面向低功耗微服务器的凌动 C 系列；
- 面向物联网与嵌入式设备的凌动 P、赛扬 N、赛扬 J 系列等。

Intel 部分主流处理器系列及应用领域见表 2-1。

表 2-1　Intel 部分主流处理器系列及应用领域

应用领域	主要系列	部分主流型号		
低端桌面平台	Celeron（赛扬）系列	Celeron G	Celeron N	
	Pentium（奔腾）系列	Pentium 金牌	Pentium 银牌	
主流桌面平台	Core（酷睿）i3 系列	Core i3 九代	Core i3 十代	Core i3 十一代
	Core（酷睿）i5 系列	Core i5 九代	Core i5 十代	Core i5 十一代
高端桌面平台	Core（酷睿）i7 系列	Core i7 九代	Core i7 十代	Core i7 十一代
	Core（酷睿）i9 系列	Core i7 九代	Core i7 十代	Core i7 十一代
	Core（酷睿）X 系列	Core i5 X	Core i7 X	Core i9 X
移动计算平台	Core（酷睿）i 移动系列	Core i3 九/十/十一代	Core i5 九/十/十一代	Core i7 九/十/十一代
	Atom（凌动）X 系列	Atom X3	Atom X5	Atom X7
服务器平台	Xeon（至强）系列	Xeon 金牌	Xeon 银牌	Xeon 铜牌
		Xeon W	Xeon Platinum	
微服务器与物联网设备平台	Atom（凌动）系列	Atom C	Atom P	
	Celeron（赛扬）系列	Celeron N	Celeron J	

（2）AMD 品牌特点与主流型号

AMD（超微）公司是 Intel 的主要竞争者，其处理器性能强大、种类繁多，技术升级和产品更新较快，具有很高的性价比，尤其在浮点运算和图形处理方面表现非常优异。AMD 的处理器种类非常丰富，形成以基于 Zen 架构的 Ryzen（锐龙）为核心、以 APU 和 FX 为两翼的产品体系，可分为以下几种主要型号。

- 面向传统计算平台的"龙"系列处理器——闪龙、速龙、羿龙；
- 面向主流计算平台的"龙"系列处理器——锐龙；
- 面向服务器平台的高性能"龙"处理器——霄龙、皓龙；
- 面向企业高效生产力管理需求的 PRO 系列专业型处理器；
- 面向图形游戏娱乐应用的 APU 系列和 FX 系列处理器；
- 面向便捷式计算设备的锐龙和 APU 移动版系列处理器等。

AMD 主流处理器系列及应用领域见表 2-2。

表 2-2　AMD 主流处理器系列及应用领域

应用领域	主要系列	部分主流型号		
中低端桌面平台	APU A 系列（入门级）	APU A4	APU A6	APU A8
	Althlon（速龙）系列	Althlon 200 系列	Althlon 300 系列	Althlon PRO 系列
	APU A 系列（中端）	APU A10 七代	APU A12 七代	
	Ryzen（锐龙）系列	Ryzen 3	Ryzen 5	

续表

应用领域	主要系列	部分主流型号		
高端桌面平台	Ryzen（锐龙）系列	Ryzen 7	Ryzen 9	
		Ryzen PRO	Ryzen Threadripper	Ryzen Threadripper PRO
	FX（推土机）系列	FX-6000 系列	FX-8000 系列	FX-9000 系列
移动计算平台	APU A 系列（移动）	APU A8	APU A10	APU A12
	FX 系列（移动）	FX-6000 系列	FX-8000 系列	FX-9000 系列
服务器平台	EPYC（霄龙）系列	EPYC 7001 系列	EPYC 7002 系列	
	Opteron（皓龙）系列	Opteron A1100 系列		

2.3 Intel 和 AMD 主流处理器产品与性能参数

表 2-3 和表 2-4 分别列举了 Intel 和 AMD 部分主流 CPU 产品型号及性能参数，供读者参考。

表 2-3 Intel 部分主流 CPU 产品型号及性能参数

档次级别 （应用场景）	产品型号	核心/线程	默认主频	L2 缓存	L3 缓存	QPI/DMI 总线	制造工艺	接口类型	TDP
入门应用 （学习/办公）	Pentium G6400	双核/四线程	4.0GHz	512KB	4MB	8.0GT/s	14nm	LGA1200	58W
	Core i3 9100F	四核/四线程	3.6GHz	1MB	6MB	8.0GT/s	14nm	LGA1151	65W
	Core i3 10100F	四核/八线程	3.6GHz	1MB	6MB	8.0GT/s	14nm	LGA1200	65W
	Core i3 10325	四核/八线程	3.9GHz	1MB	8MB	8.0GT/s	14nm	LGA 1200	65W
主流应用 （商务/家用/游戏娱乐）	Core i5 9600K	六核/六线程	3.7GHz	1MB	9MB	8.0GT/s	14nm	LGA 1151	95W
	Core i5 10600KF	六核/十二线程	4.1GHz	1.5MB	12MB	8.0GT/s	14nm	LGA 1200	125W
	Core i5 11600K	六核/十二线程	3.9GHz	3MB	12MB	8.0GT/s	14nm	LGA 1200	125W
	Xeon E 2236	六核/十二线程	3.4GHz	1MB	12MB	8.0GT/s	14nm	LGA 1151	80W
高端应用 （游戏竞技/专业设计）	Core i7 10700K	八核/十六线程	3.8GHz	1.5MB	16MB	8.0GT/s	14nm	LGA 1200	125W
	Core i7 11700K	八核/十六线程	3.6GHz	1.5MB	16MB	8.0GT/s	14nm	LGA1200	125W
	Core i9 10900X	十核/二十线程	3.7GHz	1.5MB	20MB	8.0GT/s	14nm	LGA 2066	165W
	Core i9 10980XE	十八核/三十六线程	3.7GHz	1.5MB	25MB	8.0GT/s	14nm	LGA 2066	165W
	Xeon 金牌 6250	八核/十六线程	3.9GHz	1MB	36MB	9.6GT/s	14nm	LGA 3647	185W

表 2-4 AMD 部分主流 CPU 产品型号及性能参数

档次级别 （应用场景）	产品型号	核心/线程	默认主频	L2 缓存	L3 缓存	HT 总线	制造工艺	接口类型	TDP
入门应用 （学习/办公）	APU A12-9800	四核/四线程	3.8GHz	2MB	N/A	2.0GT/s	28nm	Socket AM4	65W
	Althlon 320GE	双核/四线程	3.5GHz	1MB	4MB	4.0GT/s	14nm	Socket AM4	35W
	Ryzen 3 2200G	四核/四线程	3.5GHz	2MB	4MB	4.0GT/s	14nm	Socket AM4	65W
	Ryzen 3 PRO 4350G	四核/八线程	3.8GHz	2MB	4MB	4.0GT/s	7nm	Socket AM4	65W

续表

档次级别 （应用场景）	产品型号	核心/线程	默认主频	L2缓存	L3缓存	HT总线	制造工艺	接口类型	TDP
主流应用 （商务/家用/游戏娱乐）	Ryzen 3 3300X	四核/八线程	3.8GHz	2MB	16MB	8.0GT/s	7nm	Socket AM4	65W
	Ryzen 5 3400G	四核/八线程	3.7GHz	2MB	4MB	8.0GT/s	12nm	Socket AM4	65W
	Ryzen 5 5600X	六核/十二线程	3.7GHz	3MB	32MB	8.0GT/s	7nm	Socket AM4	65W
	Ryzen 5 PRO 4650G	六核/十二线程	3.7GHz	3MB	8MB	8.0GT/s	7nm	Socket AM4	65W
高端应用 （游戏玩家/专业设计）	Ryzen 7 5800X	八核/十六线程	3.8GHz	4MB	32MB	8.0GT/s	7nm	Socket AM4	105W
	Ryzen 7 PRO 4750G	八核/十六线程	3.6GHz	4MB	8MB	8.0GT/s	7nm	Socket AM4	65W
	Ryzen 9 5950X	十六核/三十二线程	3.4GHz	8MB	64MB	8.0GT/s	7nm	Socket AM4	105W
	Ryzen Threadripper 3970X	三十二核/六十四线程	3.7GHz	16MB	128MB	8.0GT/s	14nm	AMD sTRX4	280W

2.4 CPU的选购参考

CPU是整个计算机系统的核心，选择一款合适的CPU对于计算机的整体性能至关重要。下面根据不同的计算机用户和使用场景，简单介绍选购CPU的方法。

选购指南1——根据消费用途选择

（1）家庭和企业办公应用

普通家庭、企业和学生对计算机并没有过高的要求，因此对于CPU尽量以够用为好，可选择性价比高、稳定性好，又可兼顾娱乐的CPU，在性能上适当满足未来3～5年的使用需要。

这类用户建议选用中低端桌面型CPU。目前市场上热门的有Intel旗下Pentium Gold（奔腾金牌）G6400、Core i3 8300、Core i3 9100F/9300、Core i3 10100F、Core i3 10325等处理器，AMD旗下APU A12-9800、Althlon 320GE、Ryzen 3 2200G/3200G、Ryzen 3 PRO 4350G等处理器。这些产品拥有不俗的运算效能、较低的功耗水平和相对低廉的价格，对于预算有限的用户有着很大的吸引力。

（2）图像设计与游戏娱乐

专业图像设计和游戏娱乐对CPU数值运算、多任务处理与图形优化效率的要求很高，用户应综合考虑CPU与GPU（图形处理单元，参见显卡一节）的性能，尤其要强化内核、缓存、总线频率和制程工艺等性能指标。

在主流应用领域，用户可选择性能强劲的主力型产品，如 Intel 旗下 Core i5 9600K、Core i5 10600KF、Core i5 11600K、Core i5 12400、Core i7 10700K、Core i7 11700K、Core i7 12700K、Core i9 10900X、Core i9 12900K，以及 AMD 旗下 Ryzen 5 3400G/3500X、Ryzen 5 5600X、Ryzen 5 PRO 4650G、Ryzen 7 5800X、Ryzen 7 PRO 4750G、Ryzen 9 5900X、Ryzen Threadripper 3970X 等处理器。这些处理器大多采用 14～7nm 先进制程，以其卓越的运算性能、超频加速潜力和强大的多任务处理能力，应付复杂的设计编辑、特效渲染和高消耗型的游戏娱乐绰绰有余。

如图 2-5 所示为 Intel Core i7 11700K 处理器，如图 2-6 所示为 AMD Ryzen 5 3500X 处理器。

图 2-5　Intel Core i7 11700K 处理器

图 2-6　AMD Ryzen 5 3500X 处理器

（3）基础服务器处理平台

很多企事业单位和家庭工作室都会使用服务器，为相关用户提供网络资源服务，这就需要采用服务器专用的 CPU。下面介绍两款典型的服务器级的 CPU 产品。

Intel Xeon（至强）处理器以运算效率高、稳定性与可靠性好著称，在商业应用和高性能计算环境中得到了广泛应用，包括 Xeon 金牌 6250、Xeon 银牌 4210R、Xeon E 2236、Xeon Platinum 8353H 等 CPU 产品。

EPYC（霄龙）是 AMD 在服务器级市场的旗舰产品，其中采用第三代内核架构的 EPYC 7763 处理器拥有高达 64 核心/128 线程与 256MB 三级缓存的超高性能水平，很好地支撑着云计算、大数据、人工智能等数据吞吐量较大的运算要求。

选购指南 2——注意接口类型的匹配

接口代表 CPU 所采用的数据定义和功能设置。目前 Intel 常用的接口有 LGA 1151、LGA 1200、LGA 2011、LGA 2066、LGA 3647（数字代表触点数）等。AMD 常用的接口包括采用针脚式设计的 Socket FM1、FM2、FM2+、AM3、AM3+、AM4，以及采用触点设计的 Socket SP3、TR4、sTRX4 接口等。用户在选购 CPU 时要注意区分接口，尽量选择主流的接口类型，并确保 CPU 与主板对应的插槽类型相匹配。

如图 2-7 所示为 Intel Core i7 11700K 处理器的接口布局设计，如图 2-8 所示为 AMD Ryzen 7 3800X 处理器的接口布局设计。

图 2-7　Intel Core i7 11700K 处理器接口

图 2-8　AMD Ryzen 7 3800X 处理器接口

选购指南 3——盒装与散装处理器的选择

CPU 产品的出厂包装有盒装和散装之分，以便通过不同的发行渠道进入消费市场。盒装和散装 CPU 均来自同一条生产线，其性能指标、材料工艺和产品质量也完全一样，且都带有包装盒来保护 CPU。但它们之间也存在以下一些区别。

首先，散装 CPU 没有配套的散热器，需额外购买独立散热器，这就要求用户对相关硬件比较了解。盒装 CPU 则带有原装散热器，大多由 CPU 厂商专门设计和制造，其功率和性能都比较符合该款 CPU 的特点。如图 2-9 所示为盒装 CPU 附带的产品部件。

其次，在产品质保方面，绝大多数盒装 CPU 可提供较长的保修期（通常为 3 年），这也是很多用户喜欢购买盒装产品的原因之一。但这并不意味着散装 CPU 就没有质保服务，信誉较好的经销商一般都会提供 1 年以上的常规质保期。事实上，CPU 并没有保修的概念，因为它属于高端精密的电子产品，所谓保修就等于是保换，因此不必担心散装 CPU 的质保服务。如图 2-10 所示为低端散装 CPU 产品。

图 2-9　盒装 CPU 产品附件

图 2-10　低端散装 CPU 产品

那么，用户应选用哪种 CPU 产品呢？这要从用户自身的计算机知识基础和购机预算来考虑。普通用户直接选择盒装 CPU 即可；若是硬件 DIY 爱好者，则可以把选购散装 CPU 当成一次技能锻炼和实践。

选购指南 4——CPU 产品真伪辨别

消费者在选购 CPU 时要注意辨别产品质量的好坏，以免受骗上当。

（1）CPU 市场的假冒优劣现象

CPU 的设计难度和制造要求都非常高，加上 Intel 和 AMD 两家公司在生产源头上均进行严格监管，因此 CPU 伪造的可能性很低。但是 CPU 从出厂后到卖给消费者的流通过程中，则可能暗藏着不少"猫腻"。有关 CPU 市场上一些"猫腻"现象的简单介绍，请扫描二维码查阅。

（2）CPU 真伪辨别方法

用户在选购 CPU 的时候，可以通过看系列号、看包装盒、看质保期、看保修卡、看散热风扇、看 ES 标志这几个技巧来辨别其真伪。具体的方法，请扫描二维码查阅。

2.4
CPU 的选购参考-CPU 市场上的一些"猫腻"现象

2.4
CPU 的选购参考-CPU 真伪辨别方法

实训任务　熟悉 CPU

在本实训任务中，将熟悉 CPU 的基本特点和选购技巧，为后续深入学习硬件知识打下基础。

【操作步骤】

① 准备 2 个不同品牌的 CPU，观察 CPU 的外观和背面的相关信息，尝试辨识该款 CPU 的品牌、型号和性能参数等基本信息。

② 分辨这两款 CPU 在外观、接口等方面有何不同，并观察是否为正品 CPU。

③ 简述这两款 CPU 在性能和功能上适合哪些消费者使用。

实训结束，完成下面的技能评价表。

熟悉 CPU 技能实践评价

实训任务	检 查 点	完成情况	出现的问题及解决措施
熟悉 CPU	辨识 CPU 的品牌、型号、参数等信息	□完成　□未完成	
	分辨 CPU 的外观和接口	□完成　□未完成	
	区分不同 CPU 的大概适用人群	□完成　□未完成	
	上网分别选择一款高档游戏型 CPU 和一款家用娱乐型 CPU	□完成　□未完成	

前沿动态/未来产品

2nm 芯片之后,"中国芯"将迎来破茧化蝶的曙光

决定芯片品质的关键在于工艺,而决定工艺优劣的关键在于材料。随着摩尔定律逐步走向极限,全球芯片产业也将要走进下一个赛道。面对这个历史的转折机遇,伟大的中华民族有望创造新的历史,实现出彩"中国芯"!

视野拓宽/术语解释

芯片产业发展的灵魂——摩尔定律

说到计算机芯片,就不能不提及摩尔定律,这是芯片及至半导体产业发展历程中的灵魂思想。那么,什么是摩尔定律?摩尔定律又会不会失效呢?这里带你走进摩尔定律。

未来产品
2nm 芯片之后,"中国芯"将迎来破茧化蝶的曙光

术语解释
芯片产业发展的灵魂——摩尔定律

知识巩固与能力拓展

1. CPU 的全称是什么?它的基本功能是什么?它由哪几部分组成?
2. CPU 的主要性能参数有哪些?请分别用一两句话做简要的说明。
3. 上网查找相关资料,并简述 Intel 和 AMD 这两家公司的发展历史、各自的优势以及目前的市场占有情况。
4. Intel 和 AMD 目前都有哪些主流、热门的 CPU 型号?
5. Intel 和 AMD 在本年度推出了何种最新的处理器产品?其型号、性能参数和技术优势又有哪些?
6. 选购 CPU 要注意哪些问题?
7. 如何辨别 CPU 的质量与优劣?
8. 假设你准备购买一台高档游戏计算机、一台家庭娱乐计算机和一台企业办公计算机,请分别为这几台计算机选择一款合适的 CPU 产品,并列出具体的型号、主要参数和参考价格。

认识和选购 CPU 散热器

第 3 章

🔽 工作任务分析

本任务主要学习 CPU 散热器的常见类型、性能指标、主流品牌以及选购方法，引导学生学会辨识和选择合适的 CPU 散热器产品，锻炼学生自主探究学习的能力，激发学生学习计算机硬件知识的兴趣，同时也拓展学生的知识视野，培养良好的职业意识和职业素养。

🔽 知识学习目标

- 了解 CPU 散热器的基本功能作用。
- 熟悉 CPU 散热器的主流品牌和型号。
- 掌握 CPU 散热器的主要性能指标。
- 掌握 CPU 散热器常见的选购方法。

🔽 技能实践目标

- 能够辨识主流的 CPU 散热器品牌。
- 能够根据需要选购 CPU 散热器产品。
- 能够分辨 CPU 散热器的真伪与优劣。

🔽 课程思维导图

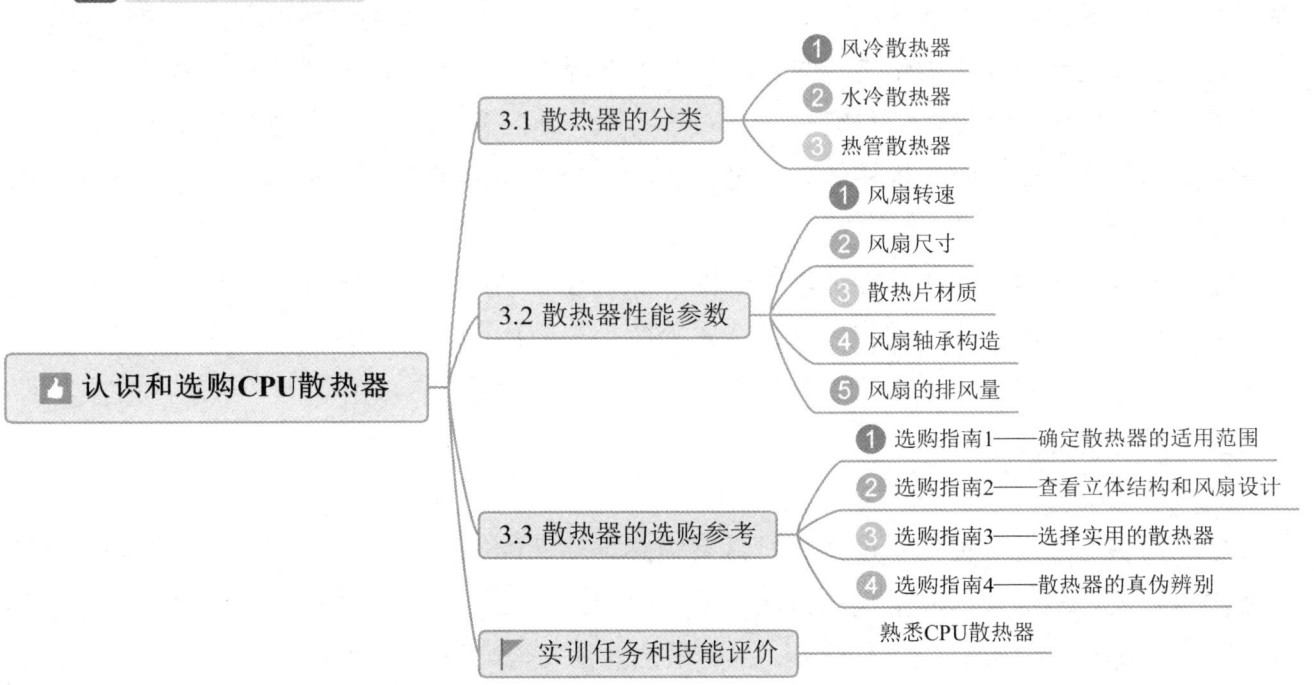

随着计算机性能的不断提升，CPU 的发热问题也愈加突出，过高的发热量容易导致机器故障频繁，严重时还会烧坏硬件。散热器（Radiator）是最有效也是最简单的降温方法，它紧贴着 CPU 背面，如同一台专用空调，把 CPU 产生的热量吸走并迅速排送出去。正因为 CPU 的稳定运行离不开散热器的保驾护航，所以散热器的选购也是不能马虎的，稍有不慎就可能伤及 CPU 自身。

3.1 散热器的分类

根据散热方式的不同，CPU 散热器可分为风冷散热器、水冷散热器和热管散热器 3 种。

1. 风冷散热器

风冷散热器是目前普遍使用的 CPU 散热器类型，由一个散热片和一个散热风扇组成，通过散热片导热，并通过风扇抽动空气来排散热量，以达到降温的效果。风冷散热器构造简单，安装维护方便，散热效果好，价格也比较低廉，能满足市场上大多数 CPU 的散热需要。不过，在长时间使用后，风扇叶片上往往会黏附大量灰尘，散热器也容易产生噪声，因此需要定期对散热器进行清理。如图 3-1 所示为一款风冷散热器。

2. 水冷散热器

水冷散热器也叫液体散热器，因在传送管内注入了水或油等液体而得名，在泵的加压带动下液体进行循环流动从而带走热量。与风冷散热器相比，水冷散热器具有静音效果好、降温稳定、耐用性强等优点，但价格较高。在设计上，水冷散热器也存在渗漏的安全隐患，一旦发生渗漏，就可能导致主板烧毁。另外，水冷散热器还附带有一个水箱，安装时需要耐心细致地操作。

目前水冷散热器多用在高端或专业性的计算机设备中，而一体式水冷散热器的出现则简化了传统水冷散热器的安装过程，降低了水冷散热器应用的门槛，目前已成为水冷散热技术发展的一个热点，有望将水冷散热器带进大众消费市场。如图 3-2 所示为一款水冷散热器。

3. 热管散热器

热管散热器采用一种特殊设计的、具有极高导热性能的热管构件，通过在全封闭真空管内液体的蒸发与凝结来形成空气的自然对流和冷却，进而达到快速传递热量的目的，其散热性能是其他散热器的 10 倍以上。此外，热管散热器在安全可靠性与稳定性方面也远优于风冷、水冷散热器。

为适应 CPU 和常规机箱的结构特点，热管散热器一般采用热管+风冷结合的小体积规格设计，很好地兼顾了热管和风冷式散热技术各自的优点，价格也比较亲民，已广泛用于个人计算机、服务器、工业仪器和机械设备中。如图 3-3 所示为一款热管散热器。

图 3-1　风冷散热器

图 3-2　水冷散热器

图 3-3　热管散热器

3.2　散热器性能参数

衡量一款 CPU 散热器的品质与散热效果，应该看其主要的性能参数，下面简单介绍几点。

（1）风扇转速

风扇转速是指扇叶每分钟转动的次数，单位是 r/min（转/分钟）。通常来说，风扇的转速越高，所产生的风量就越大，空气对流效果就越好。但如果转速过高，风扇发出的噪声往往也会随之增大，时间长了还会加剧风扇部件的磨损，缩短风扇的使用寿命。

风扇在正常工作情况下的转速都不高，大多设定在 3000r/min 以下，CPU 会根据当前的运行负荷，通过主板芯片组来自动调节风扇的转速。

（2）风扇尺寸

风扇尺寸的大小对风扇的散热效果有直接的影响。在允许的范围内，风扇的尺寸越大，出风量就越多，有效散热面积也就越大。适合一般 CPU 的散热风扇尺寸有 9cm、10cm、12cm、14cm 等规格。这里要注意的是，风扇的尺寸并不是越大就越好，而应该与机箱内部的布局结构相协调。散热器安装的位置要合理，不能影响其他部件的正常工作，另外还要保证有足够的空间来方便拆卸周边的部件。

（3）散热片材质

散热片采用何种材质将决定散热片的导热性能。目前 CPU 散热器大多使用轻盈坚固、价格相对低廉的铝合金作为散热片，而很多高档一点的散热器会在与 CPU 接触的核心位置采用散热效果更好的铜质材料。

（4）风扇轴承构造

散热风扇的转动离不开轴承支撑，常见的散热风扇分为含油轴承、液压轴承、滚珠轴承、双滚珠轴承、合金轴承、磁浮轴承、来福轴承和流体动态轴承等几种构造。

（5）风扇的排风量

风量是指散热风扇每分钟吸入或排出的空气总体积，单位是 CFM。在散热片材质相同的条件下，风量是衡量风冷散热器散热性能的最重要指标，风量越大的散热器其散热能力也就越强。散热风扇的风量受扇叶的角度和风扇转速等因素影响，通常设计合理、做工较好的散热器，在离风扇较远的位置也能感觉到空气的吸入或排出。

3.3 散热器的选购参考

要选购一款适合自己计算机所用的散热器，应从多方面入手综合考虑。

选购指南 1——确定散热器的适用范围

不同的 CPU 由于在功耗和规格上的差别，需搭配不同的散热器。盒装 CPU 一般都附带有与之相匹配的原厂散热器。而散装 CPU 由于不附带散热器，在选购时要注意查看散热器可适用的处理器，以及该散热器支持哪些 CPU 接口类型。如果散热器采用的是全平台设计，则表明该款散热器在 Intel 和 AMD 平台的相关 CPU 接口上都能正常使用。

选购指南 2——查看立体结构和风扇设计

图 3-4　多叶片的立体型散热器

为了能获得更好的散热效果，品质优良的散热器大多拥有立体型的散热鳍片，在散热器的底板上通常会带有通风孔。散热风扇采用多叶片的结构和镰刀状的形态，而扇叶也设计成一定的倾斜角度。此外，通过增大散热器的体积可以扩充整体散热面积，并能有效地提高风速和风量，增强局部空气对流能力。如果散热器的鳍片高度很好，数量充足，那么散热面积就可以成倍增加，换来的将是非常出色的散热效果。如图 3-4 所示为一款多叶片的立体型散热器。

选购指南 3——选择实用的散热器

比较常见的 CPU 散热器品牌有 AVC、Tt、九州风神、酷冷至尊、超频三、华硕、海盗船、富士康、安耐美、散热博士等。大品牌的散热器质量过硬、声誉较好，在家用、企业和专业领域已得到大量使用，并能享受 1 年到 3 年不等的质保期。

散热器的品种和款式非常多，很多高档的散热器设计新颖独特，款式时尚前卫，单看外观就具有很大的吸引力。但对于广大普通用户来说，没有必要为了好看而追求高端产品，毕

竟散热器只是为 CPU 服务的附属设备，只要能有效控制 CPU 的温度即可。"只买对的，不买贵的"，这是大众消费购买电子产品时应遵循的准则。

3.3 散热器的选购参考-散热器产品的真伪辨别

选购指南 4——散热器的真伪辨别

由于利润空间大，很多假冒优劣和高仿的散热器充斥着 DIY 市场，用户在选购散热器时要注意分辨真伪。相关内容的详细介绍，请扫描二维码查阅。

实训任务　熟悉 CPU 散热器

在本实训任务中，将熟悉 CPU 散热器的基本特点和选购技巧，为后续深入学习硬件知识打下基础。

【操作步骤】

① 准备 2~3 个不同类型或品牌的 CPU 散热器，观察散热器的外观特点，尝试辨识该款散热器的品牌、类型等基本信息。

② 分辨这几款散热器在结构设计和安装方式等方面有何不同。

③ 简述这几款散热器比较适合哪类 CPU 使用（如档次、类型等）。

实训结束，完成下面的技能评价表。

熟悉 CPU 散热器技能实践评价

实训任务	检查点	完成情况	出现的问题及解决措施
熟悉 CPU 散热器	辨识 CPU 散热器的品牌、类型等信息	□完成　□未完成	
	分辨散热器的外观结构和安装方式	□完成　□未完成	
	区分散热器可适用的 CPU 平台	□完成　□未完成	
	上网分别选择一款高档游戏型和一款主流家用型的 CPU 散热器	□完成　□未完成	

前沿动态/未来产品

★ **液态金属散热器——超强的极限热流散热技术**

液态金属是一种神奇的物质，它既能转换变形，也能导热降温。下面就通过《终结者2》中的液态金属机器人来了解这项先进的科技成果吧！

未来产品

液态金属散热器

知识巩固与能力拓展

1. 目前市场主流的 CPU 散热器有哪几种？它们各自有什么功能特点？
2. 在装机时是选用盒装 CPU 的散热器好还是单独购买散热器好？请简述理由。
3. 选购散热器要注意什么事项？
4. 对于性能较高的计算机，选用哪种散热器比较合适？

认识和选购主板

第 4 章

工作任务分析

本任务主要学习主板的组成结构、常见类型、主流品牌以及选购方法,引导学生学会辨识和选择合适的主板产品,锻炼学生自主探究学习的能力,激发学生学习计算机硬件知识的兴趣,同时拓展学生的知识视野,培养良好的职业意识和职业素养。

知识学习目标

- 了解主板的基本功能作用。
- 熟悉主板各个功能组成区域。
- 熟悉常见的主板类型。
- 掌握主板的选购与辨别方法。

技能实践目标

- 能够辨识主流的主板品牌。
- 能够根据需要选购主板产品。
- 能够分辨主板的真伪与优劣。

课程思维导图

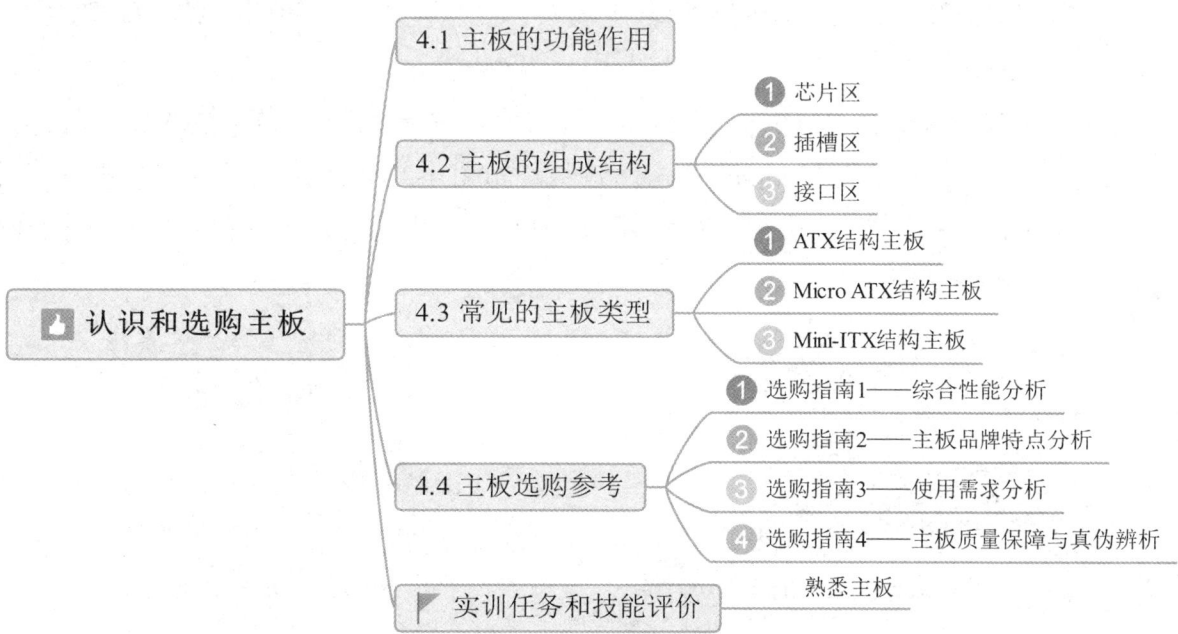

主板(Mainboard 或 Motherboard)是一种安装有大量元器件、插槽和外部接口的计算机组成配件,也是主机中"身材"最大的部件,占据了机箱近半甚至大半内部空间。

4.1 主板的功能作用

图 4-1 主板外观结构

主板是计算机最重要的部件之一，它承载了计算机平台的主体架构，计算机所有的部件都要直接或间接连到主板上。主板负责唤醒、启动各种计算机部件，并提供电流和数据传输的通道。如图 4-1 所示为一款主板的整体外观。

4.2 主板的组成结构

根据各种元件的功能类型，可将主板的平面区域划分为三大部分：芯片区、插槽区、接口区。

1. 芯片区

芯片区主要包含了决定主板运行性能的芯片（Chip）及芯片组（Chipset）。芯片区是主板的灵魂，也是主板实现"智能化"运作的大脑，它决定了一块主板核心性能的高低与功能表现，并影响到整个计算机系统性能的发挥。主板芯片区包括以下几种主要芯片类型。

（1）BIOS 芯片

BIOS 的全称是 Basic Input/Output System（基本输入/输出系统），是主板的核心芯片之一。BIOS 芯片是一块呈正方形或长方形的只读存储器，如图 4-2 和图 4-3 所示。它主要存储计算机底层的硬件配置信息和指令程序，负责对各种硬件设备进行检测和初始化，如主板开机自检、硬件设备的指令中断等。

图 4-2 Winbond BIOS 芯片

图 4-3 Intel BIOS 芯片

由于 BIOS 程序是只读的，因此不能存储用户自己的配置数据，用户在 BIOS 中所做的所有配置均存储在一块专门的 CMOS 芯片中。CMOS 芯片支持读写操作，一般集成在主板芯片组内，计算机在启动时必须读取 CMOS 中的信息来完成初始化过程。当计算机关闭电源后，CMOS 芯片则依靠位于主板上的一块纽扣电池来维持 CMOS 芯片的运行，以保持其记忆状态。若纽扣电池中的电量用完，CMOS 芯片将会丢弃用户所做的配置信息，从而恢复至出厂状态。

BIOS 芯片一般采用 Flash ROM 闪存型存储器，容量大多有 2MB、4MB 或者 8MB 以上，BIOS 芯片容量越大，可识别和管理的硬件种类就越多，主板也就能够拥有更丰富的应用功能。目前，知名的 BIOS 芯片制造商有 Winbond（华邦）、Intel、ATMEL、SST、MXIC 等品牌。

（2）南北桥芯片

南北桥芯片分别指南桥芯片与北桥芯片，两者统称为芯片组。南北桥芯片是主板中一对颇受欢迎的"孪生姐妹花"，各自相对独立而又彼此相互依存。芯片组就如同桥梁一样，把计算机中各种部件和设备连接在一起，构成一个强大的整体。芯片组的型号决定了主板的主要性能和大部分的功能特性。芯片组要与 CPU 的型号相匹配，每当 CPU 发布了新的型号规格时，主板厂商一般也会同步推出相应的主板芯片组。相关内容的详细介绍，请扫描二维码查阅。

4.1
主板的功能作用-
芯片-南北桥芯片与单芯片

（3）集成芯片

主板一般都附带多种具有特定功能的部件，这些部件无须整个安装在主板上，只是将其关键的芯片部分嵌入主板中，这类芯片统称为集成芯片或板载芯片。常见的集成芯片有集成显卡芯片、集成声卡芯片、集成网卡芯片、集成 RAID 阵列控制芯片等类型。集成芯片具体的介绍内容，请扫描二维码查阅。

板载的集成芯片提供了具有性价比优势的基本功能，例如很多集成声卡芯片已拥有流行的 8 声道高仿真音效输出性能，而集成网卡芯片能让计算机具备千兆位级高速网络传输功能。目前主板所附带的集成芯片已能满足大多数的计算机的功能需要，普通用户可不再额外购买相关配件，从而节约预算资金。

4.1
主板的功能作用-
芯片-集成芯片

2. 插槽区

插槽区用来安插和固定 CPU、内存、电源、显卡和 PCI 扩展板卡等重要部件。下面介绍几种常用的主板插槽类型。

（1）CPU 插槽

用于安装 CPU 的插槽也称为 CPU 插槽或 CPU 插座。根据主板所支持的 CPU 类型，CPU 插槽在布局设计上也有较大的区别。不同品牌或不同类型的 CPU 一般不能互插接口，而只能安装在与其匹配的插槽中。如果用户购买了 Intel 的 CPU，则应采用基于 Intel CPU 插槽的主板，而不能使用基于 AMD CPU 插槽的主板。此外，Intel 的 LGA 1151 接口与 LGA 2011

接口、AMD 的 Sochet FM2 与 Sochet AM3 接口也是不同的，在选择主板时要正确匹配插槽所对应的 CPU 型号。如图 4-4 所示为 Intel LGA 1151 处理器插槽，如图 4-5 所示为 AMD Socket AM3 处理器插槽。

图 4-4　Intel LGA 1151 处理器插槽　　　　　　图 4-5　AMD Socket AM3 处理器插槽

（2）内存插槽

内存插槽位于 CPU 插槽下方，是主板中最长的插槽。在内存插槽的两边各有一个塑料固定扳手。种类不同的内存条，其对应的内存插槽凸状卡口的位置也稍有差异，这是内存插槽最明显的标志，用来区分内存种类，同时也可避免因插反方向而烧毁内存的风险。

大多数主板都带有 2～4 根内存插槽，有些主板则会提供 6～8 根，以满足大容量内存的安装需要。此外，主板芯片组一般还会加入对双通道或多通道内存技术的支持，通过多条内存并组扩展，能够让内存读写的执行效率达到翻倍加速的效果，大大提高计算机系统的运行性能。如图 4-6 所示为双通道内存插槽，如图 4-7 所示为三通道内存插槽。

 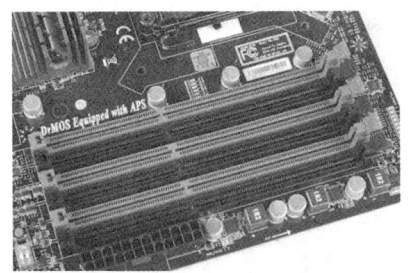

图 4-6　双通道内存插槽　　　　　　　图 4-7　三通道内存插槽

（3）显卡插槽

显卡插槽多数位于主板的中间及偏下地带，即北桥芯片和 PCI 插槽之间，以红色、深棕色、深蓝色或其他颜色标识。显卡插槽决定了显卡与 CPU、芯片组等部件之间传输数据的最大带宽，对计算机图形处理性能和图形显示效果都有很大的影响。主板一般支持 AGP 和 PCI Express 两种显卡槽插。

① AGP 插槽：AGP（Accelerated Graphics Port，加速图形接口）插槽如图 4-8 所示。AGP 接口规格曾在很长一段时间内占据了主流地位，却难以跟上现代高清显示及 3D 图形技术的飞跃发展。近年来，AGP 插槽在逐渐淡出主流市场。

② PCI Express 插槽：PCI Express（PCI 高速传输接口，简称 PCI-E）是目前广泛采用的

数据总线接口标准，具有较高的传输速率和传输质量，适合传送高清图像数据和 3D 画质，可用作显卡、声卡、网卡、固态硬盘等多种部件的扩展插槽，如图 4-9 所示。

图 4-8　AGP 插槽

图 4-9　PCI Express 插槽

根据总线带宽的不同，PCI-E 又分为×1、×2、×4、×8、×16 和×32 等几种传输模式（×为"倍速"，用来描述数据传输速率），其中 PCI-E×1 和 PCI-E×16 为目前主流规格。对于当前流行的超高清画质显示设备和 3D 高速显卡来说，PCI-E 是非常理想的总线接口。

（4）PCI 插槽

PCI 插槽是主板的功能扩展插槽，位于主板的最下方，大多采用乳白色、蓝色或红色标识。PCI 插槽可插接声卡、网卡、电视卡、游戏控制卡、视频采集卡、RAID 阵列卡等众多类型的扩展卡。通过安装各类扩展卡，计算机能获得更为丰富的外接功能，因此，PCI 也有"万用"扩展槽的美誉，如图 4-10 所示。

由于先天设计上的不足，PCI 的总线带宽只有 133MB/s，无法适应当今主流 I/O 设备（特别是 3D 和 VR 显示）庞大的数据传输量，其地位逐渐被更先进的 PCI-E 插槽所取代，未来在主板中出现的机会也将越来越少。

（5）电源插槽

主机需要依靠电源来供电，而电源则通过主板专用插槽来输送电流。目前大多数主板都使用 ATX 标准电源，它提供了 24 针电源插槽（20pin+4pin 模式），并具有防呆（防插错）结构，也有一些主板采用的是 28 针电源插槽（24pin+4pin 模式），或者 32 针电源插槽（24pin+8pin 模式），这样主板就能支持更大功率的电源和性能更高的计算机部件。如图 4-11 所示为一款主板电源插槽，其中 24 针主体插槽用于主板供电，另外还有 4 针辅助插槽用来为 CPU 单独供电，以满足中高端 CPU 的用电需要。

3. 接口区

从位置分布上看，主板的接口区域由内部接口和外设接口两部分组成。内部接口负责连接机箱内部的配件，包括硬盘和光驱等硬件设备。外设接口也叫 I/O 背板接口，位于主板的后侧面，主要用于连接键盘、鼠标、音箱、显示器、打印机、交换机等外部设备。

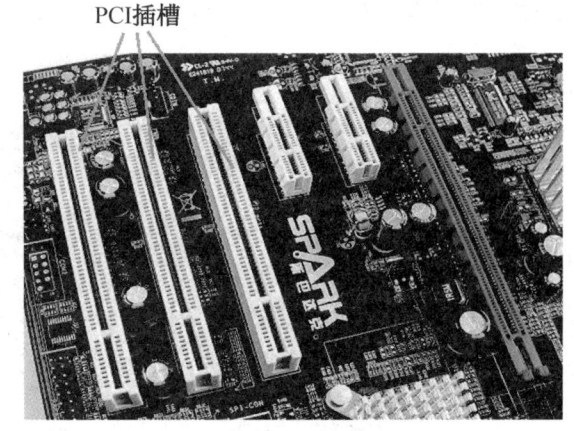

图 4-10 PCI 插槽

图 4-11 主板电源插槽

主板常见的接口有 IDE 接口、SATA 接口、SATA Express 接口、PS/2 接口、USB 接口、HDMI 接口，以及集成显卡接口、集成网卡接口和集成声卡接口等。如图 4-12 所示为一款主机背板上的接口区。

（1）IDE 接口

IDE 属于早期的数据传输接口规格，一般用来连接硬盘和光驱，如图 4-13 所示。不过，由于 IDE 接口的传输速率慢，可连接的设备少，现在很少有主板带 IDE 接口了，而主流的硬盘和光驱也放弃了 IDE 接口规格。目前，只有一些老式计算机和工业设备还在继续使用 IDE 接口。

图 4-12 主机背板上的接口区

图 4-13 IDE 接口

（2）SATA 接口

SATA（Serial ATA）又叫串行接口，是计算机标准的数据传输接口类型，现在已全面替代了原来的 IDE 接口。SATA 接口的里面呈"L"形，具有接口尺寸小、传输速率快、传输可靠性高、数据线小巧、安装方便且支持热插拔等优点。如图 4-14 所示为板载 SATA3.0 接口。

SATA 接口已经历了三代技术标准，其中 SATA3.0 是目前主流的数据传输标准，其最大总线传输速率比 SATA2.0 提高了一倍，可达到 6Gbps，现已普遍应用在各种计算机和工业设备中，并且几乎所有的 SATA 设备都已实现了对 SATA3.0 的支持。

（3）SATA Express 接口

SATA Express（SATA E）接口是 SATA 国际组织制定的下一代 SATA 接口标准，带宽最高可达 16Gbps，实际传输速率比 SATA3.0 提高 70%。SATA Express 把 SATA 软件架构和 PCI Express 高速界面结合在一起,并能兼容现有的 SATA 设备,有望使固态硬盘与混合硬盘享受到 PCI Express 的高速带宽,以打破传输性能的瓶颈。如图 4-15 所示为板载 SATA Express 接口。

图 4-14　板载 SATA3.0 接口

图 4-15　板载 SATA Express 接口

（4）PS/2 接口

PS/2 主要用作鼠标和键盘的接口规范。通常来说,为防止混插,绿色接口用来连接 PS/2 鼠标,而紫色接口则用来连接 PS/2 键盘,如图 4-16 所示。另外,有些主板只提供一个鼠标、键盘两用的 PS/2 接口,这个共享接口的颜色为紫、绿两色并存,如图 4-17 所示。

图 4-16　板载 PS/2 接口

图 4-17　PS/2 键盘/鼠标通用接口

PS/2 接口还支持与 USB 接口的相互转换,通过专门的信号转接器,可以把 PS/2 接口的设备转换成 USB 接口使用。需要注意的是,PS/2 接口不支持热插拔,在开机状态下如果强行带电拔插 PS/2 键盘或鼠标,有可能会导致主板无法检测到键盘或鼠标信号,严重时还会损伤甚至烧坏主板电路。

（5）USB 接口

USB（Universal Serial Bus,通用串行总线）是广泛流行的通用接口类型,支持设备热插拔,真正做到了即插即用。USB 接口具有极高的兼容性和扩展性,最多可同时支持 127 个外接设备,广泛用于计算机、数码电子产品、可移动式存储设备、智能电视等电子设备。

市场上主流的 USB 规格有 USB 3.0、USB 3.1、USB 3.2、USB4 等几类。各种规格的 USB 特点与区别,请扫描二维码查阅。

（6）集成设备接口

集成设备接口主要指显卡、网卡、声卡等板载芯片的外部接口,此类板载芯片一般都带

4.1
主板的功能作用-
接口-USB 接口

4.1 主板的功能作用-接口-集成设备接口

有多个功能接口，例如，集成显卡芯片提供有 VGA 接口、DVI 接口、HDMI 接口和 Display Port 接口等，集成网卡芯片主要为 RJ-45 型 LAN 网络接口和光纤传输接口，集成声卡芯片则会提供丰富的音频输入/输出功能接口。相关内容的详细介绍，请扫描二维码查阅。

4. LAN 网络接口

LAN 网络接口一般与 USB 接口相邻，如图 4-18 所示，需连接网线的 RJ-45 型水晶头。LAN 接口支持 100Mbps/1000Mbps 全双工网速。目前，大多数主板都配备了千兆位级网卡芯片，与千兆位交换机配合使用可实现高速网络传输。

5. eSATA 接口

eSATA 是 external SATA（扩展型 SATA）的简称，属于 SATA 接口的外置扩展规范，用来连接外部的 SATA 设备，如图 4-19 所示。从外观上看，eSATA 接口是平的，而非 SATA 接口的"L"形状，其传输速率可达到 3Gbps。

6. 音频接口

主板常见的音频接口大多为 3 个（6 声道），有些主板则带有 6 个音频接口（8 声道）。主板的音频接口均为 3.5mm 圆形插孔，每个圆孔以不同颜色和图标来标注功能，其中三个基本的音频端口分别是音频输出端口、麦克风传声端口和音频输入端口。另外三个扩展音频端口则用于增强音频输出效果，分别是中置或重低音音箱端口、后置环绕音箱端口、侧边环绕音箱端口。如图 4-20 所示为板载音频接口。

图 4-18　板载 LAN 网络接口

图 4-19　板载 eSATA 接口

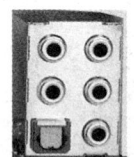
图 4-20　板载音频接口

4.3 常见的主板类型

按照结构和尺寸的不同，主板可分为 ATX、Micro ATX、Mini-ITX 等几种主要类型。

1. ATX 结构主板

ATX 结构主板俗称"大板",其尺寸一般为 30.5cm×24.4cm。相对开阔的板面空间能让主板容纳更多的配件插槽和接口,因此具有更好的扩展性,整体性能也很优异。另外,"大板"在制造方面往往用料充足,做工过硬,耐压性和抗干扰性也都比较强,深受众多注重主板质量与性能的用户喜爱,尤其在中高端消费群体中,ATX 主板对用户具有很大的吸引力。

ATX 结构主板对主机箱的工艺结构和布局设计有一定的要求,需要安装在相应的 ATX 型主机箱中,才有利于增强空间扩展、通风散热和背板外接等方面的功能。如图 4-21 所示为一款主流的 ATX 结构主板。

2. Micro ATX 结构主板

Micro ATX(简称 MATX)即"微型 ATX"结构主板,俗称"小板"。Micro ATX 是 Intel 公司推出的一种改进型主板规范,在 ATX 结构主板基础上通过减少部分 PCI 和内存等插槽的数量,以达到缩小主板尺寸的目的。

Micro ATX 属于结构紧凑型主板,常见的板型尺寸有 24.8cm×30cm 或 24.8cm×24.8cm,大多拥有 2~4 根内存插槽和 3~4 根扩展插槽。由于自身尺寸较小,集成度高,价格也相对便宜,Micro ATX 主板被广泛用于各种品牌机和大众 DIY 装机中。对于性能要求不高的大众消费群体来说,Micro ATX 主板是非常经济实惠的,能满足日常性的使用需要。如图 4-22 所示为一款 Micro ATX 型主板。

图 4-21　主流 ATX 结构主板

图 4-22　Micro ATX 型主板

3. Mini-ITX 结构主板

Mini-ITX(迷你型 ITX)是一种新型主板规格,简称 ITX,布局更加紧凑,在结构设计上进一步实行"瘦身"优化,体积小巧和低耗电量是它的优势所在,如今已被大量应用于商业和工业类设备中,如汽车、机顶盒与网络设备的内置微型主板,此外它还可以用来制造瘦客户机(Thin Client)与各种时尚前卫的计算机产品。

基于 Mini-ITX 规格设计的计算机不同于传统计算机那样功能强大且性能先进，它只能完成简单的日常工作，如收发电子邮件、处理办公事务、浏览网上信息和一般性的影视游戏娱乐等。Mini-ITX 主板也在不断完善自身的设计和制程工艺，并增强扩展性和兼容性，未来 Mini-ITX 主板将会具备越来越高的商业价值。如图 4-23 所示为一款 Mini-ITX 型主板。

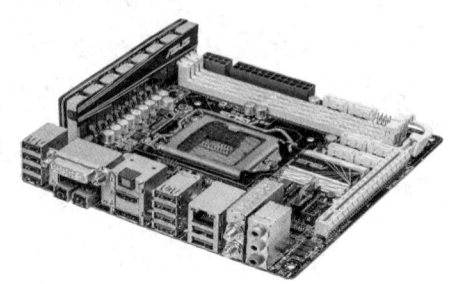

图 4-23　Mini-ITX 型主板

4.4　主板选购参考

主板是一种相对比较复杂的计算机核心设备，拥有众多的附属元件和较为全面的产品功能。用户在选购时应从对计算机的整体性能需求入手，充分考虑主板可支持的各种重要功能。

选购指南 1——综合性能分析

（1）确定 CPU 平台的支持

作为主板最重要的搭档，CPU 平台是区分主板类型的标志之一。一款主板只能搭配一种 CPU 平台，即要么支持 Intel 平台，要么支持 AMD 平台，两者不能混用。另外，主板还应匹配合适的 CPU 型号，不在支持范围内的 CPU 型号是不能使用的。如图 4-24 所示为 Intel Core i7 的 LGA 1151 接口区，如图 4-25 所示为一款主板上的 LGA 1151 规格 CPU 插槽。

图 4-24　Core i7 的 LGA 1151 接口　　　　图 4-25　主板 LGA 1151 规格 CPU 插槽

目前主流的 CPU 插槽类型有 Intel 平台的 LGA 1151、LGA 1200、LGA 2011、LGA 2066、LGA 3647，以及 AMD 平台的 Socket FM1、FM2、FM2+、AM3、AM3+、AM4 和 Socket SP3、TR4、sTRX4 等，用户应根据 CPU 的具体接口规格选择对应的主板类型。

（2）考虑芯片组的支持

芯片组是主板的核心部件，决定了主板的类型与档次，但不同品牌和型号的芯片组所提供的硬件支持功能却是有区别的。例如，有的芯片组将重点放在 CPU 支持性能、内存频率、总线带宽、显卡交火组合等功能上，而有的芯片组在原生 SATA 接口、USB 接口、RAID 磁盘阵列等高速 I/O 总线支持方面得到显著的提升，这就需要用户对芯片组的主要性能与常用功能进行取舍。

Intel 和 AMD 都推出了种类丰富的主板芯片组，涵盖了入门级、主流级、高端级和旗舰级型号，在家用、商用、游戏、服务器和移动计算类市场中的功能定位都很明确。表 4-1 列出了 Intel 和 AMD 平台部分主流芯片组型号和代表性产品。

表 4-1　Intel 和 AMD 平台部分主流芯片组型号和代表性产品

应用领域	Intel 平台		AMD 平台	
	主流型号	代表性产品	主流型号	代表性产品
入门应用 （家庭/办公用户）	H 系列	H81、H170、H270、H310、H370、H410、H470、H510	A 系列	A68H、A85X、A88X、A300、A320、A520
			900 系列	970、990X、990FX
商业应用 （企业级用户/ 商业领域用户）	B 系列	B85、B150、B250、B360、B460、B560	B 系列	B350、B450、B550、PRO 500、PRO 560
	Q 系列	Q250、Q370、Q470		
高端应用 （游戏娱乐/ 专业设计用户）	Z 系列	Z97、Z170、Z270、Z370、Z490、Z590	X 系列	X300、X370、X399、X470、X570
	X 系列	X99、X299、X399		
服务器、工作站运算平台	C 系列	C236、C242、C626、C629	TRX 系列	TRX40、TRX80
	W 系列	W480	WRX 系列	WRX80
移动计算平台	HM 系列	HM175、HM370	与 CPU 集成	与 CPU 集成
	QM 系列	QM175、QM370		

表 4-2 列出了 Intel 和 AMD 平台部分芯片组产品的基本参数指标。

表 4-2　Intel 和 AMD 平台部分芯片组产品的基本参数指标

芯片组型号	Intel 平台芯片组			AMD 平台芯片组		
	家用型	办公型	游戏型	家用型	办公型	游戏型
	H470	B560	Z590	A520	B550	X570
CPU 接口类型	LGA 1200	LGA 1200	LGA 1200	Socket AM4	Socket AM4	Socket AM4
支持的 CPU 型号	第十代 Core/Pentium/Celeron 系列	第十代/十一代 Core/Pentium/Celeron 系列	第十代/十一代 Core/Pentium/Celeron 系列	第三代/第五代 Ryzen 系列	第三代/第五代 Ryzen 系列	第三代/第五代 Ryzen 系列
支持的内存类型	4×DDR4/双通道/最大 128GB 2933MHz	4×DDR4/双通道/最大 128GB 5200MHz	4×DDR4/双通道/最大 128GB 5200MHz	4×DDR4/双通道/最大 128GB 5100MHz	4×DDR4/双通道/最大 128GB 5100MHz	4×DDR4/双通道/最大 128GB 5100MHz
SATA 3.0 接口	6 个	6 个	6 个	4 个	6 个	12 个

续表

芯片组型号	Intel 平台芯片组			AMD 平台芯片组		
	家用型	办公型	游戏型	家用型	办公型	游戏型
	H470	B560	Z590	A520	B550	X570
USB 接口	4 个 USB 3.1 8 个 USB 3.0	2 个 USB 3.2 4 个 USB 3.1 6 个 USB 3.0	3 个 USB 3.2 10 个 USB 3.1 10 个 USB 3.0	1 个 USB 3.1 2 个 USB 3.0	6 个 USB 3.1 6 个 USB 3.0	2 个 USB 3.2 8 个 USB 3.1 4 个 USB 3.0
PCI-E 插槽	10×PCI-E 3.0	6×PCI-E 3.0 支持 PCI-E 4.0	12×PCI-E 3.0 支持 PCI-E 4.0	8×PCI-E 3.0	5×PCI-E 3.0 10×PCI-E 4.0（用于显卡和 NVMe）	8×PCI-E 4.0
集成无线网络芯片	Intel Wi-Fi 6 AX201	Intel Wi-Fi 6 AX201	Intel Wi-Fi 6 AX201	AMD Wi-Fi 6 (802.11 ax)	AMD Wi-Fi 6 (802.11 ax)	AMD Wi-Fi 6 (802.11 ax)
虚拟化技术	Intel VT-d	Intel VT-d	Intel VT-d	AMD-V	AMD-V	AMD-V
RAID 阵列模式	RAID 0,1,5,10	RAID 0,1,5,10	RAID 0,1,5,10	RAID 0,1,10	RAID 0,1,10	RAID 0,1,10
独立显示支持	3 屏显示器输出	3 屏显示器输出	3 屏显示器输出	3 屏显示器输出	3 屏显示器输出	3 屏显示器输出

（3）主板对总线频率的支持

数据总线频率直接影响到 CPU、芯片组、内存与显卡等核心部件的数据交换效能。总线频率越大，意味着数据传输速率越高，也更有利于主板整体性能的协调发挥。

目前主板主要采用的高速数据传输总线有 Intel 平台的 QPI（快速通道互联）和 DMI（直接媒体接口）标准，以及 AMD 平台的 HT（超传输）标准。大多数主板可提供对 1866MHz、2133MHz、2666MHz、2800MHz、3000MHz 等总线频率的支持，高端主板还能将总线频率提升至 4000MHz 以上。

用户应尽量选择较大的总线带宽，确保主板总线频率不低于 CPU 和内存的总线带宽，这样才能保证 CPU、主板与内存都发挥出最大的带宽性能，避免造成计算机核心性能的"瓶颈"，同时还可以为将来 CPU 和内存的升级、扩容预留出足够的带宽支持空间。

（4）主板对内存的支持

要为主板搭配合适的内存，就需要确定主板所支持的内存类型、频率范围、内存插槽的数量和最大支持的内存容量。目前主流型主板已全面支持 DDR4 内存，最大支持的内存容量达到 128GB，内存频率可达 4000MHz 以上。

大多数普通用户使用 8GB 内存就能应付日常操作了，图形设计、影视编辑、游戏娱乐等应用则可以考虑使用 16GB 或更大的内存。此外，用户也可以搭建双通道或三通道内存组合模式，以保障 3D 游戏、VR 娱乐、数字媒体设计等大型程序的流畅运行。

★ 课堂思考：组建双通道或三通道内存模式最少需要搭配多少根内存？

（5）主板对硬盘和光驱的支持

目前，SATA3.0 已成为主流的硬盘和光驱接口标准，并得到主板厂商的广泛支持。因此，用户应把 SATA3.0 作为选购主板的标准配置。随着固态硬盘的逐渐流行，如果想安装固态硬盘，还应该注意主板对固态硬盘类型、容量和兼容性的支持。

（6）主板对独立显卡的支持

在 3D/VR/AR 效果精彩纷呈的今天，消费者对主板的显示支持能力也提出了更高的要求，PCI-E 接口标准和支持 PCI-E 的显卡已成为重要指标。对于需搭配主流独立显卡的用户，应充分考虑主板对独显的支持功能，如支持的 PCI-E 版本、PCI-E 的插槽数量与型号，以及多显卡交火组合模式与分屏输出显示等。若要获得高端显示质量，那么主板最好能够支持 AMD CrossFire 或者 NVIDIA SLI 显卡交火技术。而如果要使用两个或多个显示器输出，那么主板芯片组还应该支持分屏输出显示等功能。

（7）主板对集成设备的支持

得益于芯片组技术的革新，很多主板都提供了种类齐全、功能完善、质量较好的集成设备芯片，比如高清显示芯片、高性能的 7.1/8 声道仿真音效芯片、千兆位级网络适配器芯片和 RAID 阵列控制芯片等，有些主板还带有 Wi-Fi 无线网络芯片和蓝牙芯片。这些板载芯片可满足用户的日常使用需要，从而为用户节省不少预算资金。

选购指南 2——主板品牌特点分析

由于 PC 主板的制造门槛相对较低，众多主板厂商参与其中，形成了群雄割据的"战国"局面，但产品质量则良莠不齐，在制程工艺、生产用料与售后保障上的差别也非常大。

不过从总体来看，处于一线地位的华硕（ASUS）、技嘉（GIGABYTE）、微星（MSI）并称"主板三雄"，这些品牌历史悠久，拥有强大的自主研发实力与制造核心技术，材料、质量、工艺和品质管理都比较突出，产品推新与技术升级速度也很快，在主板市场特别是中高端用户群里拥有极高的认可度。如图 4-26 至图 4-28 分别为华硕、技嘉、微星三大主板厂商的 Logo 标识。

图 4-26　华硕科技 Logo　　　图 4-27　技嘉科技 Logo　　　图 4-28　微星科技 Logo

这三大领导厂商也各有特点。华硕作为全球第一大主板品牌，产品以做工厚实见长，超频能力很强，但售价也相对较高。技嘉与微星则以设计华丽而闻名，板载附件配备齐全，超频性能虽稍逊色，却并不影响产品的整体质量。在产品核心理念上，华硕通过"总体拥有成本"（TCO）来诠释其对新一代高性价比和智能化主板的设计方向；技嘉的超耐久技术在 G1.Killer 系列主板上得到了热烈的响应；而微星则推出了经过严格认证的军规概念主板，给 DIY 用户带来了高效率和高稳定性的使用体验。

此外，七彩虹、映泰、铭瑄、梅捷、昂达、华擎、影驰、翔升等众多品牌也有不俗的实力，在名气上虽不及三大巨头，但品质并不逊色太多，并拥有鲜明的产品技术特点和较高的性价比，各种板载功能也比较贴合大众用户的日常需要，因此广受普通消费者的青睐。

值得注意的是，市面上还有一些渠道型主板品牌，它们本身并不具备研发和制造能力，主要依靠其他厂商贴牌代工，用料与做工的水准较差，产品质保也无保障，大多是以低价格为卖点，这在低端 DIY 市场中屡见不鲜。

选购指南 3——使用需求分析

由于主板在计算机系统中所起的关键作用，因此用户在购买主板时，应明确实际的使用需求，结合计算机的具体用途和使用环境进行选择。

主板的种类与型号非常多，要挑选一款适合自己的主板，就要从实际用途出发，不盲目追求奢侈品，不能过分强调高性能和前卫外观，而应综合考虑主板的功能、品牌的口碑与保障服务等方面，并兼顾以后的硬件扩充。另外，对于那些售价过低、功能宣传又很突出的主板，最好先上网了解相关的背景信息与产品评价再做决定。

（1）家庭日常应用

对很多家用计算机来说，上网冲浪、看看影片、玩玩游戏是最主要的功能应用，这也是驱动计算机更新换代的一个重要原因。因此，"实惠好用"依旧是家用型主板的选购方向。一般而言，如果用户对计算机没有过高的要求，那么购买一款做工优良、价格适中的主板就可以了，同时在购机预算允许和满足日常所需的前提下，尽量选择扩展性更好的主板，这样可预留出必要的升级空间。

（2）企业信息化办公应用

考虑到信息化办公应用的特点，商业用户往往会更侧重于主板的综合性能。除了运行效率，良好的稳定性和安全性、完善的板载集成功能和产品附加值也是商业用户所追求的特性。相反，高端的娱乐应用则并非企业办公操作所必需的功能，因此，办公用户应该将焦点放在有利于发掘企业潜力及商务性能的技术因素上。

（3）游戏娱乐与专业设计

从事设计职业的用户通常要进行多媒体制作、平面/3D/动漫/工业设计或影视后期编辑等工作，对于图形图像的可视化效果、视频和音频输出的流畅性、视觉特效的粒度化呈现等方面要求较高，而这些同样也是很多游戏玩家所关注的性能表现，因此可选专业型或游戏型的主板，同时还要搭配高性能的处理器和独立显卡。

（4）Intel 和 AMD 平台部分主板的性能配置规格比较

表 4-3 和表 4-4 分别列举了 Intel 和 AMD 平台部分主板的性能配置规格。

表4-3 Intel 平台部分主板性能的配置规格

基本参数	经济家用型	商务办公型	游戏/设计型
	品牌型号		
	技嘉 H410M HD3P	微星 B560M PRO-VDH	华硕 ROG MAXIMUS XIII HERO
芯片平台类型	Intel 平台	Intel 平台	Intel 平台
主芯片/北桥芯片	Intel H410	Intel B560	Intel Z590
CPU 插槽	LGA 1200	LGA 1200	LGA 1200
主板架构	Micro ATX	Micro ATX	ATX
支持的 CPU 类型	第十代 Core/Pentium/Celeron	第十代/第十一代 Core/Pentium/Celeron	第十代/第十一代 Core/Pentium/Celeron
支持的内存类型/通道模式/最大容量/最高频率	2×DDR4/双通道/最大 64GB/最高 5066MHz（OC）	4×DDR4/双通道/最大 128GB/最高 5066MHz（OC）	4×DDR4/双通道/最大 128GB/最高 5333MHz（OC）
板载显示芯片	CPU 内置显示芯片（需要 CPU 支持）	CPU 内置显示芯片（需要 CPU 支持）	CPU 内置显示芯片（需要 CPU 支持）
板载音频芯片/板载 LAN 网络芯片/板载无线网络芯片	板载 7.1 声道音效芯片/板载千兆网卡芯片	板载 7.1 声道音效芯片/板载双千兆网卡芯片	板载 7.1 声道音效芯片/板载双千兆网卡芯片/板载 Wi-Fi 6E 无线网卡芯片
支持的显卡标准	PCI-E 3.0	PCI-E 4.0，兼容 PCI-E 3.0	PCI-E 4.0，兼容 PCI-E 3.0
PCI-E 扩展插槽	1×PCI-E 3.0 x16, 2×PCI-E 3.0 x1	1×PCI-E 4.0 x16, 2×PCI-E 3.0 x1	2×PCI-E 4.0 x16, 1×PCI-E 3.0 x4, 1×PCI-E 3.0 x1
存储接口	4×SATA3.0，1×M.2	6×SATA3.0，2×M.2	6×SATA3.0，4×M.2
USB 接口/雷电接口	4×USB 3.0，6×USB 2.0	2×USB 3.1 Type-C，4×USB 3.0，6×USB 2.0	USB 3.2 Gen 2×2 连接器，1×USB 3.1 Type-C，4×USB 3.0，4×USB2.0，2×Thunderbolt 4
视频接口	1×VGA 接口，1×DVI 接口，1×HDMI 接口，1×DisplayPort 接口	1×VGA 接口，1×HDMI 接口，1×DisplayPort 接口	1×HDMI 2.0 接口
其他接口	1×PS/2 鼠标接口，1×PS/2 键盘接口，1×RJ-45 网络接口，3×音频接口	1×PS/2 键鼠通用接口，2×RJ-45 网络接口，3×音频接口	2×RJ-45 网络接口，5×音频接口
显卡交火模式	不支持	N/A	支持 NVIDIA 多 GPU SLI 交火

表4-4 AMD 平台部分主板性能的配置规格

基本参数	经济家用型	商务办公型	游戏/设计型
	品牌型号		
	华擎 A520M-ITX/ac	华硕 PRIME B550M-A	华硕 PRIME TRX40-PRO
芯片平台类型	AMD 平台	AMD 平台	AMD 平台
主芯片/北桥芯片	AMD A520	AMD B550	AMD TRX40
CPU 插槽	Socket AM4	Socket AM4	Socket sTRX4
主板架构	Mini-ITX	Micro ATX	ATX
支持的 CPU 类型	第三代 Ryzen	第三代 Ryzen	第三代 Ryzen Threadripper
支持的内存类型/通道模式/最大容量/最高频率	2×DDR4/双通道/最大 64GB/最高 4733MHz（OC）	4×DDR4/双通道/最大 128GB/最高 4800MHz（OC）	8×DDR4/四通道/最大 256GB/最高 4666MHz（OC）
板载显示芯片	CPU 内置显示芯片（需要 CPU 支持）	CPU 内置显示芯片（需要 CPU 支持）	CPU 内置显示芯片（需要 CPU 支持）

续表

基本参数	经济家用型	商务办公型	游戏/设计型
	品牌型号		
	华擎 A520M-ITX/ac	华硕 PRIME B550M-A	华硕 PRIME TRX40-PRO
板载音频芯片/板载 LAN 网络芯片/板载无线网络芯片	板载 7.1 声道音效芯片/板载千兆网卡芯片/板载 Wi-Fi 无线网卡芯片	板载 7.1 声道音效芯片/板载千兆网卡芯片	板载 8 声道音效芯片/板载千兆网卡芯片/板载 Wi-Fi BT 无线网卡芯片
支持的显卡标准	PCI-E 3.0	PCI-E 4.0，兼容 PCI-E 3.0	PCI-E 4.0，兼容 PCI-E 3.0
PCI-E 扩展插槽	1×PCI-E 3.0 x16	1×PCI-E 4.0 x16, 2×PCI-E 3.0 x1	3×PCI-E 4.0 x16, 1×PCI-E 4.0 x4
存储接口	4×SATA3.0, 2×M.2	4×SATA3.0, 2×M.2	8×SATA3.0, 3×M.2
USB 接口/雷电接口	4×USB 3.0, 2×USB 2.0	2×USB 3.1, 6×USB 3.0, 4×USB 2.0	5×USB 3.1（含前置连接器），6×USB 3.0, 4×USB2.0
视频接口	1×HDMI 接口, 1×DisplayPort 接口	1×VGA 接口, 1×DVI 接口, 1×HDMI 接口	采用 USB 3.1 Type-C 接口
其他接口	1×PS/2 键鼠通用接口, 1×RJ-45 网络接口, 3×音频接口	1×PS/2 键鼠通用接口, 1×RJ-45 网络接口, 3×音频接口	1×RJ-45 网络接口, 5×音频接口, 1×S/PDIF 同轴接口
显卡交火模式	不支持	N/A	支持双路 NVIDIA SLI 和双路 AMD CrossFireX 交火

选购指南 4——主板质量保障与真伪辨析

主板由于结构复杂，线路与元件较多，并负责承载主机中的多种重要部件，因此，主板做工质量的高低对整个计算机都会产生很大的影响，用户在选购时应注意对主板的品质与真伪进行辨别。

（1）主板产品质量分析

质量较好的正品主板，在工艺上应该给人一种美观和厚实的感觉，主板的各个部分用料讲究，做工精细，没有粗制滥造的部件，也没有遭外力损伤或二次加工的痕迹；主板的各种插槽与元件安装稳固，排列整齐，电容不松动，没有鼓胀的异常形状；外包装精美，制造商信息与产品型号印刷清晰，产品说明书、保修卡、销售票据、驱动光盘、数据线及其他配送物品齐全；能明确质保期限（很多知名品牌提供 3 年或 3 年以上标准质保期）、质保条件与质保方式；本地经销商是否有能力提供保修服务，以及用户是否需要承担原厂返修费用等。

（2）主板的仿冒、优劣识别

主板的仿冒、优劣品大多集中在低端 DIY 市场，通过以次充好、功能短缺、篡改信息等方法蒙骗消费者。除了从外观上细致观察，或登录厂商官网查询序列号来验证主板的真伪外，也可以使用 Windows 优化大师来检查主板详细的配置信息，进而辨别这款主板是否名副其实。

Windows 优化大师是一款功能强大的系统管理工具软件，操作简单，容易掌握，它能帮助用户检测计算机配置，优化系统设定，提升计算机运行效率，具体操作如下。

【操作步骤】

① 下载最新版本的 Windows 优化大师软件，安装完成之后，双击进入 Windows 优化大

师的主界面，如图 4-29 所示。

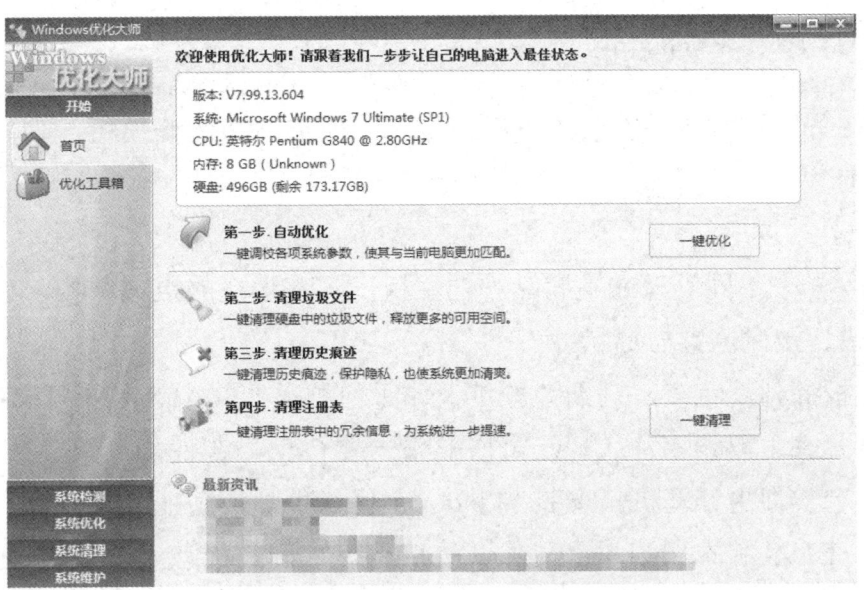

图 4-29　Windows 优化大师主界面

② 单击左侧的"系统检测"功能项，进入"系统信息总览"界面，在这里可以看到中间的主窗口列出了该计算机主要的配置信息与硬件设备参数，包括主板名称、BIOS 版本、芯片组型号及相关的制造商、板载显卡芯片的产品型号与制造商等内容，如图 4-30 所示。

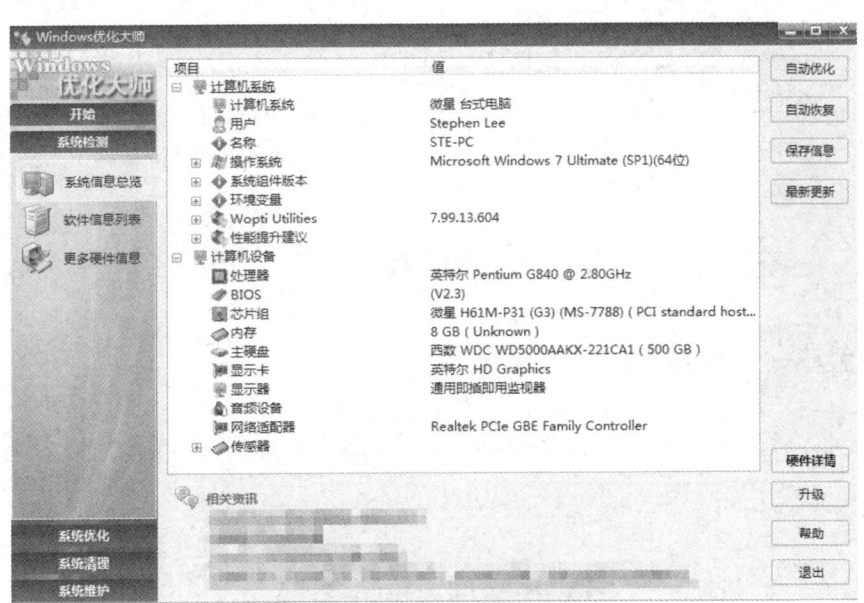

图 4-30　"系统信息总览"窗口

③ 根据主板说明书并对照 Windows 优化大师中显示的配置列表，就能知道这款主板的真实性如何了。Windows 优化大师对于其他计算机配件的真伪辨别也同样是有帮助的。

实训任务　熟悉主板

在本实训任务中,将熟悉主板的组成结构、主流类型和选购技巧,为后续深入学习硬件知识打下基础。

【操作步骤】

① 准备 2～3 个不同类型或不同品牌的主板,观察主板的组成结构,辨识该款主板主要的芯片、插槽、接口位置与形状。

② 观察主板的外观特点,判别该款主板属于何种类型(ATX、MATX 或 ITX 板等)。

③ 简述这几款主板为哪种品牌,可搭配哪一类 CPU,在性能上大概处于何种档次。

④ 准备一台实训用计算机,安装 Windows 优化大师或其他工具软件,并检测该计算机的主板名称、BIOS 版本、芯片组型号以及 CPU、内存、板载芯片等核心硬件信息。

实训结束,完成下面的技能评价表。

熟悉主板

实训任务	检查点	完成情况	出现的问题及解决措施
熟悉主板	辨识主板的品牌、类型、性能和适用 CPU	□完成　□未完成	
	辨识主板相关的芯片、插槽和接口	□完成　□未完成	
	检测主板的芯片组型号和核心硬件信息	□完成　□未完成	
	上网选择一款高端游戏型 ATX 主板和一款家用娱乐型 MATX 主板	□完成　□未完成	

前沿动态/未来产品

★ 未来的触感——可弯曲的柔性设备

有没有想过,某一天手机、计算机也能够弯曲甚至折叠?别担心会弄坏它,它将变得非常"轻柔",让你爱不释手!

视野拓展/术语解释

如今,主板的集成功能越来越丰富,主板也越来越好用了,下面我们来了解主板的两项常见的特色功能。

未来产品：可弯曲的柔性设备

视野拓展：主板特色功能简介

知识巩固与能力拓展

1. 主板由哪些部分组成？它们的功能和作用如何？
2. 北桥芯片与南桥芯片有什么区别？
3. 何为单一芯片？相比传统的芯片组，单一芯片有什么优势？
4. 目前，主板芯片组大多支持哪些新技术？
5. 观察用于实训的主板，它是基于 Intel 平台还是 AMD 平台接口？是否采用了双通道/多通道内存插槽、SATA3.0 接口、PCI-E 插槽和单一芯片设计？
6. 选购主板要注意哪些问题？
7. 目前，市场上有哪些主流的主板品牌？它们各自的优点是什么？
8. 家庭用户和游戏玩家怎样选购一款适合自己的主板？

认识和选购内存

第 5 章

工作任务分析

本任务主要学习内存的物理结构、常见类型、主流品牌以及选购方法，引导学生学会辨识和选择合适的内存产品，锻炼学生自主探究学习的能力，激发学生学习计算机硬件知识的兴趣，同时拓展学生的知识视野，培养良好的职业意识和职业素养。

知识学习目标

- 了解内存的物理组成结构。
- 熟悉市面常见的内存类型。
- 掌握内存主要的性能指标。
- 掌握内存的选购与辨别方法。

技能实践目标

- 能够辨识主流的内存品牌。
- 能够根据需要选购内存产品。
- 能够分辨内存的真伪与优劣。

课程思维导图

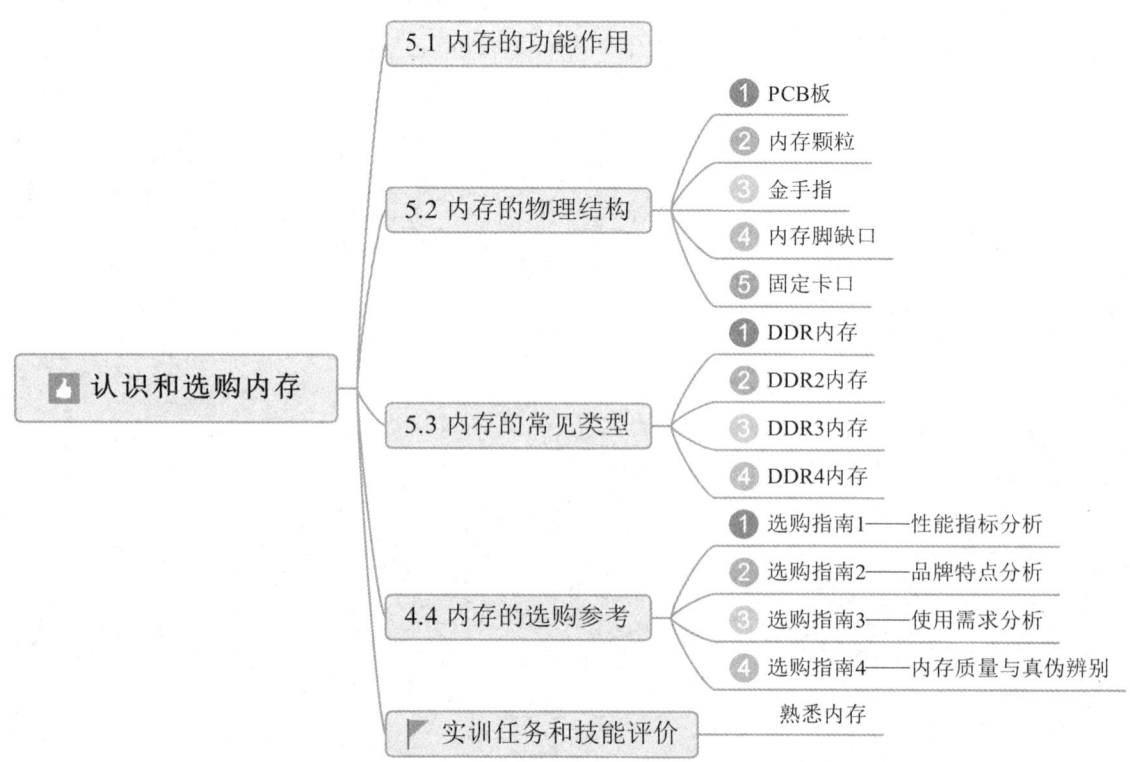

内存（Memory）即计算机"内部存储器"的简称，亦称为RAM（随机只读型存储器）。内存是计算机系统中最重要的部件之一，对计算机运行程序的效率和整机性能发挥起到非常重要的作用。

5.1 内存的功能作用

内存是一种物理记忆体，有了内存，计算机才拥有诸多即时记忆功能，才能快速执行各种操作命令。内存与CPU的关系最为密切，它充当其他设备与CPU通信的桥梁——CPU把需要运算的数据先读取到内存中等待执行，运算完成后的结果再经由内存发送给计算机的各个部件。

这里做一个简单的比喻。假如我们拥有一间自己的书房，我们总是喜欢把经常用到的书籍物品临时放在书桌上，以便能随手取用，而那些很少看的书籍刊物则会放置在专门的书柜中，那么书桌便相当于计算机的内存。

在这里，请注意内存具有的"临时"性特点，它依赖电源来维持记忆功能，一旦计算机关闭或重启，内存中存放的所有数据将会丢失。所以，用户在使用计算机时，应养成及时保存资料的习惯，以避免因各种意外而丢失数据。

5.2 内存的物理结构

从外观结构来看，内存主要由5个部分组成，即基板、内存芯片、金手指、内存脚缺口和固定卡口等。内存的基本外观结构如图5-1所示。

1. PCB板

PCB板（印刷电路板）承载了构成内存的各种电子元件，并负责电流与信号指令的传输。

2. 内存颗粒

内存上安装有多个芯片模块（内存颗粒），这些芯片是内存的灵魂所在，决定了内存的主要性能，包括内存容量与频率等，而所有的数据存取操作也都是在内存颗粒中完成的。

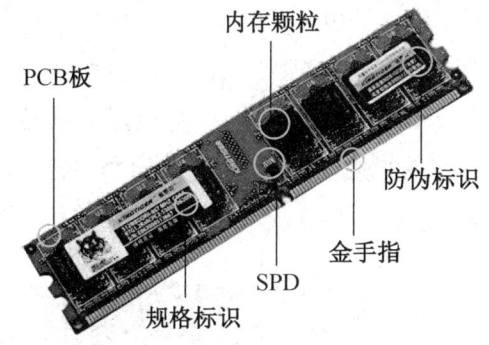

图5-1 内存的基本外观结构

3. 金手指

金手指通常是指内存条底部的一排金黄色的接触点，内存通过金手指与主板的内存插槽连接，完成电流、数据及信号的传送和交流。金手指含有铜质导线，使用时间长了可能会出现氧化的现象,影响内存的正常工作,而且还容易导致计算机发生死机故障,用户可定期用橡皮擦拭金手指上面暗灰色的氧化物。

4. 内存脚缺口

内存金手指区的中间部位有一个小孔,称为内存脚缺口,也叫防呆口,有两个作用:一是防止用户将内存插反而导致烧坏;二是用来区分不同类型的内存。

5. 固定卡口

内存条的两侧各有两个呈凹形的卡口,即固定卡口。当内存条被正确地安装进主板的内存插槽中时,插槽两侧的活动扣就会牢固地扣住内存,这样就能将内存条固定。

5.3 内存的常见类型

目前,计算机主要采用 DDR(双倍速率 SDRAM)内存类型,DDR 内存又包括 DDR、DDR2、DDR3 及 DDR4 四种规格。

1. DDR 内存

第一代 DDR 内存规格最早由三星公司提出,包括 DDR 266、DDR 333 和 DDR 400 等几种型号。目前第一代 DDR 内存已被市场淘汰。如图 5-2 所示为第一代 DDR 内存。

2. DDR2 内存

DDR2 属于第二代 DDR 型内存,与一代 DDR 内存相比,DDR2 的数据传输速率是前者的两倍,同时具有更低的发热量、更少的功耗和更高的频率等优势,轻松突破了一代 DDR 内存 400MHz 的频率上限,其运行频率可达到 1066MHz。

DDR2 内存规格主要有 DDR2 400、DDR2 533、DDR2 667 和 DDR2 800 四种型号,其中 DDR2 800 比较流行,兼容性也较好,在一些老式计算机设备和消费电子产品(如数字机顶盒、数码摄影机等设备)中仍可使用。如图 5-3 所示为 DDR2 内存。

图 5-2 第一代 DDR 内存

图 5-3 DDR2 内存

3. DDR3 内存

从某种意义上说,DDR3 内存是为解决 DDR2 内存所存在的问题而催生出来的产物。

DDR3 内存融入了一系列先进的技术，并采用绿色节能型的封装工艺，其核心工作电压从 DDR2 内存的 1.8V 降至 1.35V，功耗比 DDR2 内存节省了 40% 以上，同时进一步降低了发热量，因此具备更好的稳定性。

DDR3 内存的常见规格有 DDR3 1333、DDR3 1600、DDR3 1800、DDR3 1866、DDR3 2133 及 DDR3 2400 等，单条 DDR3 内存容量提升至 32GB。如图 5-4 所示为 DDR3 内存。

4. DDR4 内存

从性能指标来看，DDR4 内存继承了 DDR3 内存的主要优点，并做了很多重要的改进，这让 DDR4 内存拥有很多技术和性能优势，如今已逐渐取代 DDR3 内存成为市场的主流类型，如图 5-5 所示。

图 5-4　DDR3 内存

图 5-5　DDR4 内存

DDR4 内存的特点如下。

① 金手指的设计变得更具人性化，使得内存的安装更为方便，也更加稳固。

② DDR4 内存工作频率比 DDR3 内存有了大幅提升，可达 2800MHz、3000MHz、4266MHz 乃至 4600MHz 的超高水平，而内存带宽则达到令人吃惊的 56Gbps。

③ DDR4 采用了 3DS（3-Dimensional Stack，三维堆叠）先进技术，单条 DDR4 内存的容量高达 128GB。

④ 采用 20nm 制程工艺，DDR4 内存的运行电压进一步下降至 1.2V，功耗显著降低，这意味着频率更高的 DDR4 内存比 DDR3 内存更加节能，发热量更低，运行也更稳定。

★ **课堂思考**：仔细辨别，你能说出这几种内存在防呆口设计上的不同之处吗？

5.4　内存的选购参考

内存虽较小，用处却很大，消费者对于内存的选择要给予足够的重视。

选购指南 1——性能指标分析

内存负责与 CPU 直接交换数据，其运行能力也将直接影响计算机的稳定性。因此，用户在选购内存时应考虑以下几个性能参数。

（1）内存容量

容量代表内存能存储的最大数据量。内存容量越大，系统和程序运行的速度就越快，延迟和等待的时间也就越短，所以应尽量选择容量大的内存。内存容量一般以 GB 为单位，目前市场上单条内存的容量有 2GB、4GB、8GB、16GB、32GB、64GB 和 128GB 等多种。然而计算机实际能使用多大容量的内存，还要取决于 CPU 和主板芯片组对内存的最大支持能力，超出 CPU 和主板支持范围的内存容量将不能被系统识别出来。

（2）工作频率

工作频率也叫主频，表示内存的数据处理速度，单位是 MHz。工作频率反映了内存的数据存取效率，频率数值越大代表数据存取的速度就越快。内存的类型不同，工作频率也有差别，如 DDR2 内存的最大工作频率为 1066MHz，DDR3 内存的工作频率可达到 2400MHz，而到了 DDR4 内存的工作频率最高能达 4600MHz 以上。

内存最终能使用的工作频率也取决于主板芯片组对内存频率的支持上限，内存只能工作在芯片组允许的频率范围之内。因此，用户对内存的选择务必要参考芯片组的支持能力，不能抛开主板而单纯追求所谓的高性能水平，这样会造成内存资源的浪费。

（3）工作电压

内存正常工作所需要的电压值称为工作电压。每一种类型的内存均有其自身的电压规格，并允许有微小的范围波动，一旦超出其电压规格极限值，就容易导致内存损坏。

DDR3 内存的工作电压约为 1.5V 或更低数值，而 DDR4 内存的工作电压则降至 1.2V 左右。用户在对计算机超频时，不要擅自提高内存的工作电压，这会大大增加内存的发热量，将给内存及主板带来很大的风险。

选购指南 2——品牌特点分析

随着计算机产业的飞速发展，内存也在发生迅猛的技术变革。市面上内存品牌、产品种类和型号可谓琳琅满目，内存市场鱼龙混杂的状况突出。一线大厂凭借较强的研发设计能力和高水准的品质工艺引领行业潮流，品牌的市场认可度高，拥有大量不同层次的用户群。下面简单介绍知名品牌内存的主要特点。

（1）金士顿内存

金士顿（Kingston）是全球最大的内存条生产商，品牌历史悠久、声誉卓越、工艺先进，其内存条产品的性价比很高，已被广泛应用在服务器、工作站、工业设备、台式计算机和移动设备中。Kingston 的骇客神条系列在众多专业设计用户、企业级用户、游戏玩家和计算机发烧友的心中堪称经典产品。

（2）三星内存

三星（Sumsung）内存进入中国市场的时间并不算长，却颇受用户的欢迎，其中一个重要的原因是，三星的不少内存条都是韩国原厂出品，并采用三星自有的内存颗粒封装（三星也是全球最大的内存颗粒供应商之一），工艺品质高。此外，三星内存在产品设计、性能水平和节能环保方面也属一流。三星金条系列是三星内存家族中比较具有代表性的旗舰级产品，在台式机和笔记本市场均拥有很高的知名度。

（3）威刚内存

威刚（ADATA）同样是国际著名的内存品牌，主打红色和黑色基调，往往采用红色散热片和精美的塑料压膜包装。威刚内存的特点在于，根据不同的用户群有针对性地开发出各具特色的产品类型，其中游戏威龙、XPG 威龙与万紫千红系列产品是威刚内存的代表作，超频能力极佳，性价比高，稳定性好，在 DIY 市场中刮起了红色旋风和黑色旋风，尤其是在游戏玩家和图形设计用户中积累了很高的人气。

（4）宇瞻内存

宇瞻（Apacer）隶属宏碁集团，是国内主要的内存模块组供应商，从 SDRAM 时代以来宇瞻内存就一直拥有较好的产品声誉。宇瞻内存中的金牌系列与黑豹系列以追求高稳定性和高兼容性而闻名。ARES 战神系列属于宇瞻的旗舰级内存产品，采用红黑基调设计，凭借优异的性能和突出的超频能力备受游戏玩家和 DIY 爱好者的欢迎。

（5）海盗船内存

海盗船（Corsair）在国内又称美商海盗船（USCorsair），属于高档型的内存品牌，以设计、制造高性能的超频内存闻名。海盗船内存产品做工精良，规格较高，稳定性和超频能力都很优秀，但是价格相对高一些。海盗船还是国内外很多大型 OEM 计算机生产商的合作伙伴，聚焦于主流家用型计算机和顶级效能计算平台，其内存也大量应用在具有极高软件运行要求的专业图形工作站和服务器设备中。

海盗船的复仇者系列与统治者铂金系列已成为高端内存的代名词，深受专业级设计人员及爱好超频的游戏发烧友群体青睐，在万元级以上的计算机市场中占有较大的份额。

（6）芝奇内存

芝奇（G.SKILL）是老牌内存产品制造商，拥有品质好、效能高、超频性能强等特点，主打中高端应用和发烧级游戏娱乐市场。芝奇也是业界高效能存储标准的制定者之一，其内存的超频提升能力尤为显著，曾率先推出超频速度突破 5000MHz 的顶级 DDR4 内存。

Ripjaws（大钢牙）、Trident（三叉戟）和 Sniper（狙击者）是芝奇内存的代表性产品，其中带有 10 种灯效变换控制效果的 Trident Z RGB（幻光戟）系列是芝奇旗舰级 RGB 玩家内存，在游戏竞技用户中颇具人气。

（7）其他内存品牌

除了上述内存品牌之外，还有很多具有一定知名度和良好口碑的内存品牌，如现代、金邦、胜创、英睿达、金泰克、创见、博帝、阿斯加特等。这些内存品牌都拥有自己的设计特色、技术优势和制造实力，主打中低端 DIY 家用和游戏娱乐市场，在性能、质量、用料和工艺等方面得到了众多用户的认可，部分产品在高端台式机和服务器市场中也都享有盛誉，这里就不再一一详细介绍了。

参考资料来源：综合太平洋电脑网和中关村在线网等网站 2020 年市场行情与销售数据。

选购指南 3——使用需求分析

说到底，选购内存和选购其他计算机配件一样，都应遵循"按需购买"的原则，能满足自己的实际需要就是合适的。而另一方面，用户在选购主板时，对主板所支持的内存最大容量和提供的插槽数量也要留出余量，以便将来对内存进行升级或扩容。下面针对几种不同的计算机使用情况，介绍内存选购方案。

（1）家用游戏娱乐

家用计算机少不了游戏与电影等多媒体娱乐应用，往往会消耗比较多的内存资源。鉴于此，家庭用户可选择游戏玩家青睐的内存型号，如金士顿的骇客神条 FURY 和 HyperX Savage 系列、威刚的游戏威龙与万紫千红系列、宇瞻的黑豹玩家与盔甲武士系列、金邦的千禧条与幻彩系列等。此类内存大多针对游戏应用而设计，侧重于满足多媒体软件对系统资源占用的要求，并经过相关的游戏压力测试，在性能和超频能力等方面具有较大的优势。

随着 DDR4 内存价格走向亲民，DDR4 内存已成为购机配置的潮流。普通个人用户可选用单条容量较大的内存（如 8GB），而对于需要运行大型软件的用户，建议采用大容量的双通道（如 8GB×2）或三通道（如 16GB×3）内存组合，这样能够更好地提升内存运行效能。在这方面，金士顿、宇瞻、威刚、芝奇、海盗船等主流厂商都有双通道、三通道或四通道内存套装可供选择。不过，实现这一目标的前提是主板芯片组和内存插槽都要能支持双通道或多通道内存模式，在选购主板时需注意这一点。

如图 5-6 所示为威刚 XPG Z1 8GB DDR4 3000 内存，如图 5-7 所示为金士顿骇客神条 FURY 16GB DDR4 2400 内存，8GB×2 套装。

图 5-6　威刚 XPG Z1 8GB DDR4 3000 内存

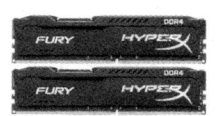

图 5-7　金士顿骇客神条

FURY 16GB DDR4 2400 内存，8GB×2 套装

（2）企业办公应用

企业办公计算机多用于处理办公事务、业务运营管理和生产系统管理等工作，对内存的要求并不高，稳定性与可靠性是优先考虑因素。

一般来说，8GB 内存已能满足绝大部分的日常工作需要了，若企业有更高的运行要求（如工业设计、数据分析等），则应考虑安装 16GB 或更大的内存。金士顿、三星、宇瞻、金邦等老牌厂商在内存的稳定性和可靠性方面积累了丰富的研发制造经验，有的厂商还推出了商务办公型内存，这对企业用户来说也是不错的选择。

如图 5-8 所示为宇瞻黑豹 8GB DDR4 2400 内存（经典台式系列），如图 5-9 所示为金邦 16GB DDR4 2666 内存，8GB×2 套装。

图 5-8　宇瞻黑豹 8GB DDR4 2400 内存

图 5-9　金邦 16GB DDR4 2666 内存，8GB×2 套装

（3）图形设计与影视编辑场合

图形设计行业和影视编辑行业有其应用上的特殊性，尤其在 3D 渲染、游戏制作、工程图像处理和影视后期编辑等领域，要求内存能承受较大的数据处理压力，因此应选用速度快、性能高、稳定性好、做工优良的高端内存。三星、海盗船、金士顿、威刚、宇瞻、芝奇等品牌都拥有不少高端型号的内存产品，其中以海盗船的复仇者和统治者铂金系列尤为经典。另外，专业设计所用的计算机最好组建双通道或三通道内存模式。而如果需要配备图形工作站或服务器，那么还应该使用服务器专用内存。

如图 5-10 所示为金士顿骇客神条 Predator 32GB DDR4 3600 RGB 灯条，8GB×4 四通道套装；如图 5-11 所示为海盗船统治者 32GB DDR4 4000 RGB 内存，16GB×2 双通道套装。

图 5-10　金士顿骇客神条 Predator 32GB DDR4 3600 RGB 灯条，8GB×4 四通道套装

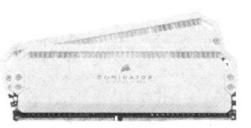

图 5-11　海盗船统治者 32GB DDR4 4000 RGB 内存，16GB×2 双通道套装

选购指南 4——内存质量与真伪辨别

（1）内存造假手段

由于内存加工制造的技术门槛较低，导致内存也成为造假售假的重灾区之一，而名气越大的产品越容易遭到仿冒，尤其在中低端内存市场，假货的冲击甚至曾一度把正品内存挤到尴尬的地位，也让不少消费者蒙受了不必要的经济损失。DIY 配件市场中比较常见的内存造假方式有以次充好、打磨、翻修和改标签等，造假的手段可谓五花八门，稍不留意就容易上当受骗。

常见的内存造假手段，请扫描二维码查阅。

（2）内存真伪辨析

尽管内存造假的方式很多，普通消费者不太容易分辨真假，但只要掌握一些常规的辨别方法，如通过官方查明真伪、观察做工水平、看印刷效果、自查内存参数等，仍然可以避免落入假冒优劣产品的陷阱。具体的真伪辨别方法，请扫描二维码查阅。

自查内存参数：在 Windows 系统的"系统属性"中可查看内存的基本性能参数，用户还可以使用 Windows 优化大师、鲁大师或 CPU-Z 等工具软件来检测该款内存的详细信息。如图 5-12 所示为使用鲁大师软件检测到的处理器、主板和内存配置信息。

5.4
内存的选购参考-
内存造假手段简介

5.4
内存的选购参考-
内存真伪辨析

处理器　英特尔 Pentium(奔腾) G840 @ 2.80GHz 双核
主板　　微星 H61M-P31 (G3) (MS-7788)（英特尔 H61 芯片组）
内存　　8 GB（金士顿 DDR3 1333MHz / 金士顿 DDR3 1600MHz）

图 5-12　处理器、主板和内存配置信息

实训任务　熟悉内存

在本实训任务中，将熟悉内存的物理结构、主流类型和选购技巧，为后续深入学习硬件知识打下基础。

【操作步骤】

① 准备 2~3 条不同类型的内存，观察内存的外观特点，辨识该款内存的 PCB 板、内存颗粒、金手指、防呆口、固定卡口等部位。

② 分辨这几款内存在结构设计和安装方式等方面有何不同。

③ 简述这几款内存属于何种类型产品，性能档次如何。

④ 使用 Windows 优化大师等工具软件检测实训计算机的内存参数信息。

实训结束，完成下面的技能评价表。

熟悉内存技能实践评价

实训任务	检查点	完成情况		出现的问题及解决措施
熟悉内存	辨识内存的物理结构	□完成	□未完成	
	分辨内存的外观结构和安装方式	□完成	□未完成	
	区分内存的类型和性能档次	□完成	□未完成	
	上网选择一款 16GB 双通道套装型高档内存和一款 8GB 家用型内存	□完成	□未完成	

前沿动态/未来产品

内存行业发展趋势

在云计算的大背景下，内存有没有可能会取代硬盘？未来在上网时能不能实现实时存储？一起来了解下内存行业的发展趋势。

DDR5 内存——将极致存储革新到底

什么？刚刚升级的 DDR4 内存就要淘汰了？别犹豫了，赶紧攒好钱，准备迎接新的娱乐时代吧！

认识和选购内存 第 5 章

前言动态

内存行业的发展趋势

未来产品

革新极致的DDR5内存

视野拓展/术语解释

计算机存储单位及换算方式

想弄清楚硬盘和内存容量有什么区别吗？想知道计算机到底能存放多少电影和歌曲吗？这里会告诉你答案。

何为服务器内存？

作为一类特殊用途的计算机，服务器通常使用什么样的内存？服务器内存又能不能和个人计算机的内存混用呢？来这里了解一下。

使用大容量内存的注意事项

现如今的装机市场，8GB内存只能算是标配，64GB以上容量也不是什么稀罕事。在采用大容量内存之前，请注意几个细节问题。

视野拓展

计算机存储单位
及换算方式

术语解释

服务器内存

视野拓展

使用大容量内存的
注意事项

知识巩固与能力拓展

1. 计算机内存发展至今已历经了几代?
2. 上网搜索资料,了解 DDR4 内存有哪些特点,它与 DDR3 内存有什么区别。
3. 内存主要的性能指标有哪几个?
4. 如何根据防呆口判别内存类型?
5. 上网查找目前市场上 5 个主流的内存品牌,并分别为每个品牌列举一个热门的产品型号。
6. 如何避免买到假冒优劣的内存?

认识和选购硬盘

第 6 章

工作任务分析

本任务主要学习机械硬盘与固态硬盘的常见类型、主流品牌及选购方法，引导学生学会辨识和选择合适的硬盘产品，锻炼学生自主探究学习的能力，激发学生学习计算机硬件知识的兴趣，同时拓展学生的知识视野，培养良好的职业意识和职业素养。

知识学习目标

- 了解硬盘的基本功能作用。
- 熟悉常见的硬盘类型。
- 掌握硬盘主要的性能指标。
- 掌握硬盘的选购与辨别方法。

技能实践目标

- 能够辨识主流的硬盘品牌。
- 能够根据需要选购硬盘产品。
- 能够分辨硬盘的真伪与优劣。

课程思维导图

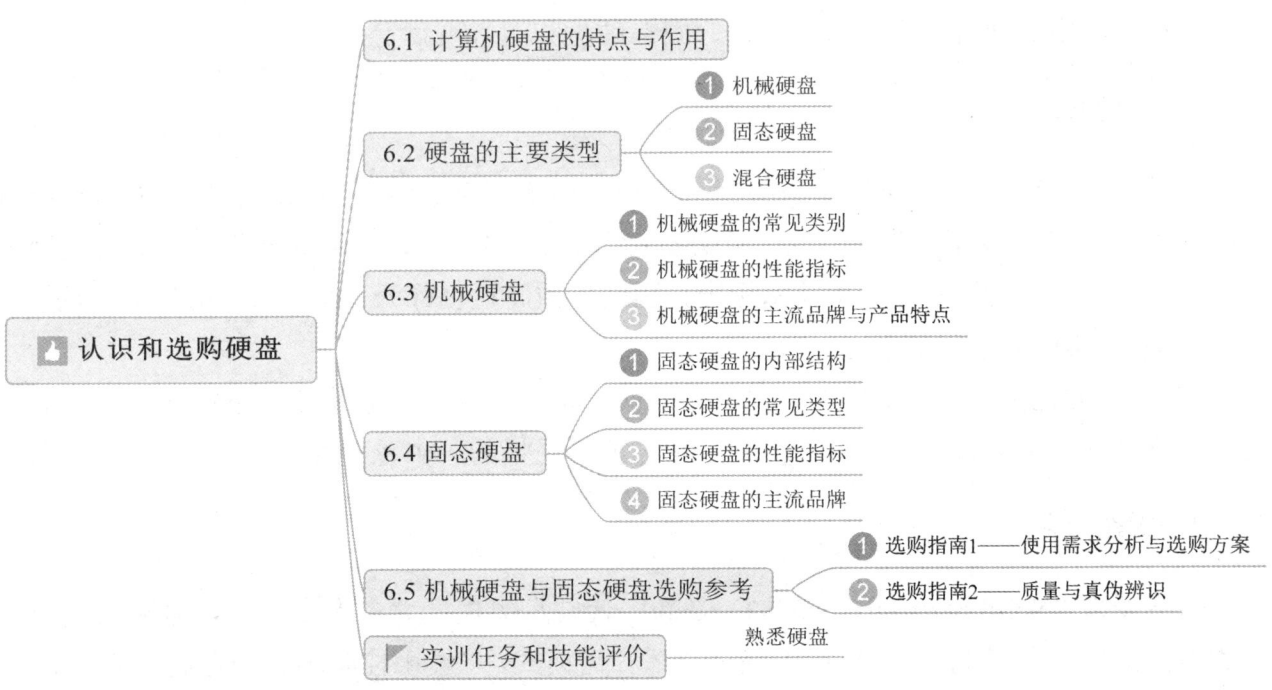

数据已成为现代社会重要的信息资产，人们往往要花费大量的时间和精力去收集、整理和分析各种数据，并最大限度地加以利用。数据存储技术也是当今发展势头迅猛的信息产业之一，其焦点在于如何高效、合理、安全地将数据存放到物理介质内，最终实现在任何时间、任何地点以任何方式都能对数据进行访问和使用。

常用的计算机存储设备有硬盘、光盘、磁带、存储卡等。

6.1 计算机硬盘的特点与作用

硬盘（Hard Disk Drive，HDD）是计算机重要也是常用的存储设备，用来存放各种数据和程序，具有存储容量大、稳定性和安全系数高的特点。

硬盘的主要优势在于能永久性存储数据。所谓永久存储，是指硬盘能够依靠自身的介质和部件来长期保存数据，而无须依赖外部作用来维持，即便计算机断电或重启，数据仍然存在而不会丢失，这与内存的临时性存储特征截然不同。

从数据存储的效果来看，硬盘类似于数据仓库，而内存则如同数据中转站，在用户对当前的系统或软件操作进行保存时，相关的数据就会被及时转送到硬盘中妥善地存储。

6.2 硬盘的主要类型

计算机所用的硬盘设备有机械硬盘、固态硬盘和混合硬盘等。

1. 机械硬盘

机械硬盘（HDD）是硬盘行业的标准规范，以 3.5 英寸规格为主。自从 IBM 公司设计出第一款现代硬盘以来，其独创的"温切斯特"技术一直贯穿着机械硬盘的整个发展历程，时至今日产业界仍遵循这个通用技术标准，因此机械硬盘也称为"温盘"。如图 6-1 所示为机械硬盘的外观组成与内部结构。

"温盘"的机械结构非常精密，内部空间接近真空的环境，盘片尤其不能粘上灰尘杂质，必须保持高度稳定的状态，而这恰恰也是硬盘最易受损的一个重要原因。

2. 固态硬盘

固态硬盘（Solid State Disk，SSD）是新一代硬盘类型，大多为 2.5 英寸规格。和机械硬盘的零件结构不同，固态硬盘采用的是半导体存储模式，一般由控制芯片和存储芯片（FLASH 闪存芯片或 DRAM 芯片）组成，具有质量小、尺寸小、厚度薄、功耗小、发热量低等优点。

此外，固态硬盘数据读取速度快，防震能力强，且噪声几乎为零，已大量应用在台式机、笔记本电脑，以及工控、医疗、航空、网络监控等设备中。

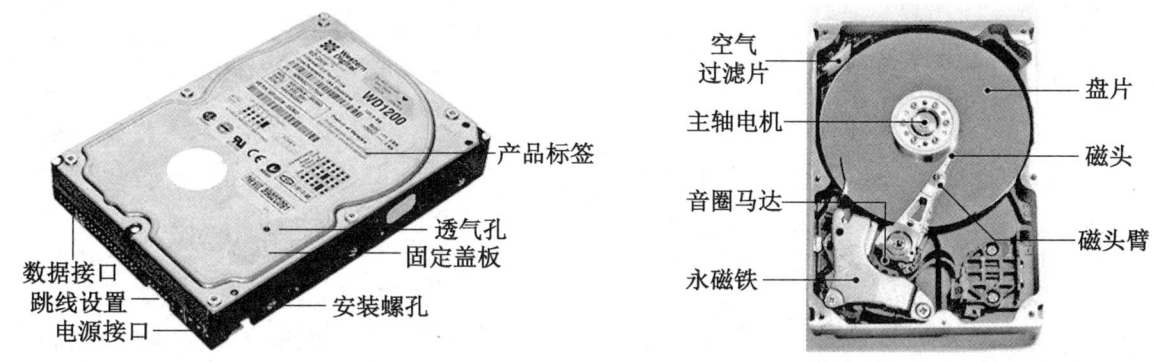

图 6-1　机械硬盘的外观组成与内部结构

尽管固态硬盘拥有诸多优势，但仍面临一些亟须解决的问题，如数据写入速度较慢，硬盘使用寿命相对较短，数据存储的可靠性低，一旦损坏则难以修复，不适合用作永久存储设备。而随着闪存芯片技术的日趋成熟，固态硬盘的性价比也在不断提升。可以预见，固态硬盘取代机械硬盘的大趋势是不会止步的。如图 6-2 所示是两种常见的固态硬盘。

图 6-2　两种常见的固态硬盘

3. 混合硬盘

混合硬盘（Hybrid Hard Disk，HHD），又称固态混合硬盘（Solid State Hybrid Drive，SSHD），可以看作是介于机械硬盘和固态硬盘之间的一种存储产品，其原理是在机械硬盘的基础上加入部分闪存芯片，将分散的、需要频繁访问的数据放在闪存上，而将大容量、无须经常使用的数据存储在磁盘上。如图 6-3 所示为混合硬盘及其内部结构。

图 6-3　混合硬盘及其内部结构

6.3 机械硬盘

1. 机械硬盘的常见类别

机械硬盘在安装时要注意必须与主板支持的硬盘接口类型相匹配。常见的通用型硬盘有 IDE 和 SATA 两种。此外还有 SCSI、SAS、光纤通道等专用型高速传输硬盘。

（1）IDE 硬盘

IDE 曾是业界标准的硬盘接口类型，但由于传输速率低，数据线安装和拆卸比较麻烦，现已基本被市场淘汰，除了部分老式计算机和工业设备，主流的计算机设备已不再使用 IDE 硬盘了。如图 6-4 和图 6-5 所示为 IDE 接口硬盘和 IDE 数据线。

图 6-4　IDE 接口硬盘

图 6-5　IDE 数据线

（2）SATA 硬盘

SATA 又叫串行接口，传输速率快，稳定性好，可支持热插拔，是计算机硬盘发展的主要趋势。SATA 技术规范经历了 SATA1、SATA2、SATA3 三代标准，早期的 SATA1 硬盘已退出了市场，SATA2 硬盘的数据传输速率达到 300Mbit/s 以上，能对数据的传输过程进行检查，并自动矫正所发现的错误。SATA3 硬盘的数据传输速率则比 SATA2 硬盘翻了一番（理论上最高可达 6Gbit/s），在整体性能和传输可靠性等方面都有了很大的提升，已成为新一代 SATA 设备型号。如图 6-6 和图 6-7 所示分别为 SATA 接口硬盘和 SATA 数据线。

图 6-6　SATA 接口硬盘

图 6-7　SATA 数据线

（3）高速传输硬盘

SCSI（小型计算机系统接口）硬盘、SAS（串行连接 SCSI）硬盘和光纤通道（Fibre

Channel）硬盘属于高端硬盘类型，这些硬盘都拥有一些共同的特点，如传输速率快，数据吞吐量大，CPU 资源占用率低，可支持热插拔，具有更高的稳定性、安全性和数据自动纠错功能等，能满足 3D 建模、影视渲染、游戏制作、大型网络服务等数据存储与数据传输的需要。不过此类硬盘价格不菲，对主板的要求也比较高，大多用在服务器、工作站和高性能计算机等专业计算机设备中。如图 6-8 至图 6-10 所示分别为 SCSI 硬盘、SAS 硬盘和光纤通道硬盘。

图 6-8　SCSI 硬盘

图 6-9　SAS 硬盘

图 6-10　光纤通道硬盘

2. 机械硬盘的性能指标

影响机械硬盘性能的因素有很多，数据的存储量、读写的频繁程度、软件的长期运行等都会对硬盘性能带来很大的压力。下面介绍硬盘的几个主要参数，以方便用户了解硬盘的核心性能。

（1）容量

容量用来描述硬盘能够存储的最大数据总量。硬盘容量一般以 GB 或 TB 为单位，目前市场上机械硬盘的容量档次有 500GB、1TB、2TB、3TB、4TB、5TB、6TB 和 8TB 等，而 10TB 以上超大容量硬盘也在走向主流消费市场。

在互联网浪潮的推动下，人们拥有了丰富多彩的数字信息，加上大容量硬盘的价格也在持续下降，因此用户可以为计算机预留充足的存储空间。现在 1～2TB 硬盘已成为 DIY 装机的基本配置，预算资金有余的用户建议选择 3TB 或更大容量的硬盘。

（2）单碟容量

单碟容量在很大程度上决定了硬盘档次的高低。硬盘一般由多张磁性盘片（可达 8 片以上）组成，每一张盘片所能存储的数据量就称为单碟容量。盘片的单碟容量增加了，不仅可以增加硬盘的总容量，提高硬盘运行的稳定性，延长硬盘的使用寿命，而且也有利于降低硬盘的功耗、噪声和生产成本。

目前，硬盘厂商一般会提供 500GB、1TB、1.5TB 和 2TB 等几种规格的单碟容量，建议选用较大的单碟容量。

（3）主轴转速

主轴转速是硬盘数据传输率和运转速度的决定性因素之一，也是区分硬盘性能的重要指标，单位是转/分钟（r/min）。转速越快，硬盘读取数据所花的时间就越短，也就能更好地缓解因硬盘反应迟缓而拖慢计算机性能的问题。

常见的硬盘转速有 5400r/min、7200r/min、10000r/min 和 15000r/min 等，其中 7200r/min 硬盘是大众用户装机的首选，高端计算机和服务器通常会采用 10000r/min 或 15000r/min 的产品。但是高转速也意味着高价格，同时也存在运行时温度升高和噪声增大等问题，所以硬盘的转速并非越高越好。

（4）缓存

缓存（Cache Memory）是硬盘控制电路板中的一块内存芯片，在硬盘存储和传输数据时起到缓冲的作用，具有极高的存取速率。缓存容量并不大，仅以 MB 来计算，但却直接关系到硬盘的运行速率，能大幅度提高硬盘的整体性能，这与 CPU 缓存的作用相似。

硬盘采用的缓存有 8MB、16MB、32MB、64MB、128MB 和 256MB 等，其中 64MB 和 128MB 缓存是目前的主流配置，在价格相差不多的情况下，应选用缓存较大的硬盘。

（5）平均寻道时间

平均寻道时间（Average Seek Time，AST）是指电磁头移动到盘片中指定的磁道位置所花费的平均时间，单位是毫秒（ms）。平均寻道时间是衡量硬盘性能的重要参数之一，体现了硬盘的数据读写速度和运行能力，因此这个时间数值越小越好。

对于不同品牌或不同型号的硬盘，其平均寻道时间往往也不一样。目前主流硬盘的平均寻道时间通常为 5～9ms，有些高速硬盘还会降到 3ms 左右。

（6）平均潜伏时间

平均潜伏时间（Average Latency Time，ALT）是指当磁头移动到数据所在的磁道后，等待目标扇区转动到磁头下方所需的平均时间，单位是毫秒（ms）。平均潜伏时间越短，硬盘的数据传输效率越高。转速越快的硬盘其平均潜伏时间也越短。

（7）平均访问时间

平均访问时间（Average Access Time，AAT）是指磁头从起始位置移动到目标磁道位置，并且找到指定数据所需的平均时间，单位是毫秒（ms），反映了硬盘内部的传输速率。大多数硬盘的平均访问时间为 11～18ms，该数值越小越好。

$$平均访问时间=平均寻道时间+平均潜伏时间$$

（8）连续无故障时间

连续无故障时间（Mean Time Between Failures，MTBF）是指硬盘从开始运行到出现故障的最长间隔时间，单位是小时（h）。连续无故障时间代表硬盘理论上的使用寿命与故障发生概率，但在实际使用中还要取决于硬盘的工作负载、电力供应和使用环境等多种因素。

一般硬盘的连续无故障时间为 3 万～4 万小时，有些硬盘可达 8 万小时以上。将连续无故障时间与硬盘每天工作的小时数及一年使用的天数相除，就能推算出硬盘大概可以使用多长时间，其粗略的计算公式为

硬盘的预期使用寿命=连续无故障时间（h）/（硬盘每天工作的时间（h）×硬盘一年使用的天数（d））

（9）S.M.A.R.T 技术

S.M.A.R.T 技术（Self-Monitoring Analysis and Reporting Technology，自我监测、分析及报告技术）是当今大多数主流硬盘都采用的一种数据安全保护技术。S.M.A.R.T 技术能对硬盘的磁头、内部温度、马达及其驱动系统等各方面进行实时监测，它所提供的监测信息如同硬盘的心电图，可以自动分析并预报硬盘可能会发生的问题，提醒用户及时采取备份数据、修复错误或更换硬盘等措施，以保护硬盘中数据的安全。

默认情况下，主板 BIOS 系统已经开启了 S.M.A.R.T 功能，只要硬盘支持该项技术，S.M.A.R.T 程序便会在后台静默运行。

3. 机械硬盘的主流品牌与产品特点

（1）机械硬盘的那些事儿

计算机硬件行业中还没有哪个像机械硬盘行业这般富有戏剧性，收购与被收购成为这个行业的主旋律。在 20 世纪 90 年代硬盘产业最辉煌的时期，市场上活跃着希捷、西部数据（西数）、IBM、三星、迈拓、昆腾、富士通等十余家专业硬盘生产商，如今却只剩下屈指可数的三家主要厂商——希捷、西部数据和东芝。如图 6-11 至图 6-13 所示分别为希捷、西部数据、东芝三大硬盘品牌的 Logo。

图 6-11　希捷品牌 Logo

图 6-12　西部数据品牌 Logo
图 6-13　东芝品牌 Logo

希捷科技有限公司先后收购了康诺、昆腾、迈拓和三星的硬盘业务，而西部数据公司收购了 IBM 和日立公司的硬盘业务，形成"楚汉争霸"的两大寡头。整合后的希捷和西部数据囊括了企业级硬盘、家用硬盘、笔记本硬盘、移动存储和新式存储设备等全系列产品线，硬盘品质和数据安全性能成为其竞争制胜的关键手段。此外，已并购了富士通硬盘业务的东芝集团则坚守着自己固有的阵地，立足于移动存储市场，同时积极拓展新的生存空间。

这里不得不提一下，我国也曾拥有长城和易拓两大国产硬盘品牌，并一度跻身于全球机械硬盘市场排名的前列，但可惜国产品牌最终还是在硬盘技术的更新跃进大潮中销声匿迹了。残酷的市场竞争法则说明，没有坚定的创新精神和强烈的忧患意识，任何品牌都无法避免被市场淘汰出局的命运。如图 6-14 所示为长城科技公司的 Logo 与长城硬盘，如图 6-15 所示为易拓科技的公司 Logo 与易拓硬盘。

图 6-14　长城科技的 Logo 与长城硬盘

图 6-15　易拓科技的 Logo 与易拓硬盘

6.3 机械硬盘-主流硬盘品牌与产品特点简介

（2）主流硬盘品牌与产品特点简介

目前，主流硬盘品牌有希捷（Seagate）硬盘、西部数据（West Digital，WD）硬盘、日立（Hitachi）硬盘（日立硬盘虽然被西部数据公司并购，但仍然保持日立硬盘的独立品牌 HGST）、东芝（Toshiba）硬盘等，其产品特点的简介，请扫描二维码查阅。

6.4　固态硬盘

1. 固态硬盘的内部结构

固态硬盘的构造比较简单，其内部整体结构如图 6-16 所示，包含主控芯片、缓存芯片和闪存颗粒三大主要部件。

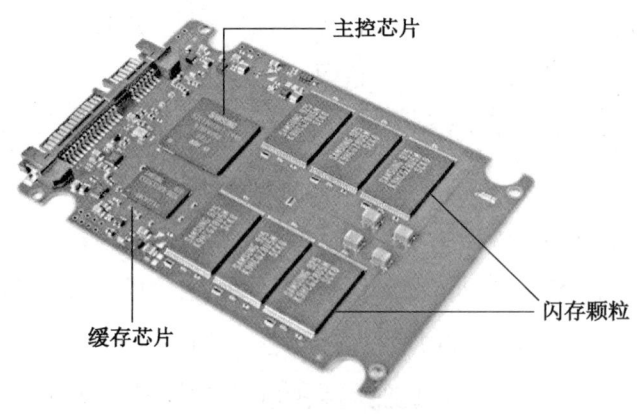

图 6-16　固态硬盘内部结构

2. 固态硬盘的常见类型

根据接口和尺寸的不同，固态硬盘可分为 SATA、mSATA、PCI-E 和 M.2 等多种类型。

SATA 是固态硬盘常见的接口类型，与机械硬盘一样。

mSATA（mini-SATA）是国际 SATA 协会开发的一种新的 SATA 接口规范，提供了和 SATA 接口标准一样的速度和可靠性，主要应用在商务笔记本、超极本等注重小型化与便携性的移动设备中。

PCI-E 接口可提供更大的传输带宽和数据容量，以及更高的运行性能，近两年 PCI-E 固态硬盘逐渐在中高端消费市场流行起来。

M.2 接口进一步缩小了规格尺寸，传输性能也比 mSATA 接口高出不少，可同时支持 SATA 和 PCI-E 接口标准，因此很多新的主板都预留了 M.2 接口。

3. 固态硬盘的性能指标

固态硬盘的性能主要由主控芯片、闪存芯片、容量、缓存及 4K 随机读写性能等多方面因素决定。

（1）主控芯片

主控芯片是一种处理器，如同固态硬盘的心脏，其地位和作用不言而喻。目前市场上一线主控芯片品牌有 Marvell、SandForce、三星和 Jmicron 等。

（2）闪存芯片

闪存芯片是固态硬盘的存储介质，决定了固态硬盘的存储能力和使用寿命。闪存芯片又分为 SLC（单层）、MLC（双层）、TLC（三层）等几种。闪存芯片的层数越少，意味着固态硬盘的性能越好，使用寿命就越长，但价格也越贵。大多数家用型固态硬盘采用的是 MLC 闪存，这在性能与成本之间达成了一种可被普通用户接受的平衡。

（3）容量

固态硬盘的整体容量已有了很大的提升，常见的有 128GB、256GB、480GB、512GB、1TB、2TB 和 4TB 等，并向着 8TB 容量迈进。但由于大容量固态硬盘的价格仍然较贵，从经济和实用的角度来看，128～480GB 的容量区间比较适合普通用户，主流应用人群可选用 500GB 以上的固态硬盘。

（4）缓存

由于设计原理和工作机制不同，固态硬盘的缓存普遍比机械硬盘的缓存大，一般在 128M 以上，256M 和 512M 缓存已成为市场主流，有些高性能固态硬盘还拥有 1GB 以上的缓存。

（5）4K 随机读写性能

4K 随机读写性能是衡量固态硬盘随机访问性能的关键指标之一，多用于小文件（4K 格式）和分散性数据的读写，单位是 IOPS（Input/Output Operations Per Second，每秒进行 I/O 读写的操作次数，简称"次/秒"）。IOPS 的数值越大，表明固态硬盘存储的反应速度就越快。

4. 固态硬盘的主流品牌

固态硬盘市场上有数十家活跃厂商，与机械硬盘市场仅由少数几家企业把持的局面迥然不同，其中除了一些老牌的厂商外，更有许多新兴的中小厂商。这也从一个侧面展现出固态硬盘产品种类之多，发展潜力之大。

固态硬盘市场上品牌占有率相对较高的有希捷、浦科特、影驰、Intel、金士顿、西部数据、金胜维、闪迪、英睿达、威刚、三星、东芝、朗科、金泰克等。

如图 6-17 所示为影驰铁甲战将 M.2 PCI-E 2280（240GB）固态硬盘，如图 6-18 所示为浦科特 M8PeY PCI-E（1TB）固态硬盘。

图 6-17　影驰 240GB 固态硬盘

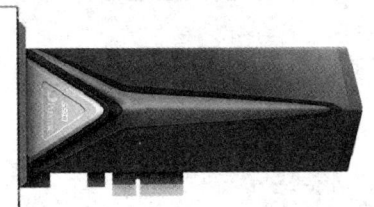

图 6-18　浦科特 1TB 固态硬盘

6.5　机械硬盘与固态硬盘选购参考

机械硬盘与固态硬盘各有优点与不足，用户在选购时要综合考虑产品的功能、性价比与产品质量等多方面因素。

选购指南 1——使用需求分析与选购方案

选购原则：把钱花在刀刃上，提升硬盘性价比

随着单碟技术的日渐成熟，机械硬盘的容量已攀升至 20TB。在 DIY 市场中，1~4TB 容量、7200r/min 转速、64~128MB 缓存、SATA 3.0 接口的硬盘已奠定了主流的地位，而容量越大的硬盘其单位容量性价比越高，这也是 DIY 装机的一大趋势。

纵观固态硬盘市场，由于在速度、发热和静音等优势上力压机械硬盘，固态硬盘已成为很多消费者的心仪对象，固态硬盘+机械硬盘的组合配置是当前热门的装机方案。这种方案以固态硬盘充当主硬盘，用来启动系统和运行软件，机械硬盘则作为仓库长期存储数据，从而实现较高的存储性价比。

（1）家庭和台式办公用户

普通消费者适合选用经济实用型的硬盘，在保障成本和性能相对合理的同时追求更好的配置。1~2TB 容量一般已经够用，可满足用户日常的数据存储需要。不过随着高清视频的流

行，很多用户喜欢在计算机中存储高清视频（如50GB的蓝光原盘电影），从目前行情来看，3～6TB容量的硬盘性价比会更高，对于数据的长期存储也更划算。另外单碟容量和缓存也要跟上时代，避免出现硬盘性能"瓶颈"。在这方面，希捷 Barracuda 系列、西部数据蓝盘和绿盘系列等都是比较合适的产品。

（2）游戏玩家和专业设计用户

游戏娱乐和专业设计对硬盘的要求会更高一些，其产生的数据也会占据大量的硬盘空间，因此就需要性能较高、安全性和稳定性更好的硬盘产品。在这方面，希捷 Barracuda 系列、日立 Deskstar 系列、西部数据的蓝盘与黑盘系列等都能很好地满足用户的需要。

对于喜欢追求高速度的用户，可采用 SSD 硬盘（程序启动）+HDD 硬盘（数据归档）的组合配置，或直接购买 SSHD 混合型硬盘，以获得更流畅的娱乐体验。

（3）移动工作和学习用户

很多职场人士和在校学生都习惯使用笔记本电脑，既能适应环境的变换，又能随时调整工作和学习的方式。目前笔记本硬盘以东芝、希捷、西部数据为主，容量主要有 500GB、750GB、1TB、2TB、4TB、6TB 和 8TB 不等，转速从 5400r/min 到 7200r/min 都有，有些还搭配 128～512GB 固态硬盘，这些配置都能满足主流笔记本的使用需要。

（4）企业数据存储

企业级服务器或工作站不仅要对数据进行集中式存储，也要解决网络数据吞吐性能的问题，这就需要使用服务器硬盘或网络存储型硬盘，还应具备 SCSI 或 SAS 接口，并采用 10000～15000r/min 的高转速和 64M 以上的大缓存，以及更强的安全性和可靠性。

很多企业和专业型用户还会部署 RAID 磁盘阵列，这样即便某块硬盘发生意外故障或物理损坏，RAID 程序也能保障系统持续在线运行及后台数据的完整性，避免发生服务器宕机和业务系统瘫痪的严重后果。

选购指南 2——质量与真伪辨识

硬盘有价，数据无价，硬盘产品一定要以质量为重，最好去授权的经销商或较大的配件零售店购买，不要被低价产品迷惑，过低的价格往往是不良商家的噱头。

6.5 机械硬盘与固态硬盘选购参考-机械硬盘真伪辨别

（1）机械硬盘真伪辨别

对于机械硬盘而言，假货是不会出现的，因为机械硬盘的精密程度仅次于 CPU，设计和制造门槛都非常高，工艺难以复制，这也是现在仅剩几家硬盘厂商的原因，所以用户无须担心买到仿冒伪造的假货。然而机械硬盘的翻新、变换标签等问题则层出不穷，这类劣质硬盘质量较次，使用寿命有限，会给硬盘造成很多故障隐患，更会危及数据的安全。相关内容的详细介绍，请扫描二维码查阅。

每块硬盘上都有一个唯一的产品序列号，用户可登录厂商的官方网站查询产品信息和质保期限，也可拨打免费客服电话咨询。

6.5
机械硬盘与固态硬盘选购
参考-固态硬盘真伪辨识

用户也可以在 Windows 系统中查看硬盘的具体型号。以 Windows 7 操作系统为例，右击"计算机"图标，在弹出的快捷菜单中单击"属性"→"设备管理器"选项，单击展开"磁盘驱动器"一栏，在这里也能找到硬盘的品牌和真实型号。

有一定计算机操作技能基础的用户还可以使用Windows优化大师或鲁大师等软件工具，查看硬盘的具体参数和设备当前的运行状态。

（2）固态硬盘真伪辨识

近年来，随着固态硬盘技术的不断完善，消费者越来越倾向于使用固态硬盘产品，而固态硬盘的仿冒伪造问题也越发突出，需引起消费者的重视。固态硬盘真伪辨识方法和固态硬盘售后服务的介绍，请扫描二维码查阅。

实训任务　熟悉硬盘

在本实训任务中，将熟悉机械硬盘和固态硬盘的组成结构、主流类型和选购技巧，为后续深入学习硬件知识打下基础。

【操作步骤】

① 准备机械硬盘和固态硬盘各1个，观察这两款硬盘的外观特点，辨识硬盘的接口位置、接口形状和数据线（如有）。

② 观察硬盘表面的印制信息，辨识硬盘的品牌、型号、类型、标称容量和其他性能参数，并简述该硬盘属于何种档次产品。

③ 准备一台实训用计算机，使用 Windows 优化大师等软件工具检测硬盘的品牌、型号、实际容量等基本信息。

实训结束，完成下面的技能评价表。

熟悉硬盘技能实践评价

实训任务	检查点	完成情况	出现的问题及解决措施
熟悉硬盘	辨识硬盘的接口和数据线	□完成　□未完成	
	辨识硬盘的品牌、型号、类型和主要参数	□完成　□未完成	
	使用工具软件检测硬盘的实际容量	□完成　□未完成	
	上网选择一款8TB高端机械硬盘、一款4TB家用硬盘和一款512GB主流固态硬盘	□完成　□未完成	

前沿动态/未来产品

20TB，它来了！
计算机的"胃口"真是越来越大了！它会大到什么程度呢？
一种"另类"的硬盘技术——玻璃硬盘
玻璃硬盘？这是认真的吗？

视野拓展/术语解释

如何辨识硬盘编号

每一块硬盘都会在背面贴上产品标签，其中包含了硬盘的型号、容量、产地等各项信息，不同的型号所代表的基本参数也不尽相同。

希捷和西部数据两大厂商的硬盘编号都比较复杂，但也遵循一定的规律加以标示。以希捷酷鱼7200.11 系列的一款 1TB 硬盘为例，该硬盘标签上的编号为 ST31000340AS，如图 6-19 所示。其中 ST 是 Seagate（希捷）的英文缩写，3 代表 3.5 英寸硬盘，1000 代表容量为 1TB，340 代表采用 32MB 缓存及 4 碟片设计，字母"A"代表属于个人用户级产品，"S"代表硬盘采用 SATA 接口，硬盘的编号注解示例如图 6-20 所示。

图 6-19 硬盘标签示例

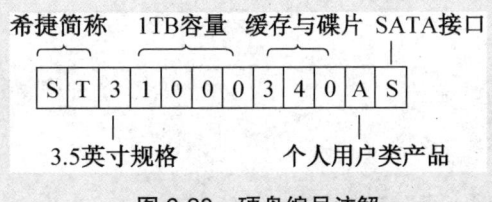

图 6-20 硬盘编号注解

知识巩固与能力拓展

1. 简述常见的硬盘类型及各自的特点。
2. 简述固态硬盘的组成结构和自身的优点。
3. 简述机械硬盘的主要性能参数及所起的作用。
4. 市场上有哪些主要的硬盘品牌?
5. 选购机械硬盘和固态硬盘分别要注意什么问题?
6. 上网查找有关大容量硬盘的商情与售价信息,如3TB、6TB、8TB、10TB及15TB硬盘。如果你是一个喜欢玩游戏或看电影的用户,配备多大容量的硬盘比较合适?

第 7 章 认识和选购键盘、鼠标

工作任务分析

本任务主要学习键盘和鼠标的常见类型、主流品牌以及选购方法，引导学生学会辨识和选择合适的键盘和鼠标产品，锻炼学生自主探究学习的能力，激发学生学习计算机硬件知识的兴趣，同时拓展学生的知识视野，培养良好的职业意识和职业素养。

知识学习目标

- 了解键盘鼠标的功能与结构特点。
- 熟悉键盘和鼠标的常见类型。
- 掌握键盘和鼠标主要的性能指标。
- 掌握键盘和鼠标的选购与辨别方法。

技能实践目标

- 能够辨识主流的键盘和鼠标品牌。
- 能够根据需要选购键盘和鼠标产品。
- 能够分辨键盘和鼠标的真伪与优劣。

课程思维导图

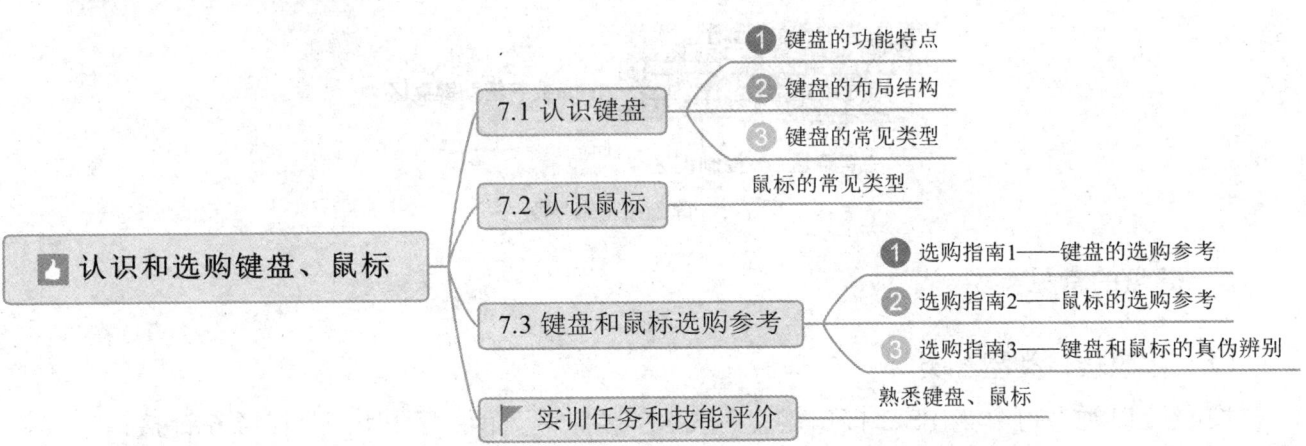

人机交互（Human-Computer Interaction）是人与计算机打交道的基本方式。通过人机交互，计算机会变得更加"智能"和"友好"。例如，用户在打字时，通过敲击键盘便可在屏幕上显示文字符号，或者在玩游戏时单击鼠标，游戏角色便随之有了动作反应，这就是一种人机交互过程。计算机系统主要依靠输入和输出设备来实现人机交互。

输入设备（Input Device）负责协助用户向计算机输入各种数据和操作指令，以便对计算机进行控制和管理。键盘和鼠标是计算机主要的输入设备，承担了最常用的输入操作。尤其在 3D 应用时代，键盘和鼠标的作用显得愈发重要，其质量的好坏和操作的舒适程度直接影响输入的效率，甚至还关系到用户操作时的手部健康，因此对于键盘和鼠标的选择不能马虎。

7.1 认识键盘

1. 键盘的功能特点

键盘（Keyboard）通过敲击各按键将字母、数字、标点符号、特殊字符和命令等输入到计算机中，实现对计算机的操控。布局设计合理、用料和工艺较好的键盘能充分挖掘用户双手的潜能，将手指的灵活性和协调性发挥出来，可有效地提高输入的效率，并减轻对手指的压迫力度所带来的不适感。

2. 键盘的布局结构

无论键盘的外观如何，其核心的键位设计并没有太大区别，一般可分为主键盘区、F 键功能区、Num 数字辅助键盘区和控制键区。有些多功能键盘还另外增添了快捷功能键区，提供静音、备份、关机、杀毒、上网等一键快捷操作功能。键盘的基本外观如图 7-1 所示。

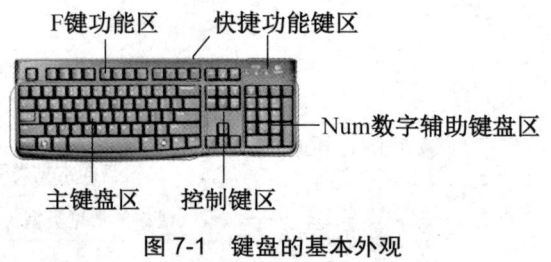

图 7-1 键盘的基本外观

3. 键盘的常见类型

（1）按照接口类型分类

按照接口类型可分为 PS/2 接口键盘和 USB 接口键盘两种。PS/2 为圆形 6 针接口，其接口通常以紫色标示，只能插在主板专用的 PS/2 接口中，不能与其他接口混用。USB 接口是通用的即插即用接口类型，并具有热插拔的特点，可广泛应用在各种计算机设备上。如图 7-2 所示为键盘 PS/2 接口与 USB 接口外观对比。

（2）按照键盘的连接方式分类

按照连接方式可分为有线键盘和无线键盘两类。有线键盘通过数据线与主机相连，无线键盘则通过专门的 USB 信号收发器与主机相连。一般无线键盘的有效距离为 5～10m，在这个范围内用户可移动键盘而无须担心影响操作。如图 7-3 所示为罗技 K400 Plus 无线触控键盘，采用 2.4GHz 无线连接，含 4 个多媒体快捷按键。

图 7-2　键盘 PS/2 接口与 USB 接口外观对比

图 7-3　罗技 K400 Plus 无线触控键盘

（3）按照键盘的键数分类

计算机键盘发展至今，先后经历了 84 键、101 键、102 键、104 键和 107 键等设计规范。标准的 104 键键盘比 101 键增加了 2 个系统菜单键和 1 个右键菜单键，可快速调出 Windows 开始菜单和鼠标右键菜单。而 107 键键盘又在 104 键基础上加入了"睡眠""唤醒""开/关机"三个电源管理功能按键，用户可通过键盘直接进行开关机操作。

如今还非常流行一种"多媒体键盘"，它在 107 键盘布局上额外增加了一些多媒体应用功能键，能实现一键影音播放、调节音量、访问 Internet、打开 E-mail 邮箱、启动办公应用或游戏软件等功能。这些按键通常需要安装专门的键盘驱动程序，并经过相应的功能设定，才可直接进入游戏或一键启动应用软件。

如图 7-4 所示为双飞燕高敏战神 G800 107 键游戏型键盘，其中包含 12 个可自定义按键和 7 个多媒体按键。如图 7-5 所示为罗技 K270 薄膜式 112 键键盘，含 8 个多媒体快捷按键，采用 2.4GHz 无线连接与窄边型静音式设计。

图 7-4　双飞燕高敏战神 G800 107 键游戏型键盘

图 7-5　罗技 K270 薄膜式 112 键键盘

（4）按照键盘的外形分类

键盘按外形的不同可分为标准键盘和人体工程学键盘。标准键盘即按照标准化规格而设计的键盘，键盘布局相对固定，产品外观中规中矩。人体工程学键盘由微软公司发明，也称为微软"自然键盘"，它根据人体生理结构特点进行专门设计，将键盘的左手键区和右手键区这两大板块左右分开，并形成一定的角度，有的还在键盘下部增加护手托板，这样能让用户的双手、肩部和颈部都处于一种比较自然放松的状态，在一定程度上缓解了由于手腕长期悬空而导致的疲劳，并可降低左右手键区的误击率。

如图 7-6 所示为双飞燕 KB-8 实用型 104 键标准键盘。如图 7-7 所示为微软人体工程学键盘 4000，包含音乐、视频控制键和网上冲浪键及 5 个自定义按键，该键盘的一大特点是采用反坡度设计，增加了一个可拆卸的 7 度反坡度手托。如图 7-8 所示为微软 Sculpt 无线舒适键盘，采用火山口架构技术和极具特色的波浪形按键设计，搭配可拆卸的皮质手托，符合微软一贯的对于键盘舒适度的人体工程学设计目标。

图 7-6　双飞燕 KB-8 实用型 104 键标准键盘　　图 7-7　微软人体工程学键盘 4000　　图 7-8　微软 Sculpt 无线舒适键盘

（5）其他特色功能键盘

在游戏市场的带动下，消费者对键盘提出了更多的要求，于是不少厂商推出了具有鲜明特色功能的键盘，背光键盘就是其中一种。背光键盘（也叫夜光键盘）的特点体现在键盘的按键或键盘面板会发光，在夜晚光线很暗的环境下也能看清键盘字母和符号，从而提高键盘操作效率和击键准确率，有些键盘还能营造一种与游戏场景同步的灯效氛围。

如图 7-9 所示为双飞燕 WK-310 背光键盘，如图 7-10 所示为血手幽灵 B840 光轴 104 键机械键盘。

图 7-9　双飞燕 WK-310 背光键盘　　图 7-10　血手幽灵 B840 光轴 104 键机械键盘

7.2　认识鼠标

鼠标（Mouse）是键盘不可或缺的合作伙伴。鼠标的出现使计算机的日常操作更加简单便捷，用户只需轻轻按下手指便能快速完成许多复杂的操作，而不用去费力学习那些烦琐的键盘控制指令。熟练、协调地运用好键盘和鼠标，是现代信息化办公人员和计算机技术人员的一项基本技能。

鼠标的常见类型

（1）按照鼠标的结构分类

鼠标根据内部组成结构的不同，可分为机械式鼠标、光电式鼠标和激光式鼠标，如图 7-11 至图 7-13 所示。

图 7-11　机械式鼠标　　　　图 7-12　光电式鼠标　　　　图 7-13　激光式鼠标

机械式鼠标以滚球作为传感器，通过滚球的滑动来控制鼠标指针，这类鼠标已被市场淘汰。

光电式鼠标的底面有一个光电感应器，通过红外线散射出的光斑来捕捉鼠标的脉冲信号，是目前使用最广的鼠标产品。

激光式鼠标其实是一种特殊的光电鼠标，与传统光电鼠标最大的区别在于用激光代替了原来的红光 LED。由于激光具有高度的集中性，激光鼠标因此拥有更高的精度和灵敏度。

（2）按照鼠标的连接分类

根据连接方式的不同，可分为 PS/2 接口鼠标、USB 接口鼠标和无线鼠标等，如图 7-14 所示。和键盘一样，PS/2 接口鼠标也采用圆形 6 针接口设计，但鼠标接口以青色来标识，目的是防止和 PS/2 接口键盘混插。USB 接口鼠标与 USB 接口键盘都属于通用型接口设备，可插在任何 USB 接口上。无线鼠标和无线键盘一样，采用相同的接口标准。

图 7-14　PS/2 接口鼠标、USB 接口鼠标和无线鼠标

（3）按照鼠标的按键数分类

按照鼠标的按键数分类，可分为双键鼠标、三键鼠标和多键鼠标，如图 7-15 所示。

图 7-15　双键鼠标、三键鼠标和多键鼠标

双键鼠标只有左、右两个基本键，现在已很少见到。三键鼠标则在此基础上增加了一个滚轮或中键，在很多程序应用中能起到事半功倍的作用。例如，在浏览网页或编辑 Office 文档时可使用滚轮来上下翻页，这样就极大地方便了用户的操作。

多键鼠标是媒体多功能应用发展的一种产物。除了附带滚轮外，多键鼠标还增加了拇指键、小指键、文字输入键等辅助功能键，可支持自定义、可编程按键设置，拥有强大的应用软件辅助功能和灵活的输入转换功能。多键鼠标的总键数有 5 键、7 键、8 键和 9 键等多种，有的甚至达到了 20 键（如罗技 G600 游戏鼠标），这些按键设计进一步简化了操作程序，在游戏设置、Office办公、代码编写、设计制图等应用操作中还可以实现一些特殊功能。多键、多功能鼠标是鼠标产品未来的发展趋势之一。

（4）其他特殊应用的鼠标

除了日常操作外，不少用户还会对鼠标提出一些特殊的要求，于是便催生了具有专用输入功能的鼠标产品。例如在游戏娱乐行业中，电子竞技鼠标就是一种特殊的专业鼠标，主要用于计算机游戏竞技的娱乐体验。这种类型的鼠标性能强大，光学引擎扫描速度可达每秒5000次以上，解析度范围比较大，定位精度和像素水平都非常高，但是价格比较贵。

7.3 键盘和鼠标的选购参考

选购指南1——键盘的选购参考

键盘的种类千差万别，要选购一款外观上让人心仪，操作上得心应手的键盘，应注意以下几点事项。

（1）看键盘的外观

一款颜色漂亮、外观时尚、布局合理的键盘会令用户的桌面添色不少。优质键盘的面板设计也很美观，并且在键盘的背面会贴有生产厂商、生产地点和出厂日期等信息。

（2）看操作手感

要判断一款键盘的手感如何，可用正常的力度按键盘按键，感受一下按键的弹性是否适中，按键受力是否均匀，按键弹起是否快速，键帽是否会晃动，按键声音是否轻柔等。另外，手感良好的键盘能让用户流畅地录入，手指和手腕也不易产生疲劳和痛感。

（3）看键盘的做工

键盘的做工质量直接影响到键盘的使用寿命，其材质用料的优劣也关乎人体的健康。制作工艺良好的键盘其表面及棱角经过严格的研磨处理，精致细腻，键盘边缘平整无毛刺，键帽上的字符通常采用激光刻入，而非简单的油墨印刷，字迹非常清晰，耐磨性较好，用手摸上去有凹凸感。

（4）选择接口类型

PS/2和USB都是目前主流的键盘接口。USB接口的通用性和兼容性很好，支持热插拔，在操作与维护上比较便捷，并得到各大主板厂商的鼎力支持，已逐渐成为广大用户的首选。

（5）键盘功能性的选择

对于大多数用户来说，功能较多的键盘使用起来会更为方便，因此可考虑选择多媒体键盘。而那些需要长时间使用计算机的用户，由于手指和手腕经常保持一个姿势，容易产生疲劳和痛感，建议选用能使双手放松的人体工程学键盘，虽然价格稍贵，但可以提高使用的舒适度。

选购指南 2——鼠标的选购参考

品质良好的鼠标不仅能让操作更方便，还能提高工作效率。鼠标虽小，但作用很大，用户在选购鼠标时要从以下几方面来考虑。

（1）感受鼠标手感

如果用户需长时间操作计算机，鼠标手感的好坏就显得至关重要。一款好的鼠标往往会从人体工程学角度设计外形，用户在握住鼠标时手掌感觉放松、舒适，鼠标移动顺畅，按键轻松而有弹性，并且能与手掌面贴合，长时间使用后手指和手腕关节也不会产生疲劳或痛感。用户在选购鼠标时可先试着操作一下，确保鼠标符合自己的手掌特点。

（2）看鼠标的分辨率

分辨率（dpi）是衡量鼠标移动精确度的指标，分辨率越高，鼠标的精确度就越高。目前主流鼠标的分辨率大多在 1000dpi 以上，而游戏型鼠标的分辨率则往往超过 3000dpi。所以，很多游戏玩家和专业设计人员都会选择高分辨率的鼠标，以提高鼠标指针的控制精度。

（3）考虑鼠标的功能

对鼠标功能的选择应以满足日常操作需要为准。对于普通的家庭或办公用户，除非有特殊的使用要求，否则没有必要追求那些附加功能多、价格偏贵的高端鼠标。

（4）看鼠标的品牌与售后服务

鼠标行业中比较知名的品牌有双飞燕、罗技、微软、雷蛇、雷柏、多彩、血手幽灵、达尔优等。大牌厂商除提供 1 年以上质保服务和良好的性能保障外，在操作舒适度及对人体健康的保护上也做得比较到位。

（5）是否选择键鼠套装

近年来很多消费者开始青睐套装的键盘鼠标。相比单买键盘和鼠标来说，键鼠套装产品在价格上更为划算，键盘和鼠标的外观也相对统一，颜色搭配和材质用料也具有协调性，摆放在一起不会造成视觉上的突兀感，尤其适合在办公室和家居环境使用。

选购指南 3——键盘和鼠标的真伪辨别

键盘和鼠标是最常用的计算机配件之一，也成为很多造假者的目标，特别是中高端的键盘和鼠标，由于设计时尚，价格相对较贵，更加受到造假人员的"青睐"，以谋取暴利，因此消费者在购买时要注意甄别。

（1）一看标识

正品键盘和鼠标在包装盒上会印有明显的正规标识，对产品的各个部分都有详细的介绍，而很多假货的包装则缺少相关的性能介绍。另外，在正品包装盒上一般都会印上 800 全国免费客服咨询电话，有些假冒产品则刻意去掉了这个标识。

（2）二看印刷

正品键盘和鼠标的商标印刷字体比较清晰，颜色较深，有些厂商还采用激光镭雕技术把商标刻在键盘和鼠标上，而假冒产品为了节约成本而往往采用普通的印刷技术，其颜色和字迹都与真品差别很大。

（3）三看布局

正品键盘上面按键之间的排列紧凑、规整，缝隙的间距也比较均匀，键帽上的字号、字体和位置都非常统一。而假冒产品在按键排列上则显得稀松，缝隙往往宽窄不一，间距不均匀，字体排列松散，且不完全集中于按键的左上方。

（4）四看手感

正品键盘的键程适中，富有弹性，触感好，打字基本无须用力，敲打按键时声音较小。而假冒产品的弹性较差，打字时比较用力，且敲打声比较僵硬。

（5）五看工艺

正品鼠标按键的接缝流畅，间距窄小，左右按键一致。而假冒产品的按键间隙过大，且左右往往不均匀，做工也显粗糙。

实训任务　熟悉键盘、鼠标

在本实训任务中，将熟悉键盘和鼠标的外观结构、主流类型和选购技巧，为后续深入学习硬件知识打下基础。

【操作步骤】

① 准备 2~3 个键盘和鼠标，观察键盘和鼠标的外观特点，辨识这几款键盘和鼠标的基本组成部分。

② 简述有线和无线、PS/2 和 USB 接口、标准设计和人体工程学设计的键盘或鼠标有何不同。

③ 简述这几款键盘和鼠标属于何种类型产品，性能档次如何。

实训结束，完成下面的技能评价表。

熟悉键盘鼠标技能实践评价

实训任务	检 查 点	完成情况	出现的问题及解决措施
熟悉键盘鼠标	辨识键盘和鼠标外观结构	□完成　□未完成	
	分辨常见的接口和人体工程学设计方式	□完成　□未完成	
	上网选择一款人体工程学多媒体键盘和一款多键电子竞技鼠标	□完成　□未完成	

认识和选购键盘、鼠标 第7章

前沿动态/未来产品

未来幻影式的智能键盘和鼠标
是否厌倦了现在的键盘鼠标？那就来试试将键盘、鼠标戴在手上的感觉吧！

知识巩固与能力拓展

1. 键盘和鼠标一般采用什么接口？各自有什么特点与区别？
2. 学校用于实训的键盘和鼠标属于什么类型的产品？
3. 人体工程学键盘、鼠标和一般的键盘、鼠标有什么不同？
4. 如何检验键盘和鼠标的质量？
5. 如条件允许，尝试拆开一个键盘或鼠标，观察其内部的结构。
6. 上网查阅目前市场上主流家用型和游戏型键盘、鼠标的性能参数和价格。

认识和选购计算机板卡

第 8 章

工作任务分析

本任务主要学习计算机板卡的组成结构、常见类型、性能指标、主流品牌以及选购方法，引导学生学会辨识和选择合适的板卡产品，锻炼学生自主探究学习的能力，激发学生学习计算机硬件知识的兴趣，同时拓展学生的知识视野，培养良好的职业意识和职业素养。

知识学习目标

- 了解计算机板卡的功能与结构特点。
- 熟悉常见的计算机板卡类型。
- 掌握计算机板卡主要的性能指标。
- 掌握计算机板卡的选购与辨别方法。

技能实践目标

- 能够辨识主流的计算机板卡品牌。
- 能够根据需要选购计算机板卡产品。
- 能够分辨计算机板卡的真伪与优劣。

课程思维导图

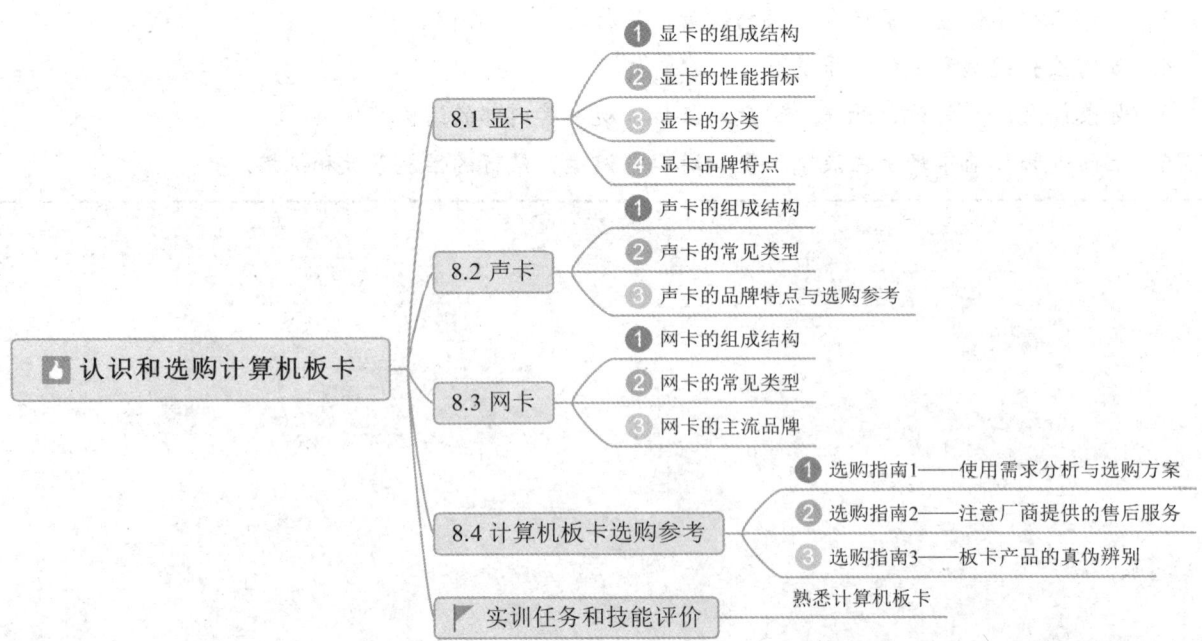

显卡、声卡、网卡是计算机核心的板卡部件，承担着特定的数据、信息处理功能。其中显卡负责图形图像数据的运算，声卡负责音频数据的处理，网卡则用于网络数据的处理和传

输。作为基本的输出设备（Output Device），计算机依靠这些板卡将运算处理后的数据以各种丰富的形式展现出来，最终实现人机交互。

8.1 显卡

显卡（Video Card）也叫显示适配器，是计算机的关键组成设备之一。显卡的品质直接影响画面显示的质量和流畅性，尤其对于游戏玩家和专业设计人员来说，显卡的地位是毋庸置疑的。如图 8-1 所示为两款常见的显卡外观（主流型和入门型）。

图 8-1 常见的显卡外观

1. 显卡的组成结构

显卡主要由印刷电路板、图形处理芯片、显示内存、随机数模转换记忆体、显示输出端口等部分组成。

（1）印刷电路板

印刷电路板（Printed Circuit Board，PCB）是显卡的基板，由 4 层、6 层或 8 层树脂板压合在一起制成，为显卡提供底层架构支撑，便于在上面安装芯片、电容、线路等元件。

（2）图形处理芯片

图形处理芯片（Graphic Processing Unit，GPU）是显卡运行的"心脏"，也称为显示芯片，其地位之重要相当于计算机的 CPU。但与 CPU 不同的是，图形处理芯片主要承担计算机中与图形图像有关的数据处理，尤其是每一个像素的颜色、深度、亮度等数值运算。因此，图形处理芯片的档次就直接决定了一款显卡的档次，以及显卡的性能表现。如图 8-2 所示为显卡中的 GPU 芯片。

（3）显示内存

显示内存简称显存，属于显卡专用的内存部件，用于存储 GPU 芯片将要处理的图形数据信息。显存容量越大，图形显示就越流畅。如图 8-3 所示为显卡的显存颗粒。

图 8-2　显卡中的 GPU 芯片

图 8-3　显卡的显存颗粒

（4）随机数模转换记忆体

随机数模转换记忆体（Random Access Memory Digital-to-Analog Converter，RAMDAC）的作用是，将 GPU 芯片运算后的数字信号转换成计算机显示所必需的模拟信号，它决定了显卡的刷新频率和最大分辨率。RAMDAC 的转换速率以 MHz 表示，该数值越大，显卡的分辨率就越高，颜色深度、刷新率及输出的显像质量就越好。

（5）显示输出端口

显示输出端口是显卡与外部显示设备进行数据传输的接口，常用的有 VGA 端口、DVI 端口、HDMI 端口、Display Port 端口和 S-Video 端口等。如图 8-4 所示为两款主流显卡的显示输出端口，如图 8-5 所示为一款入门级显卡的显示输出端口，相关内容的详细介绍，请扫描二维码查阅。

8.1 显卡-显示输出端口

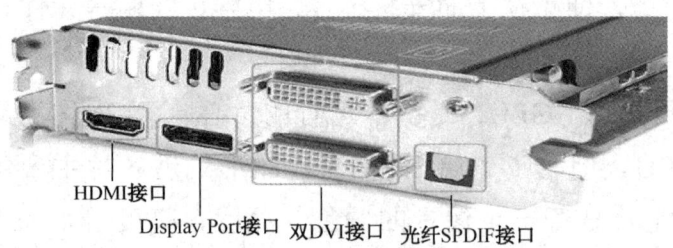 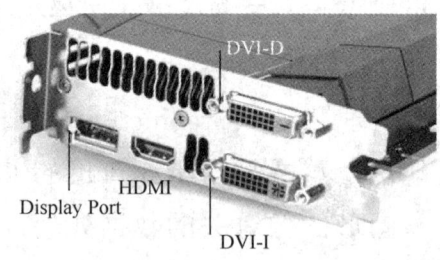

图 8-4　主流显卡的显示输出端口

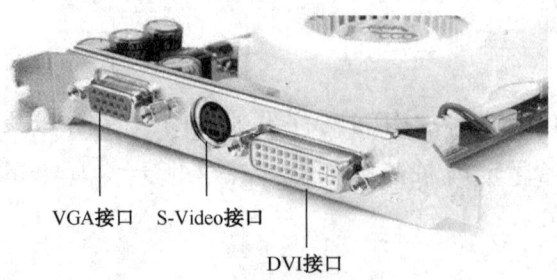

图 8-5　入门级显卡的显示输出端口

2. 显卡的性能指标

影响显卡整体性能的因素有显示芯片、显存类型、显存容量、显存位宽、显存频率、显示分辨率、显卡总线接口等。下面简单介绍几个主要的性能参数。

（1）显示芯片

目前具备核心设计与制造能力的专业级独立图形显示芯片（GPU）厂商有两家，即NVIDIA（英伟达）和AMD。

NVIDIA是全球最大的独立GPU生产商，产品线涵盖了从普通计算机到超级计算系统的各个行业，GeForce是其代表性产品。GeForce芯片家族包含G、GS、GT、GTS、GTX、RTX、Titan等几类细分型号，其中G/GS代表低端系列产品，GT代表中端系列产品，GTS代表主流级系列产品，GTX代表高端芯片系列产品，RTX为新一代支持光线追踪技术的高性能游戏芯片产品，Titan则是介于专业绘图卡与游戏显卡之间的旗舰级芯片。

8.1 显卡的性能指标-显示芯片

AMD在并购了图形芯片巨头ATI公司之后，以Radeon系列芯片为主，重点布局图形加速运算市场，并覆盖了从OEM产品至高端独立设备、从桌面计算机到移动平台、从个人计算机到专业级服务器的一系列图形显示产品。具体的型号与特点，请扫描二维码查阅。

（2）显存类型

显存是显卡的关键部件之一，显存的质量越好、技术越先进，显卡的性能表现也就越优异。显存大多采用GDDR类型，先后经历了6代技术规格，目前常用的是GDDR5和GDDR6。市场上的高端显卡大多已升级到GDDR6，优良的性能和高带宽、低功耗的特点让GDDR6显存更适合搭配高性能显示芯片。

此外，AMD还联合SK Hynix（海力士）研发出另一种新型的HBM堆栈式显存（High Bandwidth Memory，高带宽内存），它拥有更高的带宽、更低的功耗、更强的扩展性和更小的印刷电路板面积等优点，未来将有望替代GDDR而成为下一代显存的技术标准。

（3）显存容量

显存容量决定了显卡对图形渲染数据的存储能力，大容量的显存能更好地帮助显卡发挥出性能优势。显卡的显存容量一般为1GB、2GB、3GB、4GB、6GB、8GB和10GB等，目前主流显卡大多采用4～8GB显存，高性能显卡会配备10GB甚至20GB以上的显存。

（4）显存位宽

显存位宽是显存的一个重要参数，是指显存在一个时钟周期内所能传送数据的位数，单位是bit。位宽数值越大，则意味着显卡瞬间吞吐的数据量就越大，显卡的运行性能也就越好。常用的显存位宽有128～512bit，而采用HBM技术的显存还可达到4096bit的超高位宽。

(5) 显存频率

显存频率指的是显存在运行时的默认频率,以 MHz 为单位。显存频率在很大程度上反映了显存的运行速度。在其他参数条件相同的情况下,显存频率越高,显卡的性能越强。

(6) 显示分辨率

显示分辨率是显卡在屏幕上显示像素的最大数量,一般包含横向像素数量和纵向像素数量,二者相乘的总数反映了屏幕所能达到的最高显示水平。因此,显卡支持的分辨率越高,代表像素的数目就越多,图形显像效果就越精密和细腻。主流显卡通常拥有超过 2000 的横向像素水平,而高端显卡的最大分辨率可达 7680×4320 像素(8K)。

(7) 显卡总线接口

显卡总线接口是显卡与主板进行交互的桥梁,显卡总线接口应与主板的显卡插槽类型相匹配。目前主流显卡均可支持 PCI-E 3.0 接口,并向着 PCI-E 4.0 版本过渡。PCI-E 属于第三代显卡总线接口,对视频数据传输性能进行了优化,能提供更高的传输速率和视频画面质量,同时也支持高级电源管理、热插拔技术和数据同步传输。

3. 显卡的分类

显卡主要分为集成显卡和独立显卡两种。

集成显卡将显示芯片、显存和其他核心元件嵌入在主板上,与主板融为一体,而显示芯片则大多集成在北桥芯片中。集成显卡的功耗低、发热量小,有些集成显卡的性能还能媲美中档的独立显卡。但集成显卡需占用一定的系统内存,且无法进行单独更换。

独立显卡则自成一体,作为一块独立的板卡产品存在。独立显卡无须占用系统内存,比集成显卡拥有更好的运算性能和显示效果,硬件升级比较方便,但是功耗较高、发热量较大,而质量上等的显卡售价也不菲。

4. 显卡品牌特点

目前,显卡主要采用 NVIDIA 和 AMD 两家公司的 GPU 芯片。在基于特定图形芯片的基础上,各家显卡生产商再进行显卡产品设计、封装和成品制造,因此每个显卡品牌都有自己的特点,但在产品质量和性能上却是参差不齐。知名度较高的显卡品牌有七彩虹、昂达、影驰、铭瑄、NVIDIA、AMD、微星、技嘉、华硕、丽台、讯景、耕升、盈通、翔升、蓝宝石、索泰、迪兰、小影霸等。

8.2 声卡

声卡(Sound Card)是多媒体系统最基本的组成部分之一,是实现声波/数字信号相互转换的硬件。声卡的主要功能是把来自话筒、CD 机、播放器等原始声音信号进行解码和转换，再输出到耳机、音箱、功放、扩音机等外部设备，或通过音乐设备数字接口（MIDI）传送出优美的声音。如图 8-6 所示为主流独立声卡。

图 8-6　主流独立声卡

1. 声卡的组成结构

声卡主要由声音处理芯片、CD 音频连接器、总线接口、MIDI 及游戏杆接口、输入/输出接口组成。

（1）声音处理芯片

声音处理芯片是声卡最重要的部件，决定了声卡的关键性能水平，主要负责 WAVE 波形的采样与合成、MIDI 音乐的合成运算、混音效果的处理、音效场景的调整等功能。如图 8-7 所示为声音处理芯片。

图 8-7　声音处理芯片

（2）CD 音频连接器

CD 音频连接器用来配合 CD-ROM 驱动器重放 CD 光盘，便于 CD 上的声音与其他声源的信号进行混合，再经混频器同步输出。

（3）总线接口

总线接口也就是"金手指"，它为声卡与主板进行连接提供了传输通道和交互接口。目前主流声卡大多采用 PCI-E 总线接口。

（4）MIDI 及游戏杆接口

为配合游戏软件（如模拟飞行、模拟驾驶等游戏）的使用，不少声卡提供一个专门的 MIDI 及游戏摇杆接口，用来连接游戏杆、手柄、方向盘等游戏控制器。此外，也可与 MIDI

键盘或电子琴等电子乐器上的 MIDI 接口相连,实现 MIDI 音乐信号的直接传输。

（5）输入/输出接口

声卡必须通过各种特定的接口才能进行声音数据与音频信号的输入和输出。一般的声卡带有 3~6 个或更多的输入/输出接口,并以不同的颜色和图案来标注其特定的用途。如图 8-8 所示为常见的声卡接口。最基本的 3 个输入/输出接口分别为 Line In、Line Out 和 Mic In,其中 Line Out 和 Speak Out 共用一个接口,如果声卡有 4 个接口,Speak Out 接口则单独设置。相关内容的详细介绍,请扫描二维码查阅。

8.2 声卡-输入/输出接口

图 8-8　常见的声卡接口

2. 声卡的常见类型

声卡发展至今,主要分为集成声卡、内置独立声卡和外置独立声卡三种类型。

（1）集成声卡

主板一般都带有集成声卡芯片,由于集成声卡具有 CPU 占用率低、兼容性好、成本低廉、不占用主板扩展接口等,并支持多声道输出,能够满足绝大部分的日常音频处理要求,广受大众消费者的欢迎。

（2）内置独立声卡

内置的独立声卡在音效表现、处理性能、设计水平和做工质量等方面则拥有更强的优势,也更适合于对声音的专业化合成和高清音质的发挥,能满足 3D 游戏、影视、动漫、教学课件设计及高保真录音、歌曲制作、背景音乐编辑等多媒体音频后期处理的需要。内置声卡一般采用 PCI 或 PCI-E 接口,分别如图 8-9 和图 8-10 所示,拥有良好的适应能力,并支持即插即用,是目前主流的独立声卡类型。

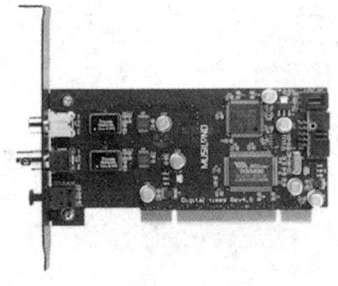
图 8-9　PCI 接口内置声卡

图 8-10　PCI-E 接口内置声卡

（3）外置独立声卡

外置独立声卡不同于主板集成声卡和内置的独立声卡，它通过 USB 线与计算机连接，也称 USB 声卡。外置声卡拥有自己独立的音频控制芯片和供电系统，可以容纳更复杂和更高性能的模拟电路，避免主机电源输出对声卡的干扰，从而大幅度地提升音质，如图 8-11 所示。不过 USB 接口的带宽水平也制约了音频数据的传输效率，此外由于 USB 接口的优先级低于 PCI 和 PCI-E 接口，外置型声卡有时还会出现声音断续和爆音现象。

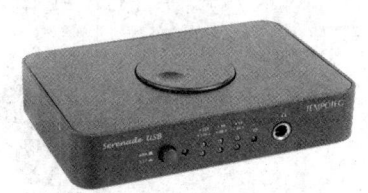

图 8-11　USB 外置声卡

3. 声卡的品牌特点与选购参考

当前品质水准和用户认可度最高的声卡品牌当属创新（Creative），经过多年的深耕和积累，创新的声卡芯片已广泛应用在各类主板上，其独立声卡产品也为众多家庭用户、游戏玩家以及音乐爱好者所青睐。尤其在专业声卡行业，创新的声霸卡（Sound Blaster）系列可谓享誉全球，其高品质的音频效果至今仍堪称经典，已经成为计算机多媒体音频、多媒体计算机立体声卡和 PCI 音频方案的行业标准。

创新 Sound Blaster 系列声卡包括以下几类主流的产品型号。
- Sound BlasterX G5 系列可编程 3D 虚拟环绕外置型游戏声卡。
- Sound Blaster X7 系列发烧级高清桌面音频播放器。
- Sound Blaster E5 系列高清便携式蓝牙无线耳机放大器。
- Sound Blaster Audigy 4/5/6/FX 系列高清音频环绕内置型独立声卡。
- Sound Blaster AE/Z 系列高性能 PCI-E 专业型游戏声卡。
- Sound Blaster ZxR 旗舰级 PCI-E 内置型游戏声卡等。

除了创新，其他一些声卡厂商如乐之邦、华硕、森然、客所思、ZOOM、德国坦克、节奏坦克等也拥有独特的产品优势和一定的市场知名度，消费者可根据自己的使用需要来选购不同类型与档次的声卡产品。

8.3　网卡

网卡全称网络接口卡（Network Interface Card，NIC），也叫网络适配器，是计算机与路由器、交换机等网络设备进行通信的部件。网卡在计算机和局域网及互联网之间架起一道桥梁，无论是个人计算机还是高端服务器，若要连接网络，就需要安装一块网卡。如果有必要，一台计算机上也可以同时安装两块或多块网卡，这样能够连接不同的网络。

1. 网卡的组成结构

网卡一般由 PCB 线路板、主控芯片、总线接口、晶振、网线接口、LED 指示灯、电容等部分组成，下面简要介绍几个重要元器件。如图 8-12 所示为计算机网卡。

图 8-12　计算机网卡

（1）主控芯片

主控芯片是网卡的核心部件，一块网卡性能的强弱和功能的多寡，主要由主控芯片决定。市场上主控芯片的一线厂商有 Realtek、Intel、VIA、Broadcom、3COM、Marvell 等。如图 8-13 所示为 Realtek RTL 8110SC 千兆位级网卡芯片。

图 8-13　Realtek RTL 8110SC 千兆位级网卡芯片

（2）总线接口

总线接口类型的不同，决定了网卡的安装位置和功能实现也不尽相同。常见的总线接口类型有 PCI 接口、PCI-E 接口、USB 接口等。

（3）网线接口

网线接口用来连接双绞线的 RJ-45 水晶头，实现网络的连通。当 RJ-45 水晶头正确插进网线接口时，会自动卡在接口里面。

（4）LED 指示灯

LED 指示灯可显示网卡当前的工作状态，它由链接状态灯和活动状态灯组成。当计算机正常工作时橘红色的链接状态灯一般为常亮，而当有网络数据进出网卡并经由网卡处理时，绿色的活动状态灯就会随之快速闪烁，为技术人员诊断和排查网络故障提供参考信息。

2. 网卡的常见类型

（1）根据工作方式分类

根据工作方式的不同，网卡可分为集成网卡和独立网卡。集成网卡是指固化在主板中的网卡芯片，它能提供大部分的网络功能，在性质上和集成显卡或集成声卡相似。独立网卡则拥有更强的数据处理性能和更多的网络连接功能，在传输稳定性和网络吞吐能力方面，独立网卡具备更大的优势。

（2）根据支持设备的不同分类

根据支持设备的不同，网卡可分为计算机兼容网卡和服务器专用网卡。计算机兼容网卡一般用在普通的计算机中，包括台式机、笔记本电脑和工控设备等，具有广泛的兼容性和通用性。服务器网卡则专用于特定类型的计算机设备，如工业级服务器、高性能工作站、大型工控设备和仪器等。服务器网卡的性能很高，功能也比较完备，但价格较贵，而且不能与普通计算机网卡混用，适合用来提供后台网络服务，如大型网站服务器、数据库服务器和电信级服务器等。如图 8-14 所示为一款计算机通用型网卡，如图 8-15 所示为服务器级网卡。

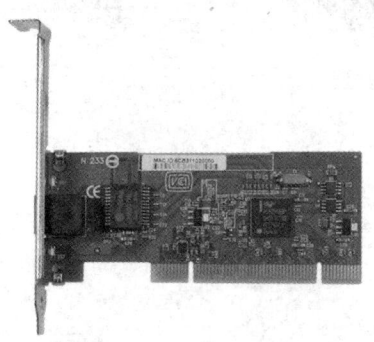

图 8-14　计算机通用型网卡

图 8-15　服务器级网卡

（3）根据传输速率的不同分类

根据传输速率的不同，网卡可分为 10M 位网卡、100M 位网卡、10/100M 位自适应网卡、1000M 位（G 级）网卡和 10000M 位（10G 级）网卡等几种。目前绝大多数主流的计算机主板都集成了千兆位级板载网卡芯片，万兆位级网卡往往在大型企业网络、电信骨干网络和互联网节点网络等环境中才会使用。

（4）根据外部接口的不同分类

根据外部接口的不同，网卡可分为 RJ-45 接口网卡和光纤接口网卡。常见的 5 类、6 类、超 5 类、超 6 类网线均采用 RJ-45 双绞线水晶头接入网卡中，而光纤网卡则要使用专门的光纤线接头。如图 8-16 所示为 RJ-45 接口网卡与光纤接口网卡外观对比。

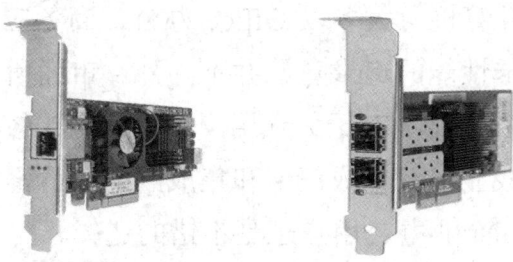

图 8-16　RJ-45 接口网卡（左）与光纤接口网卡（右）外观对比

（5）根据传输方式的不同分类

根据传输方式的不同，网卡还可以分为有线网卡和无线网卡。有线网卡通过双绞线、光纤或电缆来组成局域网络（LAN），而无线网卡则与无线路由器或无线 AP（Access Point）等设备共同构建无线局域网络（WLAN），并通过 Wi-Fi 信号（IEEE 802.11 系列协议）实现无线联网。如图 8-17 所示为几款常见的无线网卡类型。

图 8-17　几款常见的无线网卡类型

3. 网卡的主流品牌

市场上网卡的主流品牌有 D-Link、TP-LINK、Intel、磊科（Netcore）、迅捷、Netgear、腾达、水星、Winyao、Mellanox 等。

8.4 计算机板卡选购参考

计算机板卡种类众多，下面详细介绍计算机板卡产品的选购注意事项。

选购指南 1——使用需求分析与选购方案

总体而言，显卡、声卡和网卡等板卡的选购应遵循"按需"和"量力"的基本原则。毕竟对于消费者来说，没有最好的产品，只有最合适的产品。选择一款适用的板卡配件，既能满足用户的日常所需，也可以避免不必要的资金浪费。

（1）针对普通家用与企业办公

普通家用和企业办公用计算机，大多以 Office 办公、商务应用、上网冲浪、影音播放、简单游戏等用途为主，对板卡性能的追求意愿并不强烈，市面所售的中低端产品就够用。例如，价格在 800～1500 元的独立显卡对于大众用户来说就是比较实用的。另外，很多新出的主板都附带有性能较好的集成显卡、集成声卡和集成网卡芯片，性价比高，用来应对日常使用绰绰有余，对于普通家庭和企业办公用户也是不错的选择。

（2）针对美工编辑与设计应用

对专业设计人员而言，显卡是最为关键的部件之一，不仅在显卡的性能上要更强大，色彩还原的准确度、画面的锐利效果、2D/3D 加速性能与画质呈现水平等方面也有更高的要求，有些视频编辑人员还需要使用专业绘图卡。另外，声卡的立体环绕和场景仿真等性能也是影响多媒体设计效果的重要因素。因此，从事设计职业的用户应选择整体性能更好的专业显卡和声卡，尽量在合理价位上更大程度地提高工作效率与创作品质。

（3）针对游戏娱乐体验

游戏玩家（特别是游戏发烧友）对显卡的 3D 性能要求较为苛刻，因为显卡的性能越高，游戏的画质就越流畅、越细腻，同时强大的图形运算能力也使得游戏场景中的细节还原更为深入。对游戏的声音播放要求也是如此，有些娱乐应用还需达到家庭数字化立体影院的要求，这类用户就需要选择比较高端或者专业型的游戏显卡和高保真声卡产品。

选购指南2——注意厂商提供的售后服务

正品显卡、声卡和网卡一般都有1～3年的售后质保期，当然质保期越长的板卡产品对消费者就会更有吸引力。此外用户还要注意每个厂商提供的产品质保条件，有条件质保和无条件质保所包含的质保期限和服务条款也是有区别的。

选购指南3——板卡产品的真伪辨别

这里以显卡为例进行讲解。作为计算机的核心部件之一，显卡的种类和型号五花八门，价格弹性极大，造假门槛并不高，若不小心就容易买到假冒优劣或实用性不强的显卡。假冒的显卡在线上和线下都存在，而线上的售假问题则比较突出。消费者在选购显卡时可参考下面的方法来避开陷阱。

（1）防骗第一招：便宜没好货，好货不便宜

有些零售店（尤其是网上店铺）所卖的假冒显卡在价格上往往极具诱惑力，例如正常市价要1000多块钱的主流显卡，而商家打着"库存清仓"或"代工产品"等广告只卖四五百元，价格偏低，消费者不要相信这些表面的宣传手段。归根结底，天上是不会掉馅饼的。

（2）防骗第二招：官网查询产品型号，让假货现形

正规厂家生产的显卡在官网上都会找到相应的产品信息（如序号、名称、特定字母等）、具体图片（如显卡的外观、接口、铭牌等）及大致的价格。而假冒的显卡大多做工粗糙，其外观与同型号的真品差别明显。在官网上一对比，便可让假货露出原形。

实训任务　熟悉计算机板卡

在本实训任务中，将熟悉板卡部件的组成结构、主流类型和选购技巧，为后续深入学习硬件知识打下基础。

【操作步骤】

① 准备1～2个显卡，辨识GPU芯片、显存颗粒、显示输出端口的位置与形状，简述这些组成部分的基本作用，并说明独立显卡与集成显卡相比有何优势。

② 如有声卡、网卡等板卡，同样辨识板卡的主要芯片、外接端口等组成部分。

③ 简述这几款板卡属于何种类型产品，性能档次如何。

实训结束，完成下面的技能评价表。

熟悉计算机板卡技能实践评价

实训任务	检 查 点	完 成 情 况	出现的问题及解决措施
熟悉计算机板卡	辨识显卡 GPU 芯片、显存颗粒、显示输出端口的位置与作用	□完成 □未完成	
	简述独立显卡与集成显卡各自的优点	□完成 □未完成	
	上网选择一款 3000 元以内的游戏型显卡和一款 1000 元以内的家用型显卡	□完成 □未完成	

前沿动态/未来产品

未来的多媒体世界

未来的世界注定会变得缤纷多彩，高品质的数字媒体，虚实结合的生活方式，这一切在等着我们去探索。

视野拓展/术语解释

什么是 GPU？

GPU 如同 CPU 而胜似 CPU，它才是幕后真正意义上的"运算之王"！

什么是显卡交火？

"显卡交火"听起来就很酷，不是吗？事实上，它也真的很酷，尤其在游戏娱乐时。

未来产品：下一代显卡技术和未来的多媒体世界

术语解释：什么是 GPU

术语解释：什么是显卡交火

知识巩固与能力拓展

1. 显卡由哪些部分组成?
2. 决定一款显卡性能高低的关键参数指标有哪些?
3. 集成显卡和独立显卡有什么区别?各自适用于什么环境?
4. 上网查找两款适合游戏的主流和高端显卡。
5. 声卡分为哪几种类型?从事声音采集与后期合成工作的用户应该选择哪类声卡?
6. 一般的声卡带有哪几个输入/输出端口?
7. 家庭和机房计算机用的网卡是什么接口的?其传输速率有多大?
8. 要在家庭或班级中组建一个无线局域网,需要准备哪些设备?

认识和选购显示器

第 9 章

工作任务分析

本任务主要学习显示器的常见类型、性能指标、主流品牌以及选购方法，引导学生学会辨识和选择合适的显示器产品，锻炼学生自主探究学习的能力，激发学生学习计算机硬件知识的兴趣，同时拓展学生的知识视野，培养良好的职业意识和职业素养。

知识学习目标

- 熟悉常见的显示器类型。
- 掌握显示器主要的性能指标。
- 掌握显示器的选购与辨别方法。

技能实践目标

- 能够辨识主流的显示器品牌。
- 能够根据需要选购显示器产品。
- 能够分辨显示器的真伪与优劣。

课程思维导图

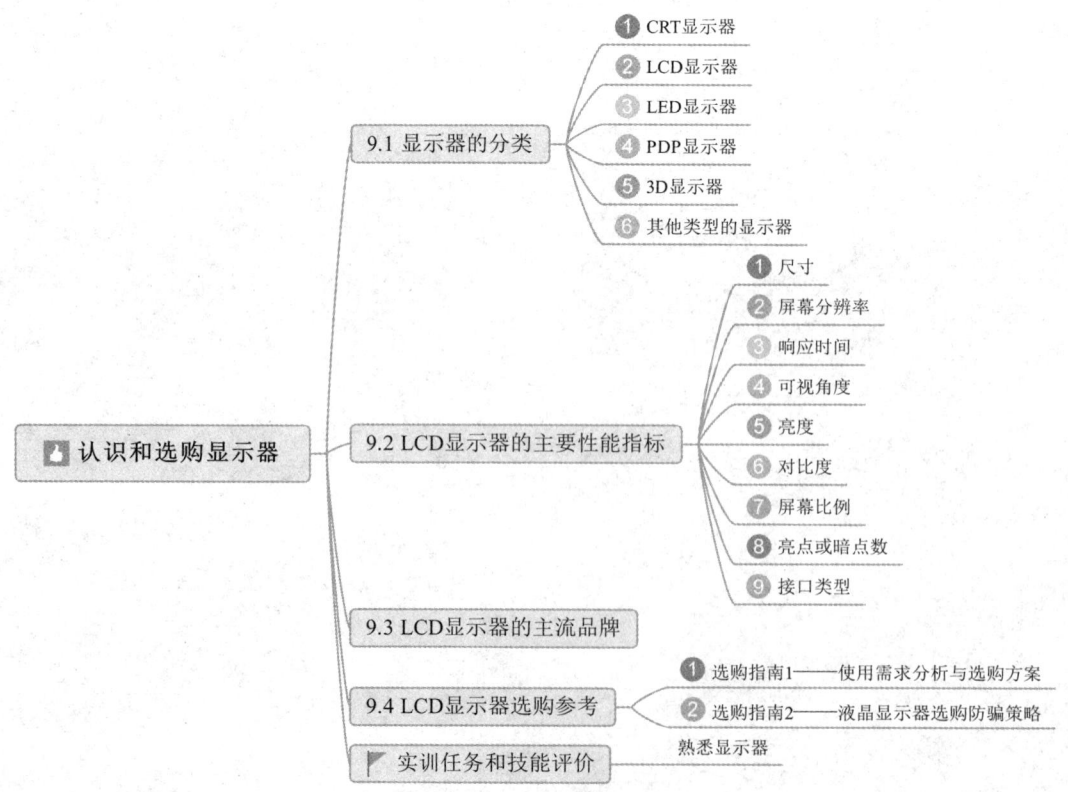

认识和选购显示器 第 9 章

显示器（Monitor）是计算机最重要的输出设备之一，也是计算机与用户交流的窗口。从黑白到彩色，从模糊到高清，显示器把人们带进了缤纷多彩的多媒体世界。随着技术的变革与发展，显示器的种类越来越丰富，体积更小，功能更多，设计愈加注重人性化，视觉效果也在不断增强。

9.1 显示器的分类

从总体上看，常用的显示器产品可分为 CRT 显示器、LCD 显示器、LED 显示器、PDP 显示器、3D 显示器等。

1. CRT 显示器

CRT 显示器是一种采用阴极射线管（Cathode Ray Tube）的显示器，曾为使用最广泛的显示器之一。但是 CRT 显示器的体形比较笨重，功耗较大，且带有一定的辐射，现已不再生产，不过在一些暂未更新换代的企事业单位可能还在继续使用。如图 9-1 所示为 CRT 显示器。

2. LCD 显示器

LCD（Liquid Crystal Display，液晶显示器）采用的是液晶控制透光度技术进行色彩显示。与 CRT 显示器相比，LCD 显示器的机身更薄，占用空间更小，工作电压低，耗电量减少了 70%，做到了基本不发热，而辐射量也远低于 CRT 显示器，更有利于保护人体健康。在成像效果方面，LCD 显示器的画面很柔和，图像品质更高，并且屏幕不会闪烁，能明显降低屏幕对眼睛的伤害。

由于自身所具备的种种优点，LCD 显示器已全面取代 CRT 显示器，成为当今市场上最主流的显示器类型。如图 9-2 所示为 LCD 显示器。

图 9-1　CRT 显示器

图 9-2　LCD 显示器

3. LED 显示器

LED（Light Emitting Diode，发光二极管）显示器是通过控制半导体发光二极管来显示文字、图像、视频和动画等各种信息的。LED 显示器适用于室内和户外的影像投放，包括商业广告、政务宣传、街道市政美化、人机互动交流、影视播放欣赏等领域。例如，中央电视台春节联欢晚会直播现场那炫彩琉璃的舞台视觉效果便是由高清 LED 显示屏来展示的。如图 9-3 所示为 LED 显示器。

图 9-3　LED 显示器

4. PDP 显示器

PDP（Plasma Display Panel，等离子显示器）是继 LCD、LED 显示器之后推出的新一代显示器类型，拥有机身纤薄、分辨率超高、图像高度鲜艳仿真、显示清晰度极佳等优势。由于采用了超薄设计，等离子显示器可以很方便地挂在墙壁上或者摆在桌面上，大大节省了室内空间。此外，等离子显示技术能够实现大幅面超宽视角和均匀平滑成像，有效消除屏幕边缘的扭曲现象，并避免画面失真，达到较为理想的纯平面图像显示效果。可以说，等离子显示器已成为未来显示器行业发展的一个重要趋势。如图 9-4 所示为 PDP 等离子显示器。

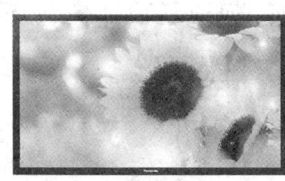

图 9-4　PDP 等离子显示器

5. 3D 显示器

3D 显示器是一种特殊的高端显示器，因能够实现三维立体画面成像而著称。近年来，以 3D 电影和 3D 游戏为代表的 3D 应用潮流给显示器行业注入了强劲的活力，3D 显示器开始逐渐走进消费市场，已受到了很多用户的喜爱。3D 显示器可以让消费者足不出户，在自家客厅或房间内就能体验优质的 3D 多媒体影视娱乐效果。

图 9-5　3D 显示器

目前，3D 显示器行业包含不闪式 3D 技术、快闪式 3D 技术和裸眼式 3D 技术等几种规格。根据成像方式的不同，3D 显示器还分为需要佩戴立体眼镜和不需要佩戴立体眼镜两大类，前者需要佩戴专门的立体眼镜才能观看 3D 电影，而后者则无须借助立体眼镜，只需用肉眼便可观看。如图 9-5 所示为 3D 显示器。

6. 其他类型的显示器

除了上述几种显示器，目前还存在一些其他的显示器产品，例如 4K/5K 显示器、曲面显示器、广视角显示器、触摸显示器、护眼显示器、智能显示器及无线显示器等，这些显示器产品采用先进的设计与制造技术，在某些方面拥有鲜明的特色，也给消费者带来了不一样的视觉欣赏体验与更为便捷灵活的使用方式。如图 9-6 至图 9-8 所示分别为 5K 高清显示器、曲面显示器与触摸显示器。

图 9-6　5K 显示器　　　　　　图 9-7　曲面显示器　　　　　　图 9-8　触摸显示器

9.2 LCD 显示器的主要性能指标

LCD 显示器的性能水平主要由以下几种性能指标决定。

1. 尺寸

尺寸指的是显示器液晶面板对角线的长度，单位是英寸。常见的 LCD 显示器尺寸规格有 19 英寸、21 英寸、22 英寸、23 英寸、24 英寸、27 英寸、28 英寸、30 英寸、34 英寸和 37 英寸等，有些高端大屏显示器可达 60 英寸以上。

2. 屏幕分辨率

分辨率指的是屏幕上能够显示的最大像素个数，用来衡量显示器对屏幕信息的显示能力和显示精度。LCD 显示器支持的分辨率包括 1280×720 像素（720p）、1920×1080 像素（1080p）、2560×1440 像素（2K）、3840×2160 像素（4K）、5120×2160 像素（5K）、7680×4320 像素（8K）等多种规格。尺寸越大的显示器能拥有更大的屏幕分辨率，画面显示更细腻，成像效果也更佳。

3. 响应时间

响应时间指的是显示器各个像素点的反应速度，单位是毫秒（ms）。响应时间越短越好，若响应时间过长，用户在看电影、做设计或玩游戏时就会出现"拖影"或"重影"现象，严重影响屏幕画面的显示质量。目前主流 LCD 显示器的响应时间大多在 5ms 以内。

4. 可视角度

可视角度定义了一个视觉范围，只要处于该可视范围以内，用户无论从哪个方向都能清晰地观看显示屏上所有的内容，但如果超出这个可视范围，观看屏幕就会产生色彩失真（画面失色）的现象。可视角度决定了用户面对显示器的最佳观赏角度及良好视野范围。

可视角度包括水平角度和垂直角度两个方向，大多数主流显示器已经达到水平可视角度 170°、垂直可视角度 160°或以上。

5. 亮度

亮度是指屏幕画面的明亮程度，单位是 cd/m^2。从理论上说，LCD 显示器的亮度越高，屏幕画面就越亮丽和清晰。LCD 显示器在出厂时一般已设置为 100%亮度，这样能增强对屏幕画面的直观感受，但是过高的亮度也会对眼睛造成不适甚至伤害，用户可根据自己的习惯来调整亮度。

6. 对比度

对比度指的是屏幕上同一点最亮时（白色）与最暗时（黑色）之间亮度层级的测量比值。对比度与亮度的配合已成为衡量 LCD 显示器好坏的重要参数，在合理设置亮度的前提下，适当调高对比度，显示器就能提供更加丰富的色彩层次。但如果过度调高对比度，则会导致屏幕画面出现明显的偏色。因此，只有让亮度与对比度的搭配恰到好处，保持两者的平衡，显示器才能呈现出较为美观的画质。

对比度分为静态对比度和动态对比度，目前使用最多的是动态对比度。市面上 LCD 显示器的静态对比度大多为 1000∶1，动态对比度往往在 3000000∶1 以上，而不少主流 LCD 显示器的动态对比度已经达到 10000000∶1，甚至 50000000∶1。

7. 刷新率

刷新率指的是每秒钟屏幕刷新的次数，单位是赫兹（Hz）。一般而言，刷新率越高，屏幕画面就越稳定，图像显示就越自然清晰，对眼睛的影响也越小。大多数普通 LCD 显示器已将刷新率设置为 60～75Hz，而游戏型、专业设计型等高端显示器可支持 144Hz 以上的高刷新率值。

8. 屏幕比例

通常把显示器屏幕宽度和高度的比例称为屏幕比例。LCD 显示器标准的屏幕比例包括普屏规格（4∶3），宽屏规格（16∶9、16∶10），超宽屏规格（21∶9、32∶9）等。宽屏是目前主流的屏幕比例规格，比较适合眼睛的视觉特性，能很好地适应高清影视和 3D 游戏的展示要求，而超宽屏屏幕比例器则能提供更宽广的可视范围，显示更多的内容，并支持多屏分割功能，在进行图形设计和多媒体编辑时，能给人更佳的观看视角和更舒服的视觉感受。

9. 亮点或暗点数

亮点与暗点都属于液晶面板的一种硬件故障，统称为坏点。如果液晶面板上某个点的晶体管坏掉，就会造成该点位置永远处于点亮或不亮状态（无论开机或者关机都是如此），在前者状态下所呈现的白点称为"亮点"，在后者状态下所呈现的黑点称为"暗点"，这是不可修复的永久性故障。由于无法从根本上避免这个问题，且对于显示器日常使用影响不大，因此国家允许 LCD 显示器存在一定数量的坏点，并为此出台了行业通用技术规范。目前多数 LCD 显示器都符合 ISO（国际标准化组织）制定的 Class2 级别，即最多允许存在 3 个坏点（亮点或暗点）。

10. 接口类型

LCD 显示器常用的有 15 针 D-Sub（VGA）、DVI、HDMI、MHL、Display Port（DSP）等视频接口类型，与显卡输出端口相匹配对应。随着集成化程度的提高，LCD 显示器也会附带其他多媒体功能接口，如音频输入、耳机、USB、MHL、Thunderbolt（雷电）接口等。

9.3 LCD 显示器的主流品牌

目前，LCD 显示器行业的主流品牌有三星（Samsung）、冠捷（AOC）、LG、飞利浦（Philips）、优派（ViewSonic）、明基（BenQ）、戴尔（DELL）、华硕（ASUS）、惠科（HKC）、惠普（HP）、长城（Great Wall）等，它们在质量、工艺、面板材料、外形和功能设计等方面都比较科学与人性化，产品时尚新颖，经久耐用，售后质保服务也更能让人放心。如图 9-9 所示为三星 C34G55TWWC 34 英寸 2K 超宽屏电竞型显示器，如图 9-10 所示为戴尔 UP3221Q 31.5 英寸 4K 广视角设计制图型显示器。

图 9-9　三星 C34G55TWWC 2K 电竞型显示器

图 9-10　戴尔 UP3221Q 4K 设计制图型显示器

9.4 LCD 显示器选购参考

面对市场上品牌众多，尺寸、型号和性能也大有差别的显示器，用户该如何选择一款适合自己使用而性价比又高的 LCD 显示器呢？下面介绍几点选购参考。

9.4 LCD 显示器选购参考-根据用途选购

选购指南 1——使用需求分析与选购方案

不同的消费者对显示器的使用需求也有差别，因此用户要根据实际的使用需求来选择显示器产品。

（1）量体裁衣，根据用途选购产品

选购液晶显示器要从日常用途考虑，不要盲目跟风而追求高大上。在平衡实际需要和购买能力的基础上，再去挑选性价比高的显示器。应从家用和企业办公用途，设计、绘图与多媒体编辑用途，以及游戏娱乐和电子竞技用途等具体需要来选购，相关内容的详细介绍，请扫描二维码查阅。

（2）分清特性，液晶面板类型不容小觑

液晶面板是 LCD 显示器最重要的组成部件，占一台 LCD 显示器制造成本的 70% 以上。液晶面板的类型关系着 LCD 显示器的响应时间、色彩、可视角度与对比度等重要因素，并直接决定了 LCD 显示器的画面展现效果，因此液晶面板对 LCD 显示器的好坏起到关键性作用。

9.4 LCD 显示器选购参考-液晶面板类型

根据工艺与材质的不同，液晶面板也分为几种不同的类型，目前市场上常见的液晶面板有 TN 面板、VA 面板、IPS 面板和 PLS 面板等。每一种液晶面板都有其各自的特性，对显示器产生的功效也不一样，消费者应根据自己的使用目的挑选显示器，相关内容的详细介绍，请扫描二维码查阅。

（3）适应潮流，为数字化生活做准备

随着高清影音、游戏等数字化娱乐方式的兴起，大屏多媒体显示器已逐渐成为市场主流，且往往搭配了 VGA、DVI、HDMI、DSP、TV、AV、USB、MHL、Thunderbolt 等种类丰富的外接端口，既可以连接各种游戏设备（如微软 Xbox、索尼 PS4 游戏机等），还可以实现电视直播、多媒体语音及视频应用等。有条件的用户可考虑选用这些热门的数字化外接功能。

（4）安规认证，让显示器使用更安心

安规是基于保护用户和环境安全的一种产品认证。在全球广泛提倡环保、安全、节能、健康理念的今天，作为和人体器官直接交互的显示器，其安规等级也将影响消费者的使用体验及身体的健康。

液晶显示器都应通过基本的安规认证才能获得市场的认可。目前国内外知名的显示器安规认证标准有瑞典 TCO'03 和 TCO'06 认证（综合性认证标准）、MPR 认证（针对电磁辐射检测）、我国的 CCC 认证（3C 标准，强制性产品安全检测）、欧盟 CE 认证（产品安全检验）与 RoHS 认证（人体健康保护）、美国联邦 FCC 认证（产品安全检测）等。

选购指南 2——液晶显示器选购防骗策略

显示器是购机花费较多的配件之一，在目前的计算机配件市场中也存在很多消费陷阱。下面列举几点选购液晶显示器的防骗诀窍。

① 有备无患，事先上网了解具体行情。
② 货比三家，建议现场试机体验效果。
③ 一分钱一分货，超低价位促销产品要小心。
④ 以防万一，售后质保条件要明确。
⑤ 注重品牌，厂商实力和品质口碑更重要。

实训任务　熟悉显示器

在本实训任务中，将熟悉液晶显示器的性能参数、主流类型和选购技巧，为后续深入学习硬件知识打下基础。

【操作步骤】

① 准备一台实训用计算机，辨识显示器属于何种类型产品，并查看显示器的品牌、型号、屏幕尺寸、分辨率、刷新率、屏幕比例等基本信息。
② 观察该显示器提供有哪些外接端口，并简述各种外接端口的用途和区别。
③ 分析讨论该显示器是否适合用于专业图形设计或游戏娱乐，并简述理由。

实训结束，完成下面的技能评价表。

熟悉显示器技能实践评价

实训任务	检查点	完成情况	出现的问题及解决措施
熟悉显示器	辨识显示器的品牌、型号、类型、尺寸、分辨率、刷新率、屏幕比例等基本信息	□完成　□未完成	
	分辨显示器的外接端口及其主要用途	□完成　□未完成	
	上网选择一款大屏游戏竞技型曲面显示器和一款专业设计型显示器，并说明理由	□完成　□未完成	

前沿动态/未来产品

薄如翼、软如纸的随身显示器

想不想变身"魔法师",使用一张神奇的"报纸"开展学习?没错,这样的"报纸",你值得拥有!

穿在身上的显示器

衣服变身显示器会是一种什么样的体验?随手一按,你就是这条街最炫彩的那一个。

全息眼镜——用一种全新的方式显示世界

某天晚上,当你坐在书桌前,桌面就会自动摊开你的家庭作业。一抬头,墙壁开始播放高清电影,火车正呼啸地从墙壁中迎面飞奔而来,而你远方的朋友正坐在旁边的沙发上和你聊天。没错,这一切既是虚拟的,也是真实的,只因你戴了一副"魔法"眼镜。

前沿动态

你的"报纸"
怎么能看电影?

前沿动态

能变身的柔性
显示织物

未来产品

给你一副
有"魔法"的眼镜

视野拓展/术语解释

LCD 显示器需要调刷新率吗?

刷新率对画面的显示质量和用户眼睛健康都有较大影响,LCD 显示器的工作原理与 CRT 显示器不一样,它并非使用电子枪逐行及隔行扫描屏幕,而是通过调节每个液晶显示单元的透光性,让液晶面板后面的灯管发光透射,从而在屏幕上形成影像。由于灯管的发射光源是持续、恒定的,因此不存在 CRT 显示器的闪烁问题,可以说刷新率对于普通的 LCD 显示器并不起到实质性作用,一般情况下无须更改刷新率设置,直接使用系统默认的 60Hz 或 75Hz 即可。

不过,一些高端的液晶显示器(例如游戏竞技或 3D 型显示器)能够提供高达 144Hz 以上的刷新率,这对于缓解在高速画面中出现的拖尾问题(RTC 错误)是很有帮助的。用户可根据 3D 游戏或电影的要求以及显卡的支持能力来调整显示器的刷新频率,这样能更好地呈现流畅、连贯、细腻的游戏场面和动作表现细节。

知识巩固与能力拓展

1. 想一想：家庭、教室、实训室、街上或商业大楼顶上的显示屏幕属于哪一种显示器？它们的显示质量如何？
2. LCD 显示器包含哪些主要的性能参数？它们的作用又是什么？
3. LCD 显示器对比 CRT 显示器的优势在哪里？
4. 选购 LCD 显示器要注意哪些问题？
5. 如果你是一名游戏爱好者或平面设计师，你会选择什么样的显示器？

认识和选购电源与机箱

第 10 章

⬇ 工作任务分析

本任务主要学习电源与机箱的常见类型、主流品牌以及选购方法,引导学生学会辨识和选择合适的电源与机箱产品,锻炼学生自主探究学习的能力,激发学生学习计算机硬件知识的兴趣,同时拓展学生的知识视野,培养良好的职业意识和职业素养。

⬇ 知识学习目标

- 了解电源机箱的功能与结构特点。
- 熟悉常见的电源与机箱类型。
- 掌握电源与机箱主要的性能指标。
- 掌握电源机箱的选购与辨别方法。

⬇ 技能实践目标

- 能够辨识主流的电源与机箱品牌。
- 能够根据需要选购电源与机箱产品。
- 能够分辨电源与机箱的真伪与优劣。

⬇ 课程思维导图

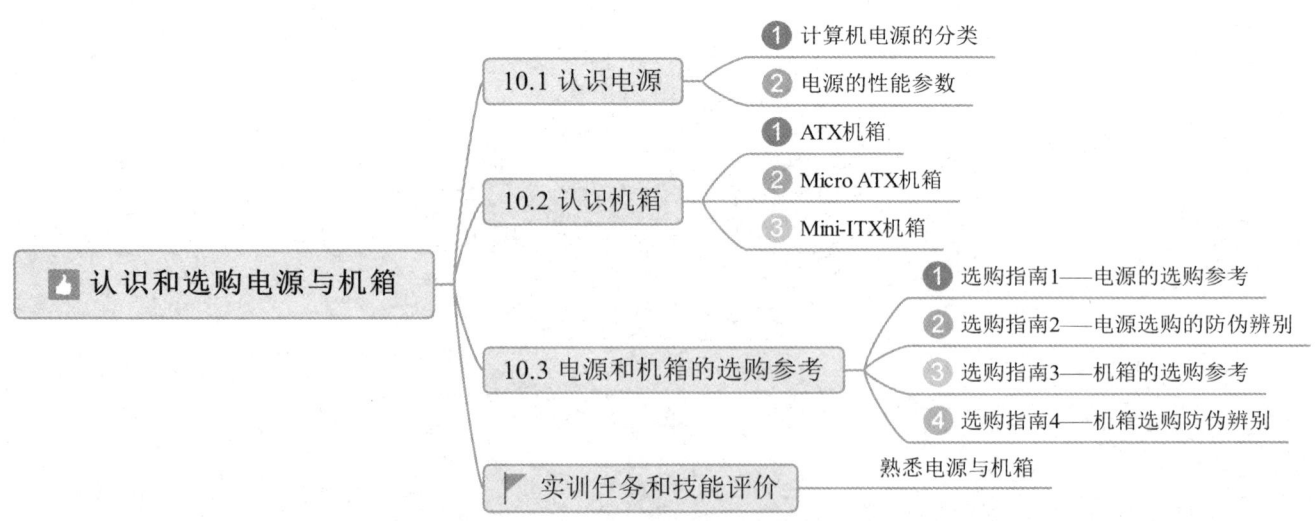

计算机属于弱电产品,工作电压比较低,需进行转换才能接入市电系统,这一工作主要由电源来完成。电源负责把普通的 220V 交流电转换成计算机能承受的低压直流电,并将合适的电压进行分流,输出给主机内的相关部件,同时由机箱提供固定支撑和安全保护。因此,选购一款好的电源和机箱,对于保障计算机的正常工作也是非常重要的。

10.1 认识电源

毫不夸张地说，电源如同计算机的心脏，它为整个计算机系统提供必需的电能驱动。电源是否足够强劲、稳定与可靠，将直接影响计算机系统的正常运行和使用寿命，而电源的接口类型也决定了计算机能否安装种类更多、性能更高的配件。

1. 计算机电源的分类

计算机常用的电源有 ATX、Micro ATX 和 BTX 电源等。

（1）ATX 电源

ATX 架构是目前主流的计算机电源标准，适用于几乎所有的计算机主板，市面上销售的台式计算机电源绝大多数都遵循 ATX 设计规范，具有极好的通用性和兼容性。ATX 电源尺寸一般为 150mm×140mm×86mm。如图 10-1 所示为 ATX 电源。

图 10-1　ATX 电源

（2）Micro ATX 电源

Micro ATX 即"微型"ATX 电源，它是 AXT 电源的缩减版，体积和功率都比 ATX 有所减少，当然成本也随之降低了。目前 Micro ATX 电源大多用在一些品牌计算机和 OEM 电子产品中，在零售配件市场上并不多见。如图 10-2 所示为 Micro ATX 电源。

图 10-2　Micro ATX 电源

（3）BTX 电源

BTX 是在 ATX 设计规范基础上衍生出来的一种新规格计算机电源，遵循 BTX 工业标准，其工作原理和内部结构都和 ATX 电源相似，且兼容 ATX 技术规范，因此同样能够实现软开机、睡眠、网络唤醒、遥控开关机等功能。BTX 电源拥有支持下一代计算机的技术指标，使得 BTX 电源能够在散热管理、产品尺寸、外形架构及噪声控制等方面更好地实现平衡。如图 10-3 所示为 BTX 电源。

图 10-3　BTX 电源

（4）其他专业性电源

除了上述这些计算机电源，还有一些用于特定计算机设备的电源产品，例如面向专业工作站和工业级服务器的 WTX 电源、面向高性能服务器和大型计算机阵列的 EPS 电源，还有面向小型定制主机的 SFX 和 CFX 电源等。如图 10-4 所示分别为专用型的 EPS 电源、WTX

电源和 SFX 电源。

图 10-4　EPS 电源、WTX 电源和 SFX 电源

2. 电源的性能参数

电源的性能指标直接影响到电源工作时的稳定性、安全性与供电效率。

（1）输出功率

功率是电源最主要的性能指标，单位是瓦特（W）。功率代表了电源的动能水平，功率越大，电源就越强劲有力，也就能为更多、更高端的计算机配件提供电力支持。电源的输出功率又分为额定功率和峰值功率。额定功率是指电源在长时间的正常工作过程中所能达到的最大功率，它是电源维持稳定状态的保障，在选购电源时一般以额定功率为准。

（2）转换效率

市电电流从进入电源到从线材输出的转化和传输过程中会有不小的损耗，这将导致电能的浪费，因此选购电源要考虑到电能的转换效率。假如一款电源的转化效率为 85%，则说明该款电源在正常工作中电能会发生 15% 的损耗。电源的转换效率越高越好，设计优良、用料较好的电源能有效提升转换效率，减少电能损耗，从而帮助用户节省电费。

（3）静音效果与散热性能

电源对噪声和散热的管控能力取决于风扇的品质与转速。许多优质电源都采用横置的 12cm 或 14cm 大风扇设计及精良的温控技术，使得风扇能在转速与温度之间达到一个较好的平衡，在保证充足出风量的同时又能降低风扇转速，以达到消减噪声的目的，这样就兼顾了散热和静音的要求。

（4）电源的保护功能

电源的监控芯片一般集成了多种保护功能，如过压保护、过流保护、欠压保护、过载保护、电流保护、温度保护、短路保护、防雷击保护等。当外部电压或电流在瞬间发生异常变化时，监控芯片会启动保护功能进行调节、恢复或报警，从而避免电源遭受意外的故障损坏，甚至安全危害。

（5）电源的输出接口

符合 ATX 规范的电源一般都带有几种常用的接口，如负责为主板供电的 20pin+4pin 或

24pin+8pin 主接口——这是在 20pin 或 24pin 基本接口的基础上，额外增加了 4pin 或 8pin 加强接口，可以单独为高端 CPU 提供更强大的电能支持。此外还有为主流显卡供电的 6pin 或双 6pin 接口，为高端独显供电的 8pin 接口，为主流硬盘和光驱供电的 SATA 供电接口，以及为老式 IDE 设备和机箱风扇供电的 D 型接口等。

想一想：你能说出电源各种输出接口的名称、外观特点和基本作用吗？

10.2 认识机箱

机箱（Chassis）虽然只占据整机价格的很小比例，但却为计算机提供基本的安全保障。机箱坚实的外壳保护着主板、电源、CPU、内存、硬盘、板卡等主机重要部件，起到防压、防尘、防冲击的作用，避免这些重要的部件遭受外界损害。另外，质量好的机箱能有效屏蔽主机部件所发出的电磁辐射，消除各种电磁干扰，保护人们的身体健康。

从结构设计上看，计算机机箱可分为 ATX 机箱、Micro ATX 机箱和 Mini-ITX 机箱等。

1. ATX 机箱

ATX 机箱是目前消费者普遍使用的机箱结构，支持绝大部分的主板类型，包括 ATX 主板和 Micro ATX 主板。ATX 机箱设计比较合理，机箱内部空间较大，扩展插槽数多达 7 个，并拥有若干个 3.5 英寸机械硬盘仓位、2.5 英寸固态硬盘仓位和 5.25 英寸光驱仓位，这种布局结构大大方便了主机部件的安装和拆卸，还可以预留出足够的硬件扩容空间。

由于 ATX 机箱向下兼容 Micro ATX 的结构标准，因此 Micro ATX 主板也可以安装在 ATX 机箱上。如图 10-5 所示为 ATX 机箱常见的内部空间结构。

图 10-5　ATX 机箱常见的内部空间结构

2. Micro ATX 机箱

Micro ATX（也称"M-ATX"）即人们常说的"微型机箱"，它属于 ATX 机箱的简化版，但布局设计也与 ATX 架构基本相同。Micro ATX 机箱体积较小，硬盘仓位和光驱仓位一般不超过 2 个，扩展插槽保持在 2~4 条。虽然 Micro ATX 结构在内部功能方面有所缩减，但同时也相对节省了桌面空间。目前，Micro ATX 机箱多用于品牌计算机、工控行业计算机和低成本计算设备等。如图 10-6 所示为 Micro ATX 机箱与内部空间结构。

图 10-6　Micro ATX 机箱与内部空间结构

3. Mini-ITX 机箱

Mini-ITX 即"迷你型"机箱，简称 ITX，其机箱体积被进一步压缩，可容纳的部件也更少，扩展插槽大多只有 1 条，但其占用空间很小，使用也比较灵活。Mini-ITX 机箱主要用在小尺寸、低功耗的计算机平台中，例如 HTPC（家庭多媒体计算机）、瘦客户机、便携式计算设备等。近年来，随着小型和微型计算设备的逐渐流行，不少家庭用户、工业流水车间和企事业单位转而采用迷你型计算机，而 Mini-ITX 机箱也逐渐受到人们的关注和喜爱。如图 10-7 所示为 Mini-ITX 迷你型机箱。

图 10-7　Mini-ITX 迷你型机箱

10.3　电源和机箱的选购参考

选购指南 1——电源的选购参考

目前，电源 DIY 市场鱼龙混杂，各种大小品牌电源以及山寨货和假货充斥市场，产品质量和性能特点也各有不同，消费者在选购电源时应注意以下事项。

（1）确定合适的功率

电源功率并不是越大就越好，因为功率越大，风扇的转速也会随之升高，这将加大电源在工作时的噪声和发热量。因此，在选购电源时应该参考CPU、主板、显卡、硬盘、光驱等主要配件的功耗，在满足总体功耗需要的基础上，预留出一定的功率余量，以方便将来对主机配件进行升级或扩容。

普通家用和办公计算机所安装的配件并不多，各个配件的功耗也不高，因此无须购买功率过高的电源，一般为300~400W即可。但如果配件的性能很高（如配备高端CPU或独立显卡），或者需安装较多的主机部件，则要依照实际需要来选购功率更大的电源。

（2）观察电源的做工

好的电源通常其外壳多采用镀锌钢板或全铝材料制品，有些高档电源还会使用镀金或镀镍材质，产品做工精细，零部件充足，分量沉厚，抗压性强，不仅外形美观，同时也有利于防锈、防腐、防辐射及散热作用。

优质电源表面一般都有均匀且带光泽的涂层，边角的接缝点经过圆润化处理，不存在毛刺、露边、掉漆、刮痕等情况。电源内部无异物，风扇转速平稳，运行时没有明显噪声。另外，电源的供电输出线缆要选用较粗的材质，最好采用蛇皮网包裹，而各种输出接口的种类也要齐备，以便日后主机配件的扩展。

（3）查看电源的认证

电源产品都应该通过国家或国际认证。国外比较知名的设备认证有FCC认证（美国联邦电磁兼容认证）、CE（欧盟推行的一种证明产品符合其指定要求的合格产品标志）认证、RoHS（关于限定在电子电气设备中使用某些有害成分的指令）认证、UL（美国认证实验室标准）认证、CSA（加拿大标准协会）认证、80 Plus（高转换效率的节能标准）认证、TUV认证（德国TüV元器件产品安全认证）等。我国权威的电子产品安全认证包括CCC认证（简称3C认证，即中国强制性产品认证）、CCEE认证（中国电工产品认证，也称长城认证）和CCIB安全认证（中国进口商检安全认证）等几种。其中3C认证是国家新一代电子产品强制认证，明确规定未获3C认证的国内电子产品不得出厂和销售。消费者在选购电源时要注意查看电源铭牌上是否印有3C认证等产品认证标志，一般来说，产品通过的认证越多越好。如图10-8所示为部分认证标志。

图10-8 部分认证标志

（4）了解电磁干扰标准

电源工作时会产生较强的电磁振荡，这有可能对周围的电子设备带来辐射影响。为了尽量降低电源所造成的电磁影响，国际上制定了抗电磁干扰的 FCC 标准，在我国也有国标 A 级（工业级）和国标 B 级（家用电器级）两种标准，绝大多数优质电源都已通过国标 B 级认证，有些电源产品还通过了相应的国际认证标准。

（5）选择一线品牌与服务

目前市场上知名度较高的电源品牌有航嘉、长城、游戏悍将、先马、金河田、酷冷至尊、鑫谷、昂达、大水牛、爱国者、海盗船、安钛克等，质保期从 3 年、5 年到 7 年不等。大品牌的电源在原材料、生产工艺、做工品质、静音效果、稳定性、安全性和售后质保服务上都做得比较好。

选购指南 2——电源选购的防伪辨别

在 DIY 装机市场，电源产品的优劣仿冒现象是比较严重的。究其原因，一是电源制造的技术难度和成本较低，造假相对容易；二是由于电源不会直接影响计算机的整体性能和运行速度，很多消费者对电源并不关心，也知之甚少，因此易被售假者蒙蔽。在选购电源时，消费者可以从外观上进行简单的辨别和判断。下面提供几个电源防伪辨别小技巧。

（1）一看铭牌标签

铭牌相当于电源的身份证，上面印有制造商名称、认证标志、产品的型号与性能参数等基本信息。正品电源的铭牌上字体印刷清晰，颜色区别分明，标识排列齐整，额定输出功率与各路输出电流等参数标注明确。另外，正品电源所贴的标签纸平整没有气泡，防伪码底色和纸张色大多一致，而很多假的防伪标签则会使用白色来冒充。

（2）二查防伪序号

查验防伪识别码是比较有效的真伪辨别方法。一线的电源制造厂商提供有专业的真伪辨别系统，如采用一次性防伪查询、防伪码重复查验警告、配置金色纤维条的防伪标签等，再配以厂商网站、客服电话、短信、App 等查询方式，可有效提高正品验证的精准性。

（3）三防翻新货品

使用过的二手产品即使经过翻新处理，通常也会留下一些蛛丝马迹。用户可检查机箱中用于固定电源的螺钉孔是否有上过螺钉的痕迹。另外观察电源内部的扇叶及其他电子部件，看是否沾有灰尘杂质，电源的输出线材和输出接口是否带有磨痕等。

（4）四对比价格差异

由于电源的假货较多，无论是线上还是线下所销售的电源，在价格上会存在着很大的差别。在购买之前，消费者最好先货比三家，在不同经销商之间进行产品性价比对，进而选择一款自己适用的电源，同时要警惕那些价格过低、诱惑性太大的产品。

选购指南 3——机箱的选购参考

机箱可以说是主机硬件共同的"家"，但这个金属壳子往往会被消费者所忽视。选择一个好的机箱，首先要看它是否符合用户的实际需求；另外，机箱的外观设计、材质用料、工艺质量、扩展能力和兼容能力等也是用户要考虑的因素。具体来说，要选购一款合适的机箱，用户可以从以下几点入手。

（1）满足硬件的安家需要

内部空间充足的机箱不仅能容纳更多、更高端的硬件，同时在设备兼容性、通风散热能力、接口配置及功能搭配等方面也更为出色。因此，对于主机性能和散热要求比较高的用户来说，全塔式 ATX 机箱是比较理想的选择。中塔形 Micro ATX 机箱的内部结构相对紧凑，因此适合硬件升级需求不大的用户。Mini-ITX 机箱的体积非常小巧，并加强了易用性和兼容性，已受到众多对计算机要求不高，但喜欢追求时尚机型的年轻用户所喜爱。

（2）考虑设备的可扩展性

计算机的发展前景是难以估量的，用户在购机时也很难断定以后自己到底需不需要再升级或增添硬件设备。正因如此，在选择机箱时要留意观察机箱提供了多少个 3.5 英寸机械硬盘、2.5 英寸固态硬盘和 5.25 英寸光驱仓位，以及扩展插槽挡板的数量分布，尽量为日后的升级更新预留出足够的扩展位置。

（3）查看机箱的五金结构

由于机箱所起到的特殊用途，因此机箱的材质应当坚固、美观、色泽均匀。好的机箱大多采用优质电解镀锌钢板、热浸锌钢板或全铝材质板冲压成型，手感厚实沉稳，硬度大，弹性强，柔韧度好，五金厚度多为 0.4～1mm，能有效防止机箱因受挤压产生弯折形变，避免侧板风扇及硬件运转所产生的振动，在防电磁辐射、防锈和防腐蚀方面也更好。

（4）检查机箱的做工

优质机箱一般做工精良，机箱表面光滑，边角缝合处经过钝化处理，无毛刺，不划手，内部结构结实稳固，线槽布置、理线固定卡位、走线孔位、仓位尺寸和分布以及散热风扇的数量、进出风位置和空气通道设计都比较合理。很多主流机箱采用了电源下置、背部走线、内部黑化等设计方式，更有利于各种线缆的梳理、排列和固定，并能使机箱内部冷热空气的流动更为顺畅。如图 10-9 所示为金河田进化荣耀版机箱及箱内背部走线。

图 10-9　金河田进化荣耀版机箱及箱内背部走线

（5）选择一线品牌的机箱

比较知名的机箱品牌有金河田、航嘉、游戏悍将、长城、大水牛、爱国者、鑫谷、先马、至睿、安钛克等，一线厂商出品的机箱拥有较好的质量和售后服务，值得用户信赖。

课堂思考：机箱前置面板包含有哪些按钮、接口和指示灯？你能分别说出它们的名称和作用吗？

选购指南 4——机箱选购防伪辨别

机箱的构造和材质相对简单,制造门槛也不高,因此市场上的机箱类型和特色产品比较多,设计的优劣和品质的高低则各有不同,还有些不合格的机箱产品也混杂在市场中,用户在购买时要注意了解机箱的质量,判断用料是否充足,安全性是否有保障。

(1) 谨防虚标板材厚度

机箱板材是否够结实,关系到机箱的坚固性、稳定性、防共振和防辐射能力,而有些不良厂家为了节省成本,往往使用低于 0.4mm 的薄板材来制造,并冒充主流机箱。用户选购机箱时可用手测试一下机箱外壳的耐力程度,优质机箱的抗压能力很强,用拇指和食指捏住机箱板材摇晃也纹丝不动,而外壳很薄、材质不过关的机箱,用手摇晃或弯曲侧板盖会产生变形,甚至只用手压一下箱体也会出现凹陷。

(2) 查看电磁兼容认证

机箱的生产需要考虑对电磁辐射的屏蔽能力,因此合格的机箱要达到一定的电磁兼容性(EMC)标准。正规机箱一般都已通过了 TCO'99、TCO'03 或其他相关的产品认证。

实训任务　熟悉电源与机箱

在本实训任务中,将熟悉电源与机箱的性能参数、主流类型和选购技巧,为后续深入学习硬件知识打下基础。

【操作步骤】

① 准备 1~2 个电源,从外观上辨识电源的品牌型号、产品类型、输出功率、转换效率等基本信息,并简述电源各种输出端口的名称、形状和功能作用。

② 准备 1~2 个机箱,从外观上辨识机箱的品牌型号、产品类型、电源位置、走线方式及硬件仓位的数量和布局,并简述该机箱的做工质量如何,箱内散热设计是否合理,机箱面板提供哪些按钮、接口和指示灯。

实训结束,完成下面的技能评价表。

熟悉电源与机箱技能实践评价

实训任务	检查点	完成情况	出现的问题及解决措施
熟悉电源与机箱	辨识电源的基本信息和输出端口	□完成　□未完成	
	辨识机箱的基本信息、内部结构和机箱面板组成	□完成　□未完成	
	上网选择一款 500W 以上的高档电源和一款附带游戏元素特色的 ATX 机箱	□完成　□未完成	

前沿动态/未来产品

电源未来的发展趋势

未来的计算机电源将变得越来越个性化,越来越省电,也越来越智能。

有一种美叫不对称——机箱美感的新形态

打破常规思维,换一种角度观察世界,你就能发现不一样的美。

未来产品
正在悄悄变身的计算机电源

未来产品
机箱的另一种美

知识巩固与能力拓展

1. 常见的计算机电源有哪几类,它们之间有什么区别?
2. 常见的计算机机箱分为哪几种?哪一种比较时尚,哪一种适合游戏玩家使用?
3. 如何衡量一款电源的性能是否强劲、质量是否过硬?
4. 什么样的机箱比较坚固且防护性好?
5. 如何分辨仿冒优劣的电源和机箱产品?

导读

我们要有严谨、规范、爱岗敬业的职业意识！

第二篇

安装与配置计算机

职业场景创设

在了解了计算机相关软硬件的基本知识后，小明迫不及待地想要动手实践安装计算机了，但是又不知如何开展。因此主管老陈决定带领小明参与公司计算机采购和装配的项目，以指导小明掌握整机选配、硬件组装、系统安装及数据备份等基本技能。

老陈：公司准备采购一批配件设备进行组装，作为办公和生产用计算机。我们要根据各个部门的业务需要和使用标准，配置相应的硬件性能，并将安装和调试好的计算机交付给各部门。

小明：好的，我正想锻炼自己的实践能力呢！

老陈：要选配合适的计算机，首先要熟悉相关产品的功能特点和行情信息，做到心中有数。其次，要站在各部门的角度，遵守相关的制度条例，选择贴合各部门实际需要的产品。此外，还要遵循相应的职业规范和操作标准，正确安装和调试计算机。

小明：收到，我会以严谨的工作作风，有计划地开展工作！

📖 职业训练计划

老陈计划通过指导小明参与计算机设备的采购、安装和调试过程，让小明了解计算机产品市场行情，熟悉企业的采购制度、对接的供应商和计算机装配程序，提升小明的实践运用能力和团队协作能力，增强服务意识和职业观念，以更好地融入岗位工作环境。

情感价值目标

- 培养积极的职业认同感。
- 培养乐观的职业服务观。
- 增强集体荣誉感。

职业能力目标

- 良好的自主学习与探究精神。
- 较强的分析与解决问题能力。
- 必要的沟通交流与合作能力。

职业素养品质

- 遵守法律法规、行业规范、工作制度和职业操守的意识。
- 较强的职业心理素质，乐观面对职业压力，积极处理职场问题。
- 良好的时间管理意识、成本控制意识和服务大局意识。
- 良好的工作习惯，严谨的工作作风，工作有计划，实施有反馈。
- 熟悉产品优劣及采购询价的对比，能根据业务需要选购合适的计算机产品。

计算机选配解决方案

第 11 章

📥 工作任务分析

本任务从几类常见的应用场景入手，分别拟定几套主流的兼容机和品牌机配置方案，侧重实用性与性价比的考量，并对每一种配置方案做出简要分析，使学生能熟悉在不同应用场景中计算机的选购思路与配置特点，做到融会贯通，以解决学习和工作中的相关问题。

📥 知识学习目标

- 了解各种计算机应用场景的基本需要。
- 了解DIY装机和品牌机各自的应用优点。
- 掌握4种不同使用场景下的DIY装机方案。
- 掌握在各种不同使用场合下的品牌机选配方案。

📥 技能实践目标

- 能够分析客户的装机需求。
- 能够查找当前的产品市场行情。
- 能够根据使用需求制定合理的装机方案。

📥 课程思维导图

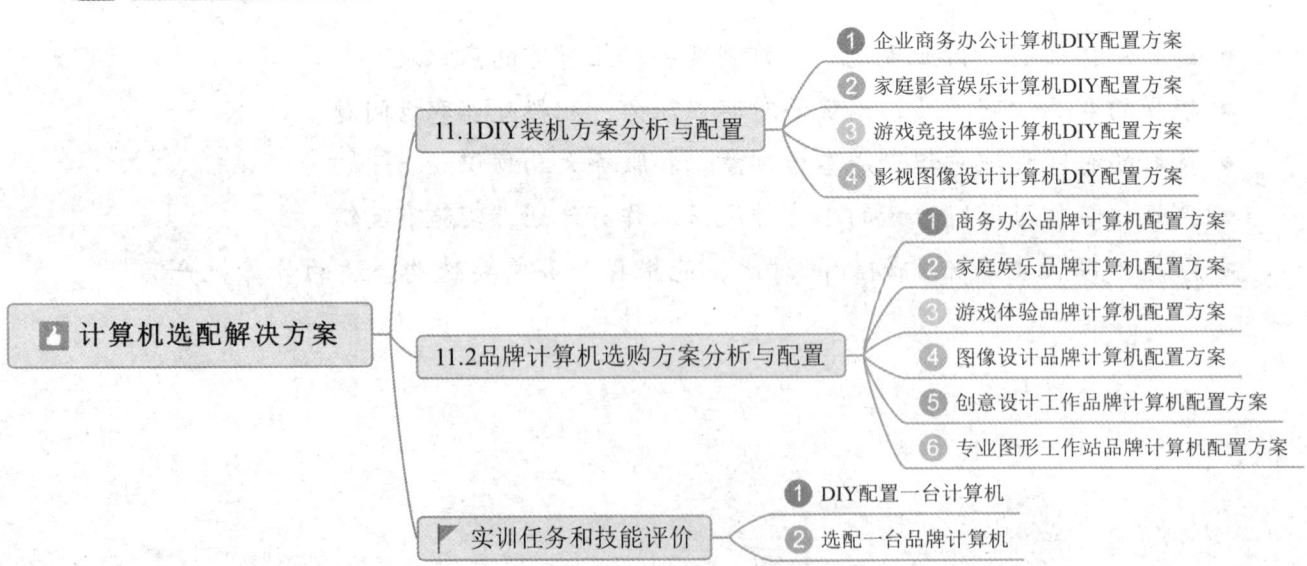

计算机的各类配件通常会分为高端、中端和低端三种档次，因此计算机在具体的硬件配置上也会灵活多样，用户可根据不同的使用需求进行组合搭配。在购买计算机时，用户应该立足于自己的日常使用需求，并以此作为计算机性能配置和购机预算的参考依据。

计算机选配解决方案 第 11 章

本章将计算机一般性的使用环境大致划分为 4 类：企业商务办公、家庭影音娱乐、游戏竞技体验和影视图像设计。在此基础上，再分别拟定 4 套主流的兼容机配置方案和 6 套品牌机配置方案，并对每一种配置方案做出简要分析，以供读者参考。

11.1 DIY 装机方案分析与配置

DIY 装机允许用户根据自身的个性爱好和实际需要进行灵活的定制化配置，并具备较好的兼容性与可扩展性，可满足各种弹性硬件搭配及不同层次的使用需求，同时也能更好地控制购机预算。

1. 企业商务办公计算机 DIY 配置方案

（1）使用需求分析

通常来说，企业日常的商务办公和业务处理对计算机的性能要求并不高，企业用户更注重的是系统运行的稳定性、可靠性和节能，因此可采用性价比相对较高的 CPU、主板、硬盘、电源、核芯显卡或板载集成显卡，整机价格水平应维持在中档水平。表 11-1 为推荐的一款企业商务办公计算机 DIY 配置方案。

表 11-1 企业商务办公计算机 DIY 配置方案

配件名称	品牌与型号	基本性能参数	参考报价
CPU	Intel 酷睿 i3-10100（盒装）	第十代酷睿节能处理器，四核心/八线程，14nm 制造工艺，LGA 1200 接口，3.6GHz 主频，8GT/s 总线频率，6MB 三级缓存，内置 HD 630 超核芯显卡，最大支持 128GB DDR4 2666 内存，TDP 功耗 65W	899 元
主板	微星 B460M PRO	Micro ATX 板型，采用 Intel B460 芯片组和 LGA 1200 型 CPU 插槽，支持第十代 Core /Pentium 系列处理器，提供 2 条 DDR4 双通道内存插槽（最大支持 64GB 和 2933MHz）、3 条 PCI-E 3.0 插槽、1 个 M.2 接口、6 个 USB 3.0 接口和一组 DVI/HDMI/VGA 接口	549 元
内存	金士顿 DDR4 节能型办公内存	DDR4 型 DIMM 内存，8GB 容量，2666MHz 主频	319 元
机械硬盘	西部数据蓝盘	西部数据蓝盘系列，1TB 容量，64MB 缓存，7200r/min 转速，SATA3.0 接口，速率为 6Gbps	372 元
固态硬盘	Intel 545S	采用慧荣主控芯片和 TLC 三层闪存架构，256GB 存储容量，SATA3.0 接口（6Gbps），读取/写入速度分别为 550MB/s 和 500MB/s，平均无故障时间为 160 万小时	399 元
显卡	集成	采用核芯显卡和板载集成显卡	0 元
显示器	AOC 22P2U 商务办公型	21.5 英寸 LED 背光显示器，采用 IPS 面板，屏幕比例 19：6，动态对比度 5000 万：1，亮度 250cd/m²，最佳分辨率 1920×1080 像素，支持 1080p 全高清显示标准，刷新率 75Hz，灰阶响应时间 4ms，可视角度 178°，附带 VGA/HDMI/ Displayport/ USB/音频输出接口	869 元

123

续表

配件名称	品牌与型号	基本性能参数	参考报价
机箱和电源	大水牛云逸（带电源）	立式机箱（中塔），采用热浸镀锌钢板材质，适合 ATX 和 Micro ATX 板型，搭配大水牛 400W 电源，内置 7 个扩展插槽、1 个 5.25 英寸仓位、3 个 3.5 英寸仓位和 2 个 2.5 英寸硬盘仓位，支持防辐射，支持背部走线	249 元
键盘和鼠标	双飞燕 KB-N9100 防水针光键鼠套装	光电型 USB 接口有线键鼠套装，符合人体工程学特点。键盘为火山口架构 104 键，1000 万次按键寿命；鼠标采用 5 键双向滚轮，1600dpi 分辨率	99 元
光驱	华硕 SDRW-08D2S-U	外置型 DVD 刻录机，采用 USB 2.0 接口，1MB 缓存，支持 8X DVD±R/DVD±RW 读写速度和 24X CD±R/CD±RW 读写速度，便于单位内员工共用	249 元
合 计			4004 元

备注：上述数据来源于中关村在线网 2021 年 5 月的广西区域经销商（实体店）报价，仅供参考。

（2）配置方案点评

这款企业商务办公计算机主要面向日常办公事务处理的要求，性价比高，稳定性好，主要特色有：

- 采用 Intel 第十代 Comet Lake 架构处理器，四核/八线程，14nm 制程工艺，内置 Intel 核芯显卡和 Quick Sync Video 硬件转码技术，支持 3 屏输出显示，稳定性好，运行效率高，性价比突出，适用于企业商务办公和基础的图像视频处理等应用需要。
- 主板采用商务应用型的 Intel B460 芯片组，全面支持十代酷睿或奔腾处理器，2 条 DDR4 插槽可组建双通道 64GB 大容量内存，各种常用接口配置齐全。
- 8GB DDR4 2666 内存能满足办公操作、图像处理、生产管理等业务需要。
- 240GB 固态硬盘能保障操作系统和应用软件的流畅运行，1TB 容量、64MB 缓存机械硬盘对于存储和传输企业日常资料绰绰有余。
- DVD 刻录机便于用户刻录备份重要的企业内部数据，或制作企业宣传光盘。
- 21.5 英寸 LED 背光显示器能为用户提供良好的办公和娱乐视觉感受。

2. 家庭影音娱乐计算机 DIY 配置方案

（1）使用需求分析

普通家庭用户的娱乐消遣离不开看片追剧、音乐欣赏、在线交流及线上线下游戏等应用，对计算机的运行性能、视听感受及使用的舒适度都有一定的要求，但又往往存在购机预算的限制，因此很多家庭用户会比较注重计算机的性价比，多采用集成化硬件，期望用合适的价格挑选主流的配置。表 11-2 为家庭影音娱乐计算机 DIY 配置方案。

表 11-2 家庭影音娱乐计算机 DIY 配置方案

配件名称	品牌与型号	基本性能参数	参考报价
CPU	AMD Ryzen 5 3400G	四核心/八线程，12nm 制造工艺，Socket AM4 型接口，3.7GHz 基础主频，可动态睿频至 4.2GHz，4MB 三级缓存，内置 Radeon RX Vega 11 显芯，支持双通道 DDR4 2933MHz 内存，TDP 功耗 65W	999 元

计算机选配解决方案 第 11 章

续表

配件名称	品牌与型号	基本性能参数	参考报价
主板	映泰 B550M-SILVER	Micro ATX 型小板，采用 AMD B550 芯片组和 Socket AM4 插槽，支持 AMD Ryzen 3000/5000 系列处理器，带有 4 条 DDR4 双通道内存插槽（最大支持 128GB 和 4933MHz）、3 条 PCI-E 4.0 插槽、2 个 M.2 接口、2 个 USB 3.1、6 个 SATA3.0 接口、1 个 PS/2 键鼠通用接口、2 个 Wi-Fi 天线接头和一组 DVI/HDMI/DSP 接口	699 元
内存	威刚 XPG 威龙 16GB DDR4 3200	威刚 XPG 威龙游戏主打系列，DDR4 内存，8GB×2 套装，3200MHz 主频，自带散热模块	619 元
机械硬盘	西部数据 1TB 蓝盘（WD10EZEX）	西部数据蓝盘系列，1TB 容量，64MB 缓存，7200r/min 转速，SATA3.0 接口，速率为 6Gbps	372 元
固态硬盘	三星 850 EVO SATA3（250GB）	采用三星 MGX 主控芯片，512MB 缓存，250GB 存储容量，SATA3.0 接口（6Gbps），读取/写入速度分别为 540MB/s 和 520MB/s，平均无故障时间为 150 万小时	519 元
显卡	集成	采用 CPU 核显和板载集显	0 元
显示器	三星 C24F390FHC	23.5 英寸 LED 背光曲面显示器，采用 VA 面板材质和时尚超薄机身设计，屏幕比例为 19:6，静态对比度为 3000:1，亮度 250cd/m^2，1800R 屏幕曲率，响应时间 4ms，可视角度为 178°/178°，支持 1920×1080 像素和 1080p 全高清显示标准，附带 VGA、HDMI 等接口	899 元
机箱	先马鲁班 1	立式机箱（中塔），适合 ATX 和 Micro ATX 板型，采用 0.8mm 电解镀锌钢板，下置电源位，内置 4 个 3.5 英寸仓位、5 个 2.5 英寸仓位和 7 个扩展插槽，支持水冷散热、防辐射和背部理线，机身玻璃侧透	209 元
电源	先马金牌 500W	12V ATX 非模组电源，额定功率 500W，12cm 静音风扇，20pin+4pin 主板接口，转换效率达 91%，获得 80 Plus 认证	289 元
音箱	麦博 M-200	2.1 声道低音炮音箱，木质箱体材料，额定功率 40W，信噪比 75dB，频率响应范围 35Hz～20kHz	217 元
键盘和鼠标	双飞燕 K1700 有线键鼠套装	光电型有线键鼠套装，符合人体工程学特点。键盘为 104 键，1000 万次按键寿命，PS/2 接口，环边酷橙背光；鼠标采用 3 键双向滚轮，USB 接口，3200dpi 分辨率	170 元
光驱	华硕 SDRW-08D2S-U	外置型 DVD 刻录机，采用 USB 2.0 接口，1MB 缓存，支持 8×DVD±R/DVD±RW 读写速度和 24×CD±R/CD±RW 读写速度	249 元
合 计			5241 元

备注：上述数据来源于中关村在线网 2021 年 5 月的广西区域经销商（实体店）报价，仅供参考。

（2）配置方案点评

这套家庭影音娱乐计算机配置方案以适用性与性价比搭配为考量目标，很好地兼顾了家庭影音娱乐计算机对于主要硬件性能与整机价格之间的平衡取舍，同时在图像画质、显示效果及影视播放流畅性方面均有所侧重，其各项特点简述如下。

- 处理器采用 AMD Ryzen 5 3400G，该系列产品以其优异的浮点运算性能、出色的图像处理能力及适中的价格广受赞誉，采用 12nm 制程工艺，拥有 4 个原生核心，并内置 Radeon RX Vega 11 核显，图形运算性能堪比中档的独立显卡，用户无须额外购买独显也能获得较好的影视观赏和游戏娱乐体验。
- 16GB 双通道 DDR4 内存和 250GB 固态硬盘能有效提升系统启动、大型软件运行和数据存取的速度，使计算机的运转更流畅。

- 23.5 英寸 LED 背光曲面显示器支持 1080p 高清画面，能给用户带来令人愉悦的画质感、广视角曲面视野以及观赏舒适度，并支持传输高清图像数据。
- 机箱提供充足的硬盘仓位和扩展插槽，支持背部走线，避免机箱内部线材杂乱无章地摆放，外观稳重并带有时尚的玻璃侧透设计。500W 额定功率的电源不仅能带动功耗较大的主流配件，也为将来硬件升级或扩容留出了充足的余量。
- DVD 刻录机便于用户刻录数据以及制作音乐、影视或游戏光盘，或者从正版光盘中安装软件。

3. 游戏竞技体验计算机 DIY 配置方案

（1）使用需求分析

随着次世代游戏及虚拟仿真类的盛行，游戏玩家对计算机性能的要求也越来越高，不仅要配置运算速度和执行效率更高的处理器，也要采用性能更强大、架构更出色的 GPU 显示单元，而主板芯片、内存、硬盘、显示器、电源和机箱都要随之提升档次，才能满足新一代游戏引擎和画面粒度处理要求。表 11-3 为游戏竞技体验计算机 DIY 配置方案。

表 11-3 游戏竞技体验计算机 DIY 配置方案

配件名称	品牌与型号	基本性能参数	参考报价
CPU	Intel 酷睿 i9-11900K（盒装）	采用 Rocket Lake-S 架构 14nm 制造工艺，八核心/十六线程，LGA 1200 接口，基础频率 3.5GHz，最高睿频至 5.3GHz，16MB 三级缓存，内置 UHD 750 显示核芯，最大支持 DDR4 3200MHz 内存，支持 Intel 深度学习提升和高斯神经加速技术，TDP 功耗 125W	4699 元
主板	华硕 ROG AXIMUS XIII HERO	电竞级 ATX 大板，采用 Intel Z590 芯片组和 LGA 1200 插槽，支持第十代/第十一代酷睿处理器，带有 4 条 DDR4 双通道内存插槽（最大支持 128GB 和 5300MHz）、4 条 PCI-E 4.0/3.0 插槽、2 个 M.2 接口、2 个雷电 4 接口、6 个 USB 3.1 接口、2 个 HDMI2.0 接口，支持 NVIDIA 2-Way SLI 显卡交火模式、双千兆网卡和 Wi-Fi 无线连接	4399 元
内存	芝奇焰光戟 32GB DDR4 超频内存	DDR4 超频型内存，焰光戟 RGB 灯条，32GB 容量（16×2GB）双通道套装，3600MHz 主频，自带铝合金散热片	1649 元
机械硬盘	希捷 Barracuda 4TB 硬盘	希捷 Barracuda 游戏型硬盘，4TB 容量（单碟容量 1000GB），128MB 缓存，7200r/min 转速，SATA3.0 接口，速率为 6Gbps	1399 元
固态硬盘	三星 980 PRO	专业级固态硬盘，采用三星 Elpis 8nm 制程主控芯片、TLC 三层架构和第六代 V-NAND 闪存，M.2 PCI-E 接口，500GB 容量，512MB 缓存，读取/写入速度分别为 6900MB/s 和 5000MB/s，平均无故障时间为 150 万小时	949 元
显卡	七彩虹 iGame GeForce RTX 3060 Advanced OC 12G（配置 2 个组建双路显卡交火）	电竞级显卡，采用 NVIDIA GeForce RTX 3060 芯片，8nm 制程工艺，核心频率 1777MHz，12GB GDDR6 显存，显存频率 15000MHz，最大分辨率为 7680×4320 像素，支持 PCI Express 4.0 16× 显示总线、SLI 显示交火和第二代光线追踪技术，附带 1 个 HDMI 和 3 个 DisplayPort 接口，3 风扇+热管散热	3699 元（2 个共 7398 元）
显示器	AOC AG241QX 游戏电竞显示器	23.8 英寸 LED 背光显示器，采用 TN 面板材质和游戏特色机身设计，屏幕比例为 19:6，动态对比度为 80000000:1，亮度 350cd/m²，支持 2560×1440 分辨率、144Hz 刷新率和 2K 全高清显示标准，1ms 极速灰阶响应，可视角度为 170°/160°，附带 VGA、HDMI2.0 和 DisplayPort 接口	6858 元

计算机选配解决方案 第11章

续表

配件名称	品牌与型号	基本性能参数	参考报价
机箱	鑫谷开元 K3	立式机箱（中塔），采用 0.8mm 轧碳钢薄板及带材质，适合 ATX 和 Micro ATX 板型，下置电源位，内置 2 个 3.5 英寸仓位、4 个 2.5 英寸仓位和 7 个扩展插槽，支持防辐射、背部理线、冷排安装和主板同步灯控，机身玻璃侧透，具备灯光效果	499 元
电源	航嘉 MVP600	半模组主动式 PFC 电源，额定功率 600W，14cm 静音风扇，20pin+4pin 主板接口，转换效率为 86%	439 元
音箱	惠威 GT1000	2.1+1 声道桌面游戏低音炮音箱，包含一个超重低音炮、两个卫星箱，以及一个独立功放单元。6.5 英寸扬声器口径，木质箱体材料，额定功率 33.6W，信噪比 90dB，灵敏度 450mV，频率响应范围 50Hz～20kHz，支持蓝牙功能	780 元
键盘和鼠标	Razer 酷黑特别版游戏外设套装	游戏竞技外设套装，符合人体工程学特点。键盘采用 104 键机械轴，8000 万次按键寿命；鼠标采用 5 键双向滚轮，双手通用外形，3 色自定义背光，3500dpi 分辨率；搭配北海世妖 7.1 特别版耳机，配备 7.1 虚拟环绕声引擎	749 元
合 计			29818 元

备注：上述数据来源于中关村在线网 2021 年 5 月的广西区域经销商（实体店）报价，仅供参考。

（2）配置方案点评

这套游戏竞技体验计算机配置方案将目前最流行的数据运算和图形处理技术结合起来，面向当前最新的游戏类型，既保障了海量浮点运算所需的性能，也强化了全高清画质处理的效能和画面细节上的呈现品质，即使在很多苛刻的游戏运行环境中也能表现出色。其各项特点简述如下。

- 处理器采用 Intel 旗舰级的 i9-11900K 产品，拥有非常强劲的性能，超频增速潜力大，内置了图形性能出色的 UHD 750 核显，并支持深度学习提升和高斯神经加速技术，用于高性能视频和音频娱乐非常合适。
- 电竞级主板品质优异、性能先进、功能齐全、扩展性强，能为游戏运行提供稳定的底层支撑。
- 32GB 双通道超频型内存和 500GB 专业级固态硬盘能流畅运行 3D 游戏，有效避免系统的卡、慢等问题，而 4TB 高性能机械硬盘可用来存储高清电影、电视剧和游戏软件，保障硬盘数据的快速读取和存储。
- 两块采用了 NVIDIA GeForce RTX 3060 芯片的电竞级显卡组成双路交火模式，支持第二代光线追踪技术，对于抗锯齿、垂直同步、阴影粒子等各种游戏特效都较为理想。此外再搭配 23.8 英寸 LED 游戏型显示器，用户能够获得优质的游戏画面、快速的高清视频传输和大的屏幕可视面积，提升了游戏娱乐和电影观赏的体验感。
- 机箱做工和材质较好，仓位和插槽数量充足，辐射屏蔽能力强，机箱内散热系统设计合理，机身玻璃侧透，支持主板同步灯控，可呈现游戏灯光效果。电源的额定功率达 600W，输出功率强劲，散热能力及静音效果也比较好。
- 音箱选用超低音炮加独立功放的组合产品，低音频道饱满，适合游戏和电影声音还原。游戏外设套装逼真度高，耐用性强，符合人体工程学特点，并具备同步灯控和呼吸效果，增强了用户在玩游戏时的体验感和代入感。

4. 影视图像设计计算机 DIY 配置方案

（1）使用需求分析

影视和图像设计工作对计算机性能要求很高，尤其是在进行 3D 建模、制图、编辑合成及特效渲染等场合，不仅要处理庞大的数据量，画面品质也要求达到比较高清和细腻的效果，因此可选择高性能的处理器和显卡、大容量的内存和硬盘、高清晰度的大屏显示器。表 11-4 为推荐的一款影视图像设计计算机 DIY 配置方案。

表 11-4 影视图像设计计算机 DIY 配置方案

配件名称	品牌与型号	基本性能参数	参考报价
CPU	AMD Ryzen 7 PRO 4750G（盒装）	基于第二代 Zen 架构和 7nm 制造工艺，八核心/十六线程，Socket AM4 接口，基础频率 3.6GHz 主频，可加速至 4.4GHz，8MB 三级缓存，内置 Radeon Graphics 显芯和 Memory Guard 全系统内存加密技术，支持双通道 DDR4 3200MHz 内存，TDP 功耗 65W	2099 元
主板	华硕 PRIME X570-PRO	ATX 型大板，采用 AMD X570 芯片组，支持第三代 Ryzen 处理器，带有 4 条 DDR4 双通道内存插槽（最大支持 128GB）、5 条 PCI-E 4.0 插槽、3 个 M.2 接口、6 个 SATA3.0 接口、4 个 USB 3.1/6 个 USB 3.0 接口和一组 DVI/HDMI 接口，支持 AMD CrossFireX 混合交火和 NVIDIA 2-Way SLI 交火技术	1759 元
内存	金士顿骇客神条 Fury 套装	DDR4 内存，16GB 容量（2×8GB），2666MHz 主频，支持自主散热	649 元
机械硬盘	西部数据新金盘 2TB	西部数据高性能金盘，2TB 容量（单碟容量 1000GB），128MB 缓存，7200r/min 转速，SATA3.0 接口，速率为 6Gbps	819 元
固态硬盘	影驰 HOF PRO M.2（500GB）	采用 PS5016-E16 主控芯片，500GB 存储容量，M.2 PCI-E 接口，读取/写入速度分别为 5000MB/s 和 4400MB/s，4K 随机读/写速度分别为 750000/700000 IOPS，平均无故障时间为 200 万小时	829 元
显卡	索泰 GeForce RTX 3080 10G6X 天启 OC	VR Ready 级别显卡，采用 NVIDIA GeForce RTX 3080 芯片，8nm 制程工艺，核心频率 1740MHz，GDDR6X 10GB 显存，最大分辨率为 7680×4320 像素，支持 PCI Express 4.0 16× 显示总线、NVIDIA G-SYNC 技术和 4 屏输出，附带 1 个 HDMI 和 3 个 DisplayPort 接口，三风扇+热管散热	6199 元
显示器	戴尔 UltraSharp U2720Q 设计制图型显示器	27 英寸 LED 超广色域专业级制图显示器，采用 IPS 面板材质，屏幕比例为 19∶6，静态对比度为 1300∶1，亮度 350cd/m²，99%的 sRGB 色域度，支持 3840×2160 像素 4K 分辨率，灰阶响应时间为 5ms，可视角度为 178°，附带 HDMI、DisplayPort 和 USB Type-C 接口，支持色彩校准和升降旋转	3799 元
机箱	航嘉 MVP Apollo	立式机箱（中塔），采用 0.7mm 轧碳钢薄板及带材质，下置电源位，前置 2 个 USB 3.0 接口、2 个 USB 2.0 接口和水冷散热，内置 2 个 3.5 英寸仓位、4 个 2.5 英寸仓位和 8 个扩展插槽，支持防辐射和背部走线，机身玻璃侧透	399 元
电源	长城金牌巨龙 GW-6800	额定功率 600W，最大功率 700W，14cm 静音风扇，20pin+4pin 主板接口，转换效率为 91.76%，通过 80PLUS 认证	449 元
音箱	漫步者 S1000	2.0 声道 HiFi 音箱，木质箱体材料，包含 1 英寸钛膜高音及 5.5 英寸口径中低音扬声器单元。额定功率 33.6W，信噪比 88dB，计算机输入灵敏度 900mV，频率响应范围 48Hz～20kHz，功放系统频响范围 40Hz～20kHz，支持 4.0+EDR 蓝牙版本	1198 元

计算机选配解决方案 第 11 章

续表

配件名称	品牌与型号	基本性能参数	参考报价
键盘和鼠标	微软 Sculpt 无线办公型人体工程学桌面套装	Sculpt 人体工程学鼠标+键盘+数字键盘，带 nano 免驱无线接收器。键盘为 108 键火山口手托一体产品，采用自然弧形弯键空心区域设计，搭配独立数字键盘；鼠标为 5 键双向滚轮，内置微软新一代蓝影追踪技术	999 元
光驱	华硕 BW-12D1S-U 蓝光刻录机	外置型蓝光刻录机，采用 USB 3.0 接口，4MB 缓存，支持 16×DVD±R 读写、12×DVD±RW 读取、40×CD±R 读写、8×BD-R 读取和 12×BD-R 写入	999 元
合　计			20197 元

备注：上述数据来源于中关村在线网 2021 年 5 月的广西区域经销商（实体店）报价，仅供参考。

（2）配置方案点评

这套计算机配置方案面向专业 3D 图形设计和影视编辑环境，侧重运算性能和画质效果，整机外观时尚，使用舒适，并为以后的升级扩容留有充足的空间。其各项特点简述如下。

- CPU 采用专业级的 AMD Ryzen 7 PRO 4750G，考虑到设计人员一般不用超频，去掉超频功能可提高处理器的性价比，同时侧重数据安全性、可管理性等生产力特性，保护用户的原创数字资产。主板、内存、硬盘等主要配件都和游戏娱乐配置方案相当，同样可以满足大型设计软件的运行需要。
- 显卡采用 NVIDIA GeForce RTX 3080 显示芯片，拥有高速图形性能、大容量显存和逼真的特效设计品质。27 英寸超薄广视角 LED 显示器具备时尚质感，支持 4K 超高清画面显示，色彩细节和真实度都比较贴合专业设计的要求，同时用户还可以灵活调整显示器的底座支架，以便缓解因长时间工作所造成的身体疲劳。
- 机箱内部空间较大，配置齐全，既方便安装配件，也利于配件散热，黑色机身、全景化玻璃侧透搭配同步灯控，这些特性使机箱呈现一种强烈的设计元素感。
- 音箱具备 2.0 声道 Hi-Fi 音质，保真度高，可营造出悠扬环绕的音效场景，这对于影视后期编辑和游戏设计的音质合成处理工作是很适用的。蓝光刻录机便于用户制作高品质的音乐盘和影视光盘，微软新一代 Sculpt 无线人体工程学键盘鼠标能为用户提供舒适、便捷、高品质的操作体验。

实训任务 1　DIY 配置一台计算机

在本实训任务中，假设用户想要 DIY 配置一台家用兼学生用计算机，预算为 6000～6500 元。除了要能满足一般性的日常办公、上网冲浪和观看高清影片需要外，还要运行 Photoshop、Illustrator、Dreamweaver、3ds Max 等设计软件和 3D 型游戏。

建议采用角色扮演与小组合作的方法，选取一个小组充当客户角色，另外一个小组充当销售角色，设计相应的文案，然后开展本次实训。

【操作步骤】

① 详细分析用户实际的计算机使用需求，确定对该用户影响最大的性能指标。

② 将所有需选购的硬件设备列成配置清单，并标注关键性能指标或参数。

③ 登录太平洋电脑网、中关村在线网或京东网等主流计算机产品信息网站，了解目前的配件供求行情与硬件设备发展趋势。

④ 根据用户的需求，选择性能、价格较为合理的计算机配件，同时将配件的品牌、型号、主要的性能参数及目前的市场售价记录到配置清单中（注意区分网店价格与实体店价格）。每一种配件都可挑选 2~3 种符合用户需求的产品，以便最后进行产品之间的对比与筛选。

⑤ 在用户可接受的预算范围内，配置一台相对合适的计算机，然后与用户就配件或整机的功能、性能以及价格等方面进行沟通与说明，并最终确定该计算机的配置。当然，如有必要，也可根据用户的意见进行一些局部调整。

实训结束，完成下面的技能评价表。

计算机选配实训技能评价

实训任务	检查点	完成情况	出现的问题及解决措施
DIY 配置一台计算机	了解 DIY 配置计算机的一般方法	□完成 □未完成	
	了解目前主流计算机配件的性能指标与市场行情	□完成 □未完成	
	熟悉基本的沟通交流与团队合作技巧	□完成 □未完成	
	尝试为客户模拟配置一台合适的计算机	□完成 □未完成	

11.2 品牌计算机选购方案分析与配置

品牌计算机由专业计算机制造商进行设计、装配、调试，并依据统一的服务标准为客户提供产品售后保障。品牌机在定制化思想上与组装机并无二致，只不过是由专业厂商来进行选配生产，无须用户参与，在售后质保上也能够消除用户的后顾之忧，实现了一站式服务，当然其市场售价也比同档次的组装机高出不少。

品牌计算机在稳定性、安全性、易用性、扩展性和整体的可管理性方面拥有较大的优势，其售后保障也比较完善和高效，能够降低计算机产品在购买后的维护难度和后续使用成本，因此也适合各阶层的消费者采用。

图 11-1　联想启天 M435 商用台式计算机

1. 商务办公品牌计算机配置方案

表 11-5 列出了一款商用台式计算机（联想启天 M435）的参考配置，能基本满足企用户在日常办公操作、在线沟通协作、图片编辑美工及其他业务处理上的要求，价格也处于中档水平。联想启天 M435 商用台式计算机如图 11-1 所示。

表 11-5 联想启天 M435 商用台式计算机配置方案（商务办公）

配件名称	型号与基本参数
CPU	Intel 酷睿 i5 10500，六核心/十二线程，3.1GHz 主频，12MB L3 缓存，14nm 工艺
内存	8GB DDR4 内存
硬盘	256GB 固态硬盘+1TB 机械硬盘
显卡	集成显卡
显示器	23.8 英寸 LED 低蓝光显示器
机箱和电源	厂商标配
键盘和鼠标	厂商标配
网卡	集成千兆位网卡
I/O 接口	10 个 USB 3.1 接口、声卡接口、VGA/DVI/HDMI 视频接口等
操作系统	预装 Windows 10 家庭版 64 位系统
售后服务	全国联保三年售后服务
参考价格：5299 元	

备注：上述数据来源于中关村在线网 2021 年 5 月的广西区域经销商（实体店）报价，仅供参考。

2. 家用娱乐品牌计算机配置方案

表 11-6 为一款家用型品牌计算机（戴尔灵越 3891）的参考配置，采用第十一代酷睿 i5 处理器、16GB 内存、固态+机械双硬盘、性能级独显和 23.8 英寸高清显示器，在满足家庭影音和游戏娱乐的基础上，也兼顾了计算机的节能要求。戴尔灵越 3891 家用型台式计算机如图 11-2 所示。

图 11-2 戴尔灵越 3891 家用型台式计算机

表 11-6 戴尔灵越 3891 家用型台式计算机配置方案（家用娱乐）

配件名称	型号与基本参数
CPU	Intel 酷睿 i5 11400，六核心/十二线程，2.6GHz 主频，12MB L3 缓存，14nm 工艺，TDP 功耗 65W
内存	DDR4 16GB 2933MHz
硬盘	256GB 固态硬盘+1TB 机械硬盘
显卡	NVIDIA GeForce GTX 1050Ti 独显（4GB 显存）+Intel UHD 730 集显
显示器	23.8 英寸 LED 宽屏显示器，1920×1080 像素分辨率
机箱和电源	厂商标配，260W EPA 环保电源
键盘和鼠标	厂商标配
I/O 接口	4 个 USB 3.0 接口、千兆位 RJ-45 接口、6 合 1 读卡器、蓝牙 4.0、VGA/DVI/HDMI/DisplayPort 视频接口等
操作系统	预装 Windows 10 家庭版 64 位系统
售后服务	全国联保三年售后服务
参考价格：7099 元	

备注：上述数据来源于中关村在线网 2021 年 5 月的广西区域经销商（实体店）报价，仅供参考。

3. 游戏体验品牌计算机配置方案

表 11-7 为一款游戏体验型品牌机（ROG 光刃 G35）的参考配置，配备高性能的第十代酷睿 i9 处理器、图形运算能力优异的 RTX 2080 发烧级显卡、大容量的内存和硬盘以及 27 英寸电竞级显示器，可流畅体验主流游戏大作，观看蓝光无损类高清电影也非常合适。ROG 光刃 G35 游戏型台式计算机如图 11-3 所示。

图 11-3　ROG 光刃 G35 游戏型台式计算机

表 11-7　ROG 光刃 G35 游戏型台式计算机配置方案（游戏体验）

配件名称	型号与基本参数
CPU	Intel 酷睿 i9 10900KF，十核心/二十线程，3.7GHz 主频，可睿频至 5.3GHz，20MB L3 缓存，14nm 工艺
内存	DDR4 32GB 3200MHz（16GB×2 双通道）
硬盘	1TB 固态硬盘+2TB 机械硬盘
显卡	NVIDIA GeForce RTX 2080 Super 独显，8GB 显存
显示器	27 英寸 LED 宽屏显示器
机箱和电源	厂商标配，700W 电源
键盘和鼠标	厂商标配
网卡	双频 802.11AC 无线网卡+1000Mbps 以太网卡
I/O 接口	3 个 USB 3.1 接口、3 个 USB 3.0 接口、HDMI/DisplayPort 视频接口等
操作系统	预装 Windows 10 简体中文 64 位系统
售后服务	全国联保三年售后服务
参考价格：22769 元	

备注：上述数据来源于中关村在线网 2021 年 5 月的广西区域经销商（实体店）报价，仅供参考。

4. 图像设计品牌计算机配置方案

表 11-8 为一款专业设计类品牌机（苹果 iMac MRR02CH/A 一体机）的参考配置。苹果公司出色的工业设计和软硬件开发能力，以及对于设计师、工程师和时尚用户的精准定位，使得 iMac 计算机具备独特的设计、商务和娱乐性能，流畅体验和画面视觉效果别具一格，适合各类高端和时尚消费者所用。苹果 iMac MRR02CH/A 设计类一体机如图 11-4 所示。

图 11-4　苹果 iMac MRR02CH/A 设计类一体机

表 11-8　苹果 iMac MRR02CH/A 设计类一体机配置方案（专业设计）

配件名称	型号与基本参数
CPU	Intel 酷睿 i7 系列，八核心/十六线程，3.8GHz 主频，16MB L3 缓存，14nm 工艺
内存	DDR4 16GB
硬盘	2TB Fusion Drive 存储器
显卡	AMD Radeon Pro 5700 XT 独显，16GB 显存

续表

配件名称	型号与基本参数
显示器	27 英寸 Retina 5K 显示器，IPS 面板，5120×2880 像素分辨率
机箱和电源	厂商标配
键盘和鼠标	Apple Magic Mouse 2/Magic Keyboard
网卡	802.11 a/b/g/n 无线网卡、板载集成千兆网卡
I/O 接口	4 个 USB 3.0 接口、2 个 Thunderbolt 2 视频接口、SDXC 卡插槽等
操作系统	预装 macOS 10.14 系统
售后服务	全国联保整机 1 年售后服务
参考价格：28149 元	

备注：上述数据来源于中关村在线网 2021 年 5 月的广西区域经销商（实体店）报价，仅供参考。

5. 创意设计工作品牌计算机配置方案

表 11-9 为微软第二代 Surface Studio 一体式设备的参考配置。这款产品秉承了 Surface 平板电脑和 Surface Book 笔记本电脑的设计特性和生产力功能，采用第七代酷睿 i7 处理器、NVIDIA GeFore 1070 显卡、32GB 内存和 2TB 固态硬盘，搭配支持 4500×3000 像素分辨率（4.5K）的 PixelSense 显示屏，屏幕厚度仅为 12.5mm，拥有非常出色的运算性能和 TrueColor 显示质量。同时显示屏采用"零重力摇臂"铰链装置，能够向后倾斜至 20°，这符合很多图形设计师放置速写板进行创作的习惯，而显示屏内置的 True Scale 功能支持在屏幕上按 1∶1 还原真实的文档尺寸，这样设计师在进行创作时，就能更加直观、精确地预览自己作品的呈现效果。微软 Surface Studio2 一体式计算机如图 11-5 所示。

表 11-9　微软 Surface Studio2 一体式计算机配置方案（创意工作）

配件名称	型号与基本参数
CPU	Intel 酷睿 i7-7820HQ，四核心/八线程，2.9GHz 主频，可睿频至 3.9GHz，8MB L3 缓存，14nm 工艺
内存	DDR4 32GB
硬盘	2TB 固态硬盘
显卡	NVIDIA GeForce GTX 1070 独显，8GB GDDR5 显存
显示器	28 英寸 PixelSense 显示器，像素密度 192ppi，支持 DCI-P3 色域，分辨率为 4500×3000 像素（4.5K），前置摄像头支持 Windows Hello 认证
机箱和电源	厂商标配
键盘和鼠标	Surface 键盘/鼠标
专业输入工具	Surface Pen 压敏输入笔，Dail 多功能蓝牙旋钮、全尺寸 SD 读卡器
网络连接	802.11 a/b/g/n/ac 无线、Xbox 无线技术、蓝牙 4.0 技术、板载千兆位网卡
I/O 接口	4 个 USB 3.0 接口、1 个 USB Type-C 接口、Mini DisplayPort 接口、Windows Hello 高清摄像头等
操作系统	预装 Windows 10 专业版操作系统
售后服务	全球联保整机 1 年售后服务
参考价格：3.99 万	

备注：上述数据来源于中关村在线网 2021 年 5 月的广西区域经销商（实体店）报价，仅供参考。

图 11-5　微软 Surface Studio2 一体式计算机

第二代 Surface Studio 继续采用其特有的交互方式——Dial，它是一个多功能的蓝牙旋钮，支持按压和旋转操作。如果放在桌面上，设计师可以用它来替代鼠标滚轮，查看网页、文件和作品，或者缩放界面的大小，而如果把它放到 Surface Studio 的显示屏上，它就会吸附在屏幕上面，并且变成一块调色板，设计师可通过旋转 Dial 来调整画笔的颜色、笔刷的大小、图纸的角度或者 3D 模型的视角等，具有极为优异的特性，能够深刻改变人们创作内容的方式。如图 11-6 所示为设计师借助 Dial 旋钮来辅助进行快速画图、调色或谱写音乐。

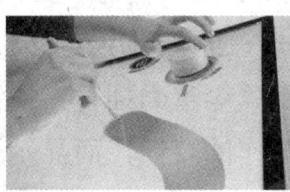
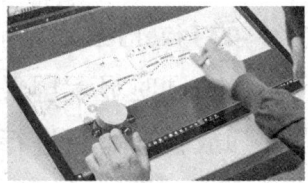

图 11-6　使用 Dial 旋钮来辅助进行专业艺术设计

Surface Studio2 主要面向设计师、工程师、建筑师、视频剪辑师、插画家和艺术家等创意工作人员，在进行专业内容创作的同时，也能帮助用户完成收发电子邮件、浏览网页和处理办公事务等日常工作。

6. 专业图形工作站品牌计算机配置方案

表 11-10 为一款戴尔 Precision 7750 移动式图形工作站的参考配置，采用 Intel 至强 W-10855M 高性能处理器、32GB DDR4 内存和 1TB 高速固态硬盘，并搭配 NVIDIA Quadro RTX 3000 专业级图形处理卡。这款图形工作站可用于具有较高要求的专业软件制作环境，如 3D 建模、工程制图、游戏开发、动画绘制、视觉渲染、高保真声效合成、医学影像分析等复杂数字内容的处理，支持 4K 高清分辨率及颜色校正，同时也方便用户存储和携带这些项目进行后台编辑和输出。戴尔 Precision 7750 移动式图形工作站如图 11-7 所示。

表 11-10　戴尔 Precision 7750 移动式图形工作站（专业编辑）配置方案

配件名称	型号与基本参数
CPU	Intel 至强 W-10855M 六核/十二线程，2.8GHz 主频，12MB L3 缓存
内存	DDR4 32GB 2933MHz
硬盘	1TB M.2 PCI-E NVMe 固态硬盘

续表

配件名称	型号与基本参数
显卡	NVIDIA Quadro RTX 3000 专业级显卡，6GB GDDR6 显存
显示器	17.3 英寸 4K UHD 防眩光显示屏
键盘和鼠标	厂商标配
网络连接	Intel WiFi 6 无线网卡、蓝牙 5.1
操作系统	预装 Windows 10 工作站专业版（64 位）简体中文系统
售后服务	全国联保三年白金售后服务
参考价格：39997 元	

备注：上述数据来源于中关村在线网 2021 年 5 月的广西区域经销商（实体店）报价，仅供参考。

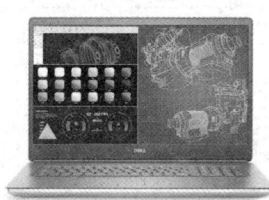

图 11-7 戴尔 Precision 7750 移动式图形工作站

实训任务 2 选配一台品牌计算机

在本实训任务中，要为企业用户选购一台办公计算机，预算为 5500~6000 元。该计算机主要用于日常办公事务，包括数据处理、文档编辑、在线沟通、业务流程管理等，同时还要处理一些常见的 Photoshop 或 CAD 图片文件。

建议采用角色扮演与小组合作的方法，创设相关场景，选取一个小组充当客户角色，另外一个小组充当销售角色，设计相应的文案，然后开展本次实训。

【操作步骤】

① 详细分析用户的实际使用要求，确定对用户影响最大的性能指标。在本例中，由于用户主要是用来处理办公业务，因此比较注重运算性能、稳定性、安全性、产品附加价值及售后服务支持，而对于显示性能、音频性能和整机外观则没有过高的要求。

② 将各个配件设备列成计算机配置清单，并标注主要的性能指标或参数。

③ 登录太平洋计算机网、中关村在线网或京东网等主流计算机产品信息网站，了解目前品牌计算机市场行情与整体发展趋势。也可以登录厂商官网查询具体的品牌计算机配置。

④ 根据用户的具体需求，选择性能、价格和服务支持较为合理的品牌计算机，同时将该计算机的品牌、型号、主要配件的性能参数及目前的市场售价记录到配置清单中（注意区分网店价格与实体店价格）。建议挑选 2~3 款符合用户需求的品牌计算机，以便在最后进行产品之间的对比与筛选。

⑤ 在用户可接受的预算范围内，选出一台相对满意的品牌计算机，然后与用户就整机产品的功能、性能、市场价格及厂商服务支持等方面进行沟通与说明，并确定最终的方案。

当然，如有必要，也可根据用户的意见进行一些局部调整，或者重新进行选择。

实训结束，完成下面的技能评价表。

计算机选配实训技能评价

实训任务	检 查 点	完 成 情 况	出现的问题及解决措施
选配一台品牌计算机	了解选配品牌计算机的一般方法	□完成 □未完成	
	了解目前主流品牌计算机的核心性能配置、售后支持服务与市场行情	□完成 □未完成	
	熟悉基本的沟通交流与团队合作技巧	□完成 □未完成	
	尝试为家庭用户模拟选配一台合适的品牌计算机	□完成 □未完成	

知识巩固与能力拓展

1. 登录太平洋电脑网或者中关村在线网站，查找最新的硬件设备行情信息，并尝试DIY配置一台主流的家用娱乐计算机和游戏竞技型计算机，需列出各个配件设备的品牌、型号、主要参数、配置数量和参考价格，然后制作一张计算机配置明细清单，将这些信息填入配置清单中。

DIY要求如下：

★ 家用娱乐计算机需满足常用的影音娱乐需要，能够保证计算机运行流畅、画质清晰、使用舒适，预算在6000元左右（可根据市场变化微调预算）。

★ 游戏型计算机要能顺畅地运行主流的3D游戏和次世代游戏，使用户获得良好、逼真的游戏娱乐体验，预算在12000元左右（可根据市场变化微调预算）。

2. 上网查找商务办公型、家用娱乐型和游戏型品牌计算机的配置信息，从中选出一款适合自己使用的品牌计算机，价格自定。

组装一台计算机

第 12 章

工作任务分析

本任务通过观察、梳理计算机的各类硬件设备，引导学生熟悉组装计算机的准备工作和基本的组装思路，并详细介绍组装、测试一台计算机的操作步骤，使学生能清晰地了解计算机硬件的组装和测试流程，以及相关的注意事项，以提升学生的技能实践水平，同时增强学生的职业观念和职业素养。

知识学习目标

- 了解组装计算机所需的准备工作。
- 了解组装计算机需要用到的设备。
- 熟悉组装计算机的一般操作步骤。
- 掌握计算机硬件组装和测试方法。

技能实践目标

- 能够为组装计算机准备操作环境。
- 能够组装和测试计算机硬件设备。
- 能够养成规范、安全的操作意识。

课程思维导图

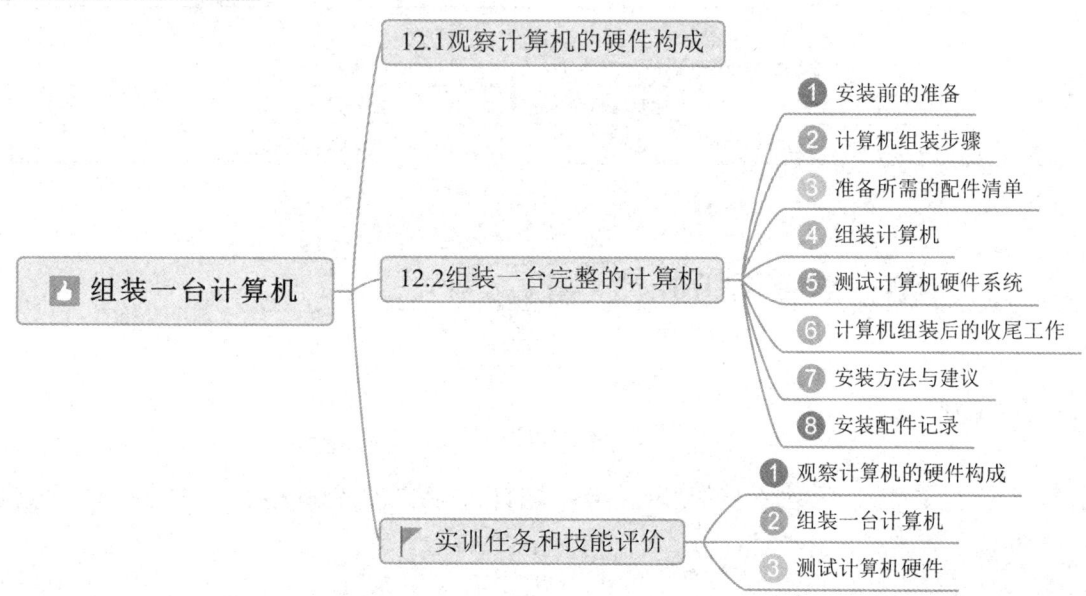

大家已经学习了计算机各类配件的结构特点、主要用途、性能参数及选购方法等内容，接下来可以尝试自己动手组装一台计算机。

本章将详细介绍计算机硬件系统的组装过程，使用户能够在操作的过程中进一步加深对各个配件的认识。

12.1 观察计算机的硬件构成

不同种类或型号的计算机配件可能会存在一些细节上的差别，可以先观察进行组装实训的那台计算机，熟悉每个硬件设备和连接线缆的外观特点和型号规格。

 实训任务 1 观察计算机的硬件构成

【操作步骤】

准备一台完整的计算机，并进行以下操作。

① 打开主机的侧箱盖，观察主机内部所有配件的外观与安装位置。
② 观察主机所包含的各种电源线、数据线和信号线的连接端口与安装方向。
③ 观察各种外部设备与主机箱的接口位置。
④ 了解各个配件的品牌、型号和主要参数，并将这些配件信息记录下来。
⑤ 观察鼠标、键盘、显示器等外部设备的外观及连接线的特点。

实训结束，完成下面的技能评价表。

计算机组装过程技能评价

实训任务	检查点	完成情况	出现的问题及解决措施
观察计算机的硬件构成	熟悉各个主机配件和外设的名称及安装位置	□完成 □未完成	
	熟悉各种连接线缆的外观特点与接口形状	□完成 □未完成	
	分辨各个配件的品牌、型号和主要参数	□完成 □未完成	

12.2 组装一台完整的计算机

1. 安装前的准备

在组装计算机之前，应该做好准备工作，这样才能做到心中有数，使计算机的组装操作得以顺利进行。

（1）准备组装环境

组装计算机需要一张工作台，可以用专门的计算机工作台，也可以用一张结实、平整的桌子。工作台上面铺上一张泡沫塑料、硬纸板或者光滑的桌布，将工作台放置在实训室内合适的位置，以方便在工作台四周不同的位置进行操作。另外，工作台要保持整洁和干净，不要把其他无关的物品放在上面，杂乱、拥挤的工作环境会妨碍组装实训的开展。

图 12-1 常用的装机工具

（2）配备装机工具

组装计算机要使用一些安装工具，这些工具应配备齐全，以便在装机时随手可用。常用的装机工具如图 12-1 所示，有螺丝刀、尖嘴钳、镊子、毛刷、导热硅胶、扎带或环形橡皮筋、小器皿、清洁剂等，并要准备好电源排插。相关内容的详细介绍，请扫描二维码查阅。

（3）检查配件和配套物品

事先将组装计算机所用到的配件、线材、工具、螺钉、说明书等各种物品分类摆放在工作台上，但不要重叠堆放，再逐一检查是否有缺漏。请注意，配件务必要小心搬动，拿起时应轻拿配件的两边，手指不要直接触摸配件中的电路板和电子元件。如果使用带有包装膜的全新配件，在准备工作就绪前先不要急于拆封。

12.2 组装一台完整的计算机-配备装机工具

（4）安装注意事项

在组装过程中，用户要遵守相关操作规程，并注意释放静电，严防液体和异物进入，避免带电操作，严禁暴力拆装配件，观察安装方向，确保安装固定到位，拔下插头要小心。相关内容的详细介绍，请扫描二维码查阅。

12.2 组装一台完整的计算机-安装注意事项

2. 计算机组装步骤

对于初学者来说，要组装一台计算机，最好先规划安装的步骤，明确每一步要进行的工作，这样才能提高操作效率，做到胸有成竹，一鼓作气地完成整个安装过程。装机步骤并非固定不变的，用户可根据自己的习惯或实训条件做适当的调整。下面列出了常用的装机步骤。

（1）主机安装步骤

第一步：安装机箱和电源。

第二步：安装 CPU 和散热器。

第三步：安装内存条。

第四步：安装主板。

第五步：安装硬盘和光驱。

第六步：安装显卡和其他板卡。

第七步：连接主机内的线缆。

（2）外设安装步骤

第一步：连接显示器。

第二步：连接键盘和鼠标。

第三步：连接多媒体设备（如果有）。

第四步：连接其他扩展设备（如果有）。

3. 准备所需的配件清单

组装一台计算机需要用到一些必要的配件与设备，另外如果实训条件允许，用户还可以准备其他的扩展配件和外部设备。表 12-1 列出了推荐的组装计算机所需的配件清单。

表 12-1　组装计算机所需的配件清单

基本配件/设备			
主板	1 块	显卡	1 块
CPU	1 个	电源	1 个
散热器	1 个	机箱	1 个
内存条	1 根	显示器	1 台
硬盘	1 个	键盘	1 个
光驱	1 个	鼠标	1 个
声卡	1 个	摄像头	1 个
网卡	1 个	打印机	1 台
音箱	1 套	扫描仪	1 台

在本项目的组装实操示例中，将采用以下所列的计算机核心配件。

- 处理器：Intel Core i5 7500 盒装 CPU。
- 主板：华硕 PRIME B250M-PLUS。
- 内存：金士顿 DDR4 2400 4GB。
- 硬盘：西部数据蓝盘 1TB 64MB 7200rpm。
- 显卡：七彩虹 GTX 750。
- 电源：航嘉 HK280-23FP。
- 显示器：三星 S22D300NY 21.5 英寸。

4. 组装计算机

第一步：准备机箱，安装电源。

装机工作要首先做的是拆开机箱，把电源装进机箱内部，这一步应该在安装其他部件之前完成。有些机箱生产商会将电源预装进机箱中，作为配套设备一起销售，但如果用户对电源的性能或品质有更高的要求，也可以单独购买合适的机箱和电源产品。

机箱和电源的安装过程如下。

① 从包装箱中取出机箱及附送的铜柱、挡板、防尘片等零配件。然后将机箱的背面调转过来，拧下机箱盖上的螺钉，拆开左边的侧盖挡板，如图 12-2 所示。

② 将机箱卧放，左面朝上，先用橡皮筋把机箱内的线缆收拢并捆扎起来，以免影响后续操作，如图 12-3 所示。

图 12-2　拆开机箱的侧盖挡板

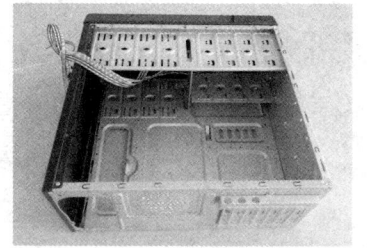

图 12-3　捆扎机箱内的线缆

③ 拆开电源包装，将风扇排气口那面朝外，放置到电源安装仓位，确保电源的 4 颗螺钉孔都已经和机箱的安装孔位对齐，如图 12-4 所示。

④ 用一只手固定住电源，另一只手用十字螺钉旋具将 4 颗螺钉拧上。这里要注意，应按照对角线的固定方法来拧紧螺钉，即先安装一条对角线上的两颗螺钉，再拧上另一条对角线的两颗螺钉，这样就能保证电源安装得稳固，如图 12-5 所示。

图 12-4　对齐电源螺钉孔位置

图 12-5　安装主机电源，拧紧螺钉

【操作提示】安装电源时不要一次性把所有螺钉都拧紧，要留出一点空隙，以方便调整电源的位置。待所有的安装孔都对正后，再依次拧紧 4 颗螺钉。

至此，机箱和电源的准备工作已完成。先把机箱放置一边，下面安装主要配件。

第二步：将 CPU 和散热器安装到主板上。

为方便后续配件的安装操作，通常在把主板装进机箱内部之前，先进行 CPU、散热器及内存条的安装。具体的安装步骤如下。

① 新购买的主板一般会附带一块与主板尺寸相同的塑料垫（或泡沫垫），先将主板与塑料垫一起从包装袋中取出，平放在工作台上（图 12-6），这是为了在安装 CPU 和散热器、内存等配件时，保护主板上的电子元件和主板背面的针脚不受损坏。如果没有塑料垫，也可以用胶质垫或硬纸板代替。

② 找到主板上的 CPU 插槽，先取下 CPU 插槽上方的保护盖，轻轻往下按压用于固定 CPU 的压杆，同时将压杆向外推开，使其脱离固定卡口，这样便可以顺利将压杆拉起，此时 CPU 插槽会发生轻微偏移，从而将整个插槽呈现在用户眼前，这表明 CPU 可以插入了，如图 12-7 所示。

图 12-6　平放主板

图 12-7　拉开 CPU 的固定压杆

③ 将 CPU 小心地垂直放入主板的插槽。在安装时仔细观察 CPU 的表面，会发现在 CPU 的某个角上有一个金黄色的小三角形标志，再仔细观察主板上的 CPU 插槽，同样会发现在其某个角上也有一个三角形标志，这就是 CPU 的防误插安装设计。此外，CPU 的两侧也各有一个小型的凹口，对应 CPU 插槽上的凸起位置（校正位），可帮助用户校正 CPU 的安装方向。

将 CPU 中带有小三角标志的那个角与 CPU 插槽上带有小三角标志的那个角对齐，同时对准 CPU 与插槽上的校正位，然后把 CPU 轻轻放在插槽上面。由于新式 CPU 已取消了传统的针脚，转而全面采用触点设计，因此很容易就可将 CPU 平放在插槽中，如图 12-8 所示。

④ 用手指稍微用力按压 CPU 的两侧，确保 CPU 与主板插槽已完全贴合。

⑤ 待 CPU 安装到位之后，按照反方向将 CPU 压杆扣下，这时会听到"咔"的一声轻响，表明压杆已经恢复原位，至此 CPU 已稳妥地安装并固定到主板中，安装过程结束。安装后的 CPU 效果如图 12-9 所示。

图 12-8　将 CPU 平放进插槽

图 12-9　固定 CPU

⑥ 在 CPU 的核心区（保护盖一面）上面均匀涂上一层导热硅胶，但不要涂得太多、太厚，以免硅胶溢出。导热硅胶的主要作用是填充 CPU 与散热器底座之间的空隙，同时加快 CPU 热量的对外传递，有效增强散热效果。涂抹硅胶后的效果如图 12-10 所示。

【操作提示】如果使用的是全新盒装 CPU，厂商会在包装盒中附带一个原装的 CPU 散热器，其底部的散热片上已经涂抹了一层导热硅胶，这样就不用在 CPU 上再涂一次硅胶了。

⑦ 取出 CPU 散热器，观察散热器的 4 个固定支架，以及每个支架上所刻的操作指引，然后找到 CPU 插槽周边的 4 个安装孔，将散热器的固定支架对准相应的安装孔位置，平稳地放置在 CPU 插槽之上，如图 12-11 所示。

图 12-10　涂抹导热硅胶

图 12-11　放置 CPU 散热器

⑧ 用拇指摁住散热器的其中一个固定支架，将其底端的凸起部位压进安装孔内，然后将拇指按顺时针方向旋转 90°，即可将该支架安装牢固，如图 12-12 所示。再用同样的方法，分别将其他 3 个支架逐个安装牢固。至此，散热器固定支架安装完毕。

⑨ 找到主板上的 CPU 风扇供电接口，将散热器的电源线插入对应的接口中，如图 12-13 所示。仔细观察会发现，CPU 风扇的供电接口也采用了防误插的安装设计，安装起来比较方便。这样，CPU 及散热器就安装完成了。

图 12-12　安装散热器支架

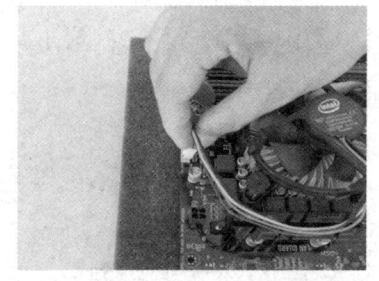

图 12-13　插入 CPU 风扇供电接口

第三步：安装内存条。

这一步是将 DDR4 内存安装到主板内存插槽上，操作过程如下。

① 找到内存插槽（位于 CPU 插槽旁边），可以发现内存插槽的一端已经固定，而另一端则可以掰动。用拇指将其中一根内存插槽的这一端卡脚（也叫扣具）向外侧掰开，使内存能够插入，如图 12-14 所示。

② 仔细观察内存条，会发现内存条的两侧均有一个用于固定的凹槽，而底部金手指区也有一个凹形缺口，这是内存的防误插口，既可以防止用户插反内存条，也用来区分内存类型。将内存条底部的凹口对准内存插槽内的隔断位（凸起部位），如图 12-15 所示。

图 12-14 掰开内存插槽的扣具

图 12-15 对准防误插口与隔断位

【操作提示】如果使用的是旧内存条，最好先用橡皮反复擦拭金手指，直到金手指变得光亮，以防止金手指发生氧化。

③ 用双手大拇指摁住内存条的两端，用力往下压，将内存条压进插槽中，直至内存的金手指和内存插槽完全接触，听到"啪"的一声轻响后，内存插槽的卡脚已自动卡住内存条两侧的凹槽，说明内存条已经安装到位。如果将内存条压到底后，插槽卡脚仍然不能自动复位，可用手将其扳回凹槽，如图 12-16 所示。

【操作提示】如果主板支持双通道内存功能，可将两条相同规格的内存分别插到颜色相同的插槽中，比如本例中的第一和第三插槽、第二和第四插槽，即可开启双通道内存模式。同理，如要使用三通道内存功能，则需要将三根同规格的内存插入相同颜色的三条插槽中。

第四步：将主板固定在机箱内。

固定主板的要点是精确对准安装位置，并细心地安装垫脚铜柱和螺钉，安装过程如下。

① 观察机箱托板的螺钉孔，然后取出数量足够的垫脚铜柱（这里需要 6 颗），分别旋入各螺钉孔中，并将其拧紧，如图 12-17 所示。

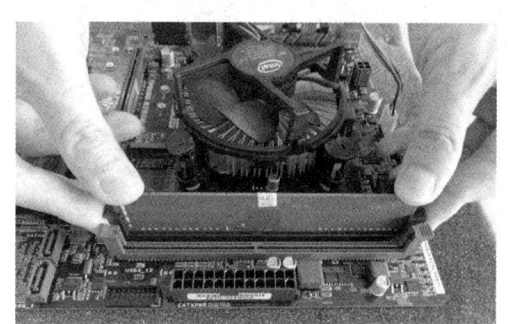
图 12-16 将内存条压进插槽中

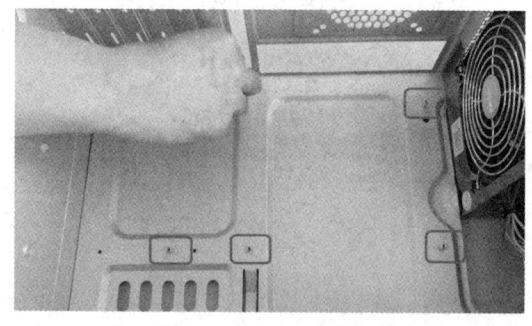
图 12-17 安装主板垫脚铜柱

② 用尖嘴钳把机箱背部的 I/O 扩展区挡片卸下，并将主板配套附送的 I/O 挡片安装到原挡片位置，如图 12-18 所示。

③ 双手平行握住主板的两侧，将主板安放在机箱托板上，比较一下主板上的固定孔与机箱螺钉孔的位置是否对应，如果有偏移，那么就要调整铜柱的位置。在此过程中，要注意将主板的外设接口与机箱背部的 I/O 扩展挡片对齐，如果主板外设接口全部顶到对应的位置，就说明主板已经放置就位了，如图 12-19 所示。

图 12-18　安装主板配套的 I/O 挡片

图 12-19　正确放置主板

【操作提示】不同类型的机箱可能会采用不一样的主板固定方法。对于采用铜柱螺钉的机箱，通常会设置 5~7 个螺钉孔，用户应根据主板安装孔的具体数量和位置来安装螺钉，同时务必要确保所有的安装位置能够对正，这样才能顺利地旋入螺钉。若螺钉孔发生偏位，千万不能强行旋入，否则会挤压主板，导致主板变形，甚至造成主板电路断路、导线断裂、元件损坏，最终烧毁板材等意料不到的故障。

④ 将螺钉分别旋入相应的安装孔内，固定好主板，如图 12-20 所示。安装主板时也应采用对角线安装法，即先安装对角线上的两颗螺钉，检查无误之后再依次旋入其余的螺钉。

第五步：安装硬盘和光驱。

安装 SATA 硬盘和 SATA 光驱时要注意对准硬盘和光驱的安装孔位，尽量不要一次性将一边的螺钉拧紧，建议先在两侧各安装一颗螺钉，再拧上其余的螺钉，以便随时调整两侧的安装位置。硬盘的安装过程如下。

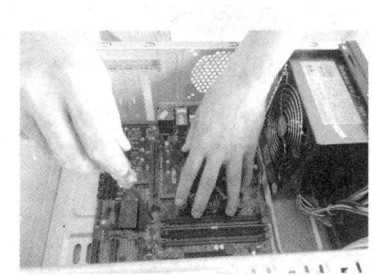

图 12-20　安装螺钉并固定主板

① 机箱竖立放置，观察硬盘安装仓，这是一种 3.5 英寸驱动器槽，包含 4 个固定仓位，每个仓位的两侧都对称分布有几个向内凸出的固定架，专门用来托放并固定硬盘，如图 12-21 所示。

② 拆开硬盘包装袋，将硬盘平托在手上，硬盘背面（保护壳一面）朝上。选择其中一个固定仓，将硬盘轻轻推入仓位里，直至仓位的尽头，此时硬盘两侧的安装孔与固定仓两侧的安装槽是贴合的。需要说明的是，由于硬盘内部的盘片和电子元件非常敏感，因此在推入时一定要小心，避免发生猛烈碰撞，也不能用力塞进仓位，注意保持硬盘的平稳，如图 12-22 所示。

图 12-21　硬盘安装仓位外观

③ 分别在硬盘仓位两侧的安装孔中拧上螺钉（可拧 2 颗或 4 颗），将硬盘固定住。

【操作提示】如需安装第二块硬盘，可用同样的方法将硬盘装进另一个硬盘仓位，两个仓位之间要确保留出一定的空间，以利于散热。

图 12-22　将硬盘平推进仓位

机箱同样配置了两个带有固定架的光驱安装仓位，光驱使用的是 5 英寸驱动器槽，它位于硬盘仓位的上方。这款机箱包含一个超薄型光驱仓位和一个传统型光驱仓位，由于本例采用传统的 SATA 光驱，机身相对较厚，因此要选择对应的仓位安装，安装方法如下。

① 拆掉机箱托架中光驱仓位前面的挡板，将光驱正面朝外，接口端朝内，从机箱外面平推进仓位，如图 12-23 所示。

② 检查光驱的安装孔是否与固定仓位的安装槽对齐，若有偏位，可以前后滑动光驱，以便调整到合适的位置。

③ 在光驱安装仓位的两侧拧上 4 颗螺钉，固定好光驱，如图 12-24 所示。

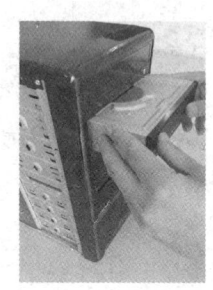

图 12-23　将光驱平推进仓位中

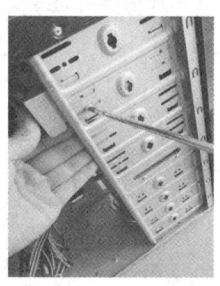

图 12-24　固定 SATA 光驱

第六步：安装显卡。

显卡和其他板卡需安装在对应的插槽里，而这些板卡也采用了防误插设计，因此安装过程比较简单。但有一点不同，显卡一般安装在 AGP 或 PCI Express（PCI-E）插槽上，而声卡和网卡则一般安装在 PCI 插槽上。由于 AGP 显卡已逐渐淘汰，这里采用 PCI-E 显卡做示例。具体安装过程如下。

① 找到主板上的 PCI-E 插槽，将该插槽所对应的机箱后壳扩充挡板及螺钉拆掉。由于挡板已经和机箱连在一起，这时要先用螺钉旋具将挡板顶开，再用尖嘴钳将其拔下，如图 12-25 所示。

图 12-25　拔下机箱后壳的扩充挡板

【操作提示】请注意，这些挡板能起到阻挡灰尘进入机箱的作用，因此只要拆掉显卡所对应的那一块挡板即可，而无须全部拆掉。

② 把 PCI-E 插槽的固定扣具向外掰开，将显卡金手指端的凹口对准插槽中的凸起位置，显卡接口端则对准挡板的位置，用双手将显卡压入插槽中，如图 12-26 所示。

③ 当显卡金手指端完全没入插槽时，固定扣具会"啪"的一声恢复原位，将显卡扣住，而显卡接口端的金属翼片也会紧贴在挡板的位置，最后再拧上螺钉固定住显卡即可。显卡安装完成后的效果如图 12-27 所示。

图 12-26　将显卡压入插槽

图 12-27　显卡安装完成

第七步：连接电源线、数据线和前置面板。

机箱内的配件需要连接各自的线缆，其中既有电源线和数据线，也有信号线与控制线，线缆的接口类型和连接方向也有差别，在安装时要注意检查和分辨。

① 连接主板电源线

在电源的各种输出线缆中，体积最大的是 24 针主板供电插头，该插头带有一个用来固定的卡勾。先在主板上找到对应的电源线插槽（面积最大且呈长方形），然后用手捏住电源线的供电插头，用拇指压下卡勾，使勾端抬起，再对准主板上的电源插槽，慢慢地往下压，当插头完全插入电源插槽时，会发出"啪"的一声轻响，表明已经卡紧插槽，供电插头安装完成，如图 12-28 所示。

在 CPU 插槽旁边找到一个 4 针的方形插槽，这是 CPU 专用的供电接口，可单独为 CPU 提供充足的电能。与主板供电插槽一样，CPU 供电接口也带有一个卡勾，同样也采用了防误插设计。找出 CPU 供电接线（4 针电缆），按照主板供电插头的安装方法，压下卡勾，将 CPU 供电插头完全插入插槽中即可，如图 12-29 所示。

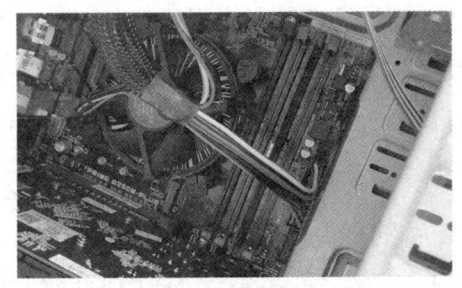

图 12-28　安装主板供电插头

图 12-29　安装 CPU 供电插头

② 连接硬盘和光驱线缆

找出一根 SATA 数据线，将其中一端插入硬盘的数据接口中，另一端则插入主板上的 SATA1 接口，作为主硬盘设备，如图 12-30 所示。如果还要安装第二块硬盘，则将数据线插入主板的 SATA2 接口。

在电源输出线缆中找出一根接头扁平的电源线，调整好安装方向，将其插入硬盘的电源接口中，如图 12-31 所示。

图 12-30　插入硬盘 SATA 数据线

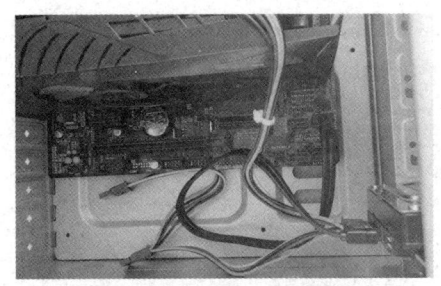

图 12-31　安装硬盘电源线

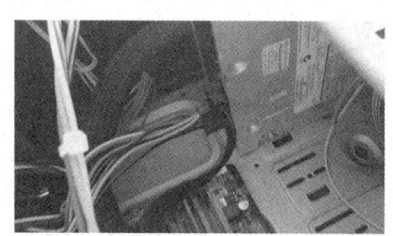

图 12-32　安装光驱电源线与数据线

用同样的方法，找到一根扁平的电源线，插入光驱的电源接口中。另外再拿出一根 SATA 数据线，一头接入光驱的数据接口，另一头则插入主板上的其他 SATA 接口。线缆连接完成后的效果如图 12-32 所示。

【操作提示】主板一般都会提供多个 SATA 接口，这些接口集中在主板的一角，每一个接口都可以连接硬盘或光驱，如果配置了阵列卡，主板的这些 SATA 接口还能够搭建由多个硬盘组成的 RAID 磁盘存储阵列。不过通常来说，第一个硬盘建议连接到 SATA0 或者 SATA1 接口中。

③ 连接前置面板信号线

机箱前置面板一般设有控制开关、指示灯和外接端口，其内部所用的数据线和信号线也比较复杂，其中包括电源开关线（POWER SW）、复位开关线（RESET SW）、电源指示灯线（POWER LED）、硬盘指示灯线（H.D.D LED）、扬声器线（SPEAKER）和前置 USB 数据线等，如图 12-33 所示。

图 12-33　常用的前置面板信号线

参照主板说明书的图示信息，找到主板上的前置面板针脚接口区（一般和 SATA 接口处在同一区域），并仔细观察各个针脚的标识，了解每一个前置接头应该安装的位置。然后从电源开关接头（POWER SW）开始，逐个将这些前置面板线缆接头插接上去。安装完成后的效果如图 12-34 所示。

【操作提示】不同品牌的主板对前置面板针脚位置的设计可能会有所差别，因此用户要参照主板说明书及针脚的印刷标识来操作，切忌强行插入。另外在插接时要注意，除了 RESET SW 复位开关接头无须考虑正负极之外，电源、硬盘、扬声器等接线头都要对准针脚的正负极方向。带有"+"号标识的为正极，带有"-"号标识的为负极。而对于双线接口来说，带有彩色的那条线（多为红色或绿色）要接到正极针脚，黑色或白色的为接地线，需接到负极针脚。

④ 整理机箱内部线缆

机箱内的配件和线缆安装完成之后，要整理好机箱内的各种接线，不要让线缆搭在主板、CPU 风扇、显卡风扇或其他板卡上，CPU 风扇周围要尽量清理出较大的空间，这样有利于 CPU 的散热。可用橡皮筋或者扎带将过长的线缆及没有用到的电源线接头收纳、捆扎起来，并放置在一边，让机箱内部变得整洁、美观，也可消除安全隐患，如图 12-35 所示。

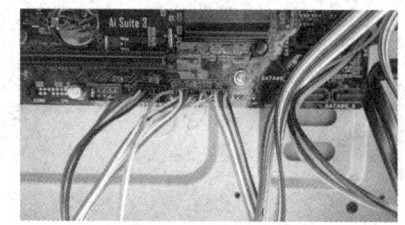

图 12-34　安装完成后的前置面板线缆

图 12-35　整理机箱内部线缆

第八步：连接显示器。

目前，大多数显示器仍然支持 VGA 接口，而新的显示器一般会配备 DVI、HDMI 等接口，可实现高速数字信号的传输，这些高清接口也得到了主流显卡的支持。因此，用户应选择与接口规格相匹配的显卡与显示器，才能将显示器连接到显卡。

显示器连接方法如下：

① 找出显示器的视频数据线插头，将其与显示器背部的视频数据接口及显卡的视频输出接口进行对比，然后一端插入与之对应的显示器接口，而另一端则插入相应的显卡输出接口中，再拧紧插头两边的螺钉即可。如图 12-36 所示为显示器与显卡的数据连接。

② 找出显示器配套的电源线，可以看到该款显示器采用了圆形的小孔供电接口。将其插入显示器后部的电源接口（位于视频传输端口的下方），再接上专用的稳压器，而另一头则插入电源排插中，如图 12-37 所示。

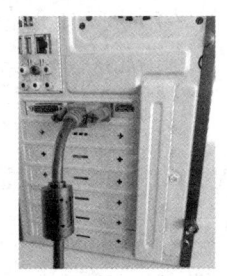

图 12-36　显示器与显卡的数据连接

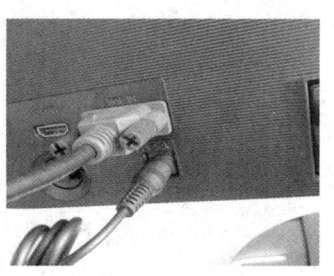

图 12-37　连接显示器电源线

第九步：连接键盘和鼠标。

常用的键盘、鼠标接口分为 PS/2 和 USB 两种，其中 PS/2 接口为圆形插头，必须接到专用的 PS/2 接口，而 USB 接口键盘和鼠标则可以插入任意一个 USB 接口中。下面分别介绍 PS/2、USB 接口键盘和鼠标，以及无线型键盘、鼠标的安装方法。

① 找到机箱后部的 PS/2 圆形接口，观察这两个接口的颜色标识，一般来说，紫色为键盘接口，青色为鼠标接口，然后将键盘和鼠标分别插入对应的接口中即可。本例所用的主板采用了目前流行的键盘、鼠标合一的单接口设计，即键盘、鼠标均可插到同一个接口中，但只提供一个 PS/2 接口，这样既可以实现 PS/2 键盘和鼠标的兼容安装，也为主板节省了一定的空间，以便增加更多的 USB 或其他类型接口。

由于 PS/2 接口采用了防误插设计，用户在安装时要将键盘或鼠标插头里面的凸出物对准 PS/2 接口里面的凹孔，再轻微用力插入，切忌用力强行往里插，否则会扭弯插头中的针脚。在本例中，采用一个 PS/2 键盘进行安装，安装完成后的效果如图 12-38 所示。

图 12-38　安装 PS/2 键盘

【操作提示】目前，很多中低端主板还会提供两个 PS/2 接口，键盘和鼠标需分开插入，而随着产品的更新换代，越来越多的主板（尤其是 MicroATX 型小板）已开始缩减 PS/2 功能，只配备一个可供鼠标、

图 12-39 安装 USB 鼠标

键盘混插的 PS/2 端口，因此只能接一个 PS/2 设备，另一个则必须换成 USB 设备，并插到主板后部的 USB 接口上。

② USB 键盘和鼠标的安装非常简单，只需插到机箱后侧主板外部接口中的 USB 接口即可。这里采用 USB 鼠标进行安装，如图 12-39 所示。

③ 此外，如果使用无线键盘或无线鼠标，则要将无线信号收发器插到机箱后部的 USB 接口上。

第十步：连接多媒体配件。

为了获得良好的多媒体体验效果，需要为计算机配备音箱、耳机、麦克风、摄像头等外接设备，这些设备一般都连接到主板的外部接口区。

① 以 2.1 低音炮音箱为例，需要先将两个高音喇叭的线缆分别接入主音箱后面"Output/输出区"的 L（左）和 R（右）端口中。观察本例所用的音箱，发现该音箱的两个附属喇叭已连接并固定到音箱主机中，因此不需要再额外进行安装操作，另外该音箱还附带有两个外接接头（绿色和黑色），如图 12-40 所示。

② 观察机箱后部的主板集成声卡接口区，可以看到该款集成声卡总共提供了 6 个外接端口，包括音频输入接口、音频输出接口、麦克风接口、耳机接口、高清音频输出接口等。将音频连接线的一头插入到主板对应的音频输出端口，音频连接线的另一头则已固定在音箱后面"Input/输入区"端口区。另外，如果使用耳机，也只需将耳机的线缆接头直接插到绿色的音频输出端口即可，如图 12-41 所示。

图 12-40 音箱、附属喇叭与接口外观

图 12-41 插入音频连接线

③ 除了音频设备外，如果用户还需使用麦克风，则要将麦克风的连接线插到如图 12-39 所示声卡接口区中粉红色的 Mic（或 Micphone）端口。而如果要使用带声音录入的摄像头，则先将摄像头固定好位置，再把连接线接入机箱后部的 USB 接口和音频输入端口中。

实训任务 2 组装一台计算机

在本实训任务中，动手安装一台计算机。

【操作步骤】

将"实训任务 1"中经检查过的计算机拆卸下来，或另外准备所需的硬件设备。各种配件、线缆与外设分类摆放整齐，安装工具与其他辅助物品则放置一边。在任课老师的指导下，结合实际的实训条件，并参照上述组装步骤，将所有的硬件组装成一台计算机。

在组装过程中，应仔细观察各种配件与线缆的特点，注意安装的方法与操作力度，切勿强行安装，每安装完一个步骤最好进行一次小结，如有不确定的地方应随时请教任课老师。

实训结束，完成下面的技能评价表。

计算机组装过程技能评价			
组装步骤	检 查 点	完 成 情 况	出现的问题及解决措施
第一步	机箱附带的零配件是否齐全	□完成　□未完成	
	机箱各块挡板是否已拆卸	□完成　□未完成	
	电源的 4 颗螺钉是否已全部拧紧	□完成　□未完成	
	机箱内的各种线缆是否已收纳整理	□完成　□未完成	
第二步	处理器是否已紧密贴合在插槽上	□完成　□未完成	
	处理器的小三角标志是否与插槽吻合	□完成　□未完成	
	处理器背面是否均匀涂抹有硅胶	□完成　□未完成	
	散热片是否完全平压着 CPU 的背面	□完成　□未完成	
	散热器两侧的扣具是否已安装牢固	□完成　□未完成	
第三步	内存插槽两端的卡脚是否已完全复位	□完成　□未完成	
	内存条的金手指是否有划伤或其他损伤	□完成　□未完成	
	双通道内存条是否已插入到对应的插槽中	□完成　□未完成	
第四步	机箱托板上是否已全部安装了垫脚铜柱	□完成　□未完成	
	主板的所有安装孔是否都已拧紧了螺钉	□完成　□未完成	
	主板背面线路是否与托板形成"接地"	□完成　□未完成	
	主板是否已经整体安装到位	□完成　□未完成	
第五步	硬盘和光驱的安装方向是否正确	□完成　□未完成	
	硬盘的螺钉是否有松动或缺失	□完成　□未完成	
	硬盘和光驱的安装位置能否保证散热效果	□完成　□未完成	
第六步	显卡安装时有没有混插	□完成　□未完成	
	显卡或声卡是否完全安装、固定到位	□完成　□未完成	
	显卡或声卡是否已拧紧螺钉	□完成　□未完成	
第七步	主板供电线和 CPU 供电线是否安装牢固	□完成　□未完成	
	硬盘和光驱的线缆是否已连接正确	□完成　□未完成	
	前置面板的各条线缆是否都已正确安装	□完成　□未完成	
	机箱内的线缆是否已经整理完成	□完成　□未完成	
第八步	显示器数据线插头两侧的螺钉是否已经拧紧	□完成　□未完成	
	显示器的电源线是否已连接牢固	□完成　□未完成	
第九步	键盘和鼠标是否正确插到对应的接口中	□完成　□未完成	
	键盘和鼠标的针脚是否发生弯曲	□完成　□未完成	
第十步	音箱的连接线是否插到音频输出端口	□完成　□未完成	
	音箱喇叭的接线顺序是否正确	□完成　□未完成	

5. 测试计算机硬件系统

计算机组装完成后，应接通电源，对计算机的硬件系统进行基本的测试。测试环节很重要，它能检验组装好的计算机是否存在问题，若出现故障，可及时进行排查和解决。

（1）通电测试

将主机电源线接到机箱后部的电源接口，电源插头插入排插中，然后按下机箱面板上的电源（Power）按钮，电源指示灯发出绿色或蓝色亮光，硬盘指示灯开始闪烁发光，这时主机扬声器会发出"嘀"的一声启动音，鼠标出现红色或蓝色亮光，键盘右上角的三个指示灯会亮起闪烁一下，显示器也会随之启动，这表明计算机已完成通电程序，各部件都已获得必要的电能并完成启动唤醒过程。如果此时计算机没有过电反应，或某些部件没有亮灯，则要检查电源是否插好，电源线有没有松动，相关部件是否有问题等。

【操作提示】启动计算机要按下电源开关按钮，而不要按旁边的复位按钮，只有需要强行重启计算机时才会用到复位按钮（热重启键）。

（2）开机测试

当显示器出现开机 Logo 画面时，计算机进入自检程序，开始逐个进行硬件识别检查。这时在开机画面中，将显示主板厂商或 BIOS 芯片厂商的 Logo 标识，同时还会列出 CPU、内存、硬盘、系统总线等计算机主要部件的具体型号和配置参数等信息，这个过程也反映了硬件自身的健康与运行状况。

用户可以观察这些部件的自检状态，从中判断发生故障的可能性。如果在某一项硬件检测上停顿不前，或者主板发出了或长或短的报警音，那么就要检查具体是哪个部件出现问题，该部件是否已安装牢固，电源线和数据线是否连接到位，是否存在漏接或接触不良等情况。

实训任务 3　测试计算机硬件

下面对已在"实训任务2"中组装好的计算机进行测试，以检查计算机硬件系统在通电、开机过程中是否工作正常，并排除可能出现的硬件故障。

【操作步骤】

① 整理好工作台与计算机设备，清理工作台上多余的物品，准备必要的电源排插与电源线，并检查电源设备是否正常可用。

② 检测主机、显示器、键盘等设备的通电情况。

③ 观察开机自检画面，检查主机、外设的开机与运行状况。

④ 如发现问题，可请教老师，或与小组其他同学一起合作进行排查。故障处理完毕后，应及时进行记录、总结与交流，便于知识的积累和提升。

实训结束，完成下面的技能评价表。

测试计算机硬件技能评价

实训任务	检查点	完成情况	出现的问题及解决措施
测试计算机硬件	确认计算机各个主机配件、外设与线缆均已安装完毕	□完成　□未完成	
	通电测试主机与外设	□完成　□未完成	
	检测开机过程，熟悉开机自检画面	□完成　□未完成	
	若遇到故障，尝试对故障进行处理与记录	□完成　□未完成	

6. 计算机组装后的收尾工作

计算机开机测试完成后，要切断电源，做好收尾工作。

① 再次检查主机和外设各配件是否安装到位，各种线缆是否连接正确。

② 确认无误后，重新整理、收纳机箱内外的排线，有条件的机箱还可以走背线。

③ 将机箱的两个侧板盖装上，拧紧4颗螺钉，并摆放好计算机的位置。如果是免螺钉安装的机箱，只需卡紧机箱侧板即可。

至此，一台完整的计算机就已组装完成了。这套计算机的正面外观与背面外观分别如图 12-42 和图 12-43 所示。

图 12-42　计算机正面外观

图 12-43　计算机背面外观

7. 安装方法与建议

这里列举几点计算机组装过程中的操作建议。

① 组装开始，用户可以采用最小系统安装法，即先安装主板、CPU、散热器、内存、显卡和电源等主要部件，经通电测试并确认工作正常后，再安装硬盘、光驱、网卡、声卡、显示器、键盘鼠标和其他扩展设备，待全部硬件安装完成后，再次通电对整机进行检测。如图 12-44 所示为计算机组装与测试简要流程示例。

② 通常来说，为方便操作和排查故障，用户应遵循"由小而大、由内而外"的装机原则，即把计算机各组成部件划分为数个小模块并依次安装，最后再合并进行总装。在整体安装顺序上，应该在安装完主机部分后再连接外部设备，同时进行分步检查，以确认每一个模块的安装是否准确。

③ 在安装、固定好每个配件后，再统一连接电源线和数据线，这样可避免机箱内部过于杂乱，而用户的双手和视线也不受线缆遮挡影响。

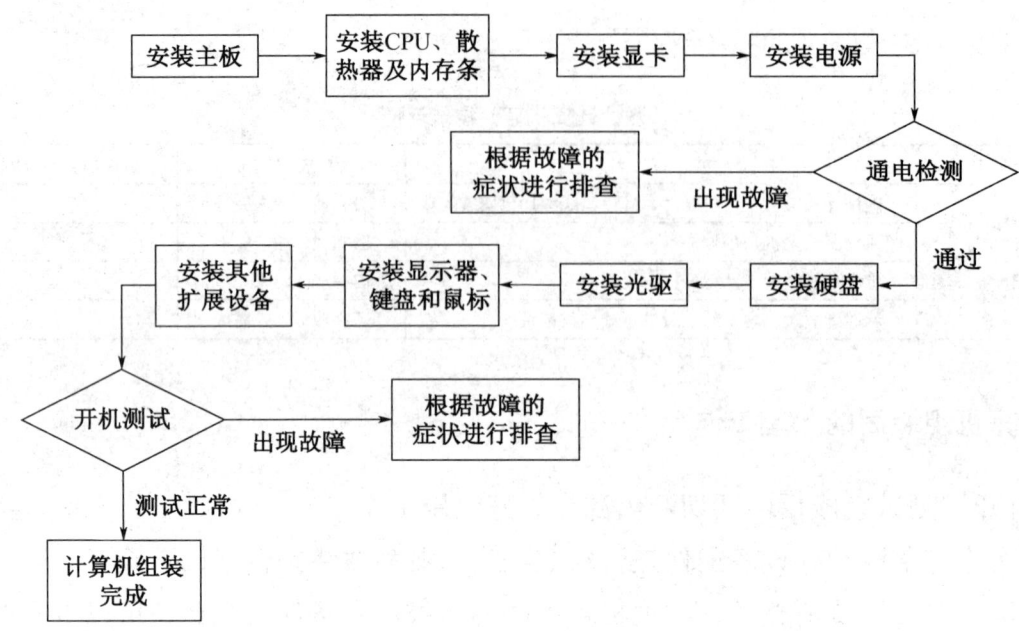

图 12-44 计算机组装与测试简要流程示例

8. 安装配件记录

在组装完成后,将本次组装实训所用到的计算机配件及相关的参数信息记录下来,见表 12-2。

表 12-2 计算机组装所用配件记录表

CPU		独立显卡(如果有)		电源	
品牌及型号		品牌及型号		品牌及型号	
主频		GPU 芯片		额定功率	
核心数		显存容量		峰值功率	
缓存		显存位宽		安全认证	
接口类型		总线接口	□AGP □PCI-E	产品类型	□ATX □MicroATX
主 板		硬 盘		显 示 器	
品牌及型号		品牌及型号		品牌及型号	
芯片组		容量		产品类型	□CRT □LCD □LED □其他
板型	□ATX □MicroATX	缓存		屏幕尺寸	
CPU 平台		转速		最大分辨率	
内存类型		接口类型		接口类型	
集显芯片					
硬盘接口					
内 存		光驱或刻录机(如果有)		键盘和鼠标	
品牌及型号		品牌及型号		品牌及型号	
容量		读取速度		键盘按键数	
频率		刻录速度		鼠标按键数	
内存类型	□DDR □DDR2 □DDR3 □DDR4	接口类型		接口类型	□PS/2 □USB

组装一台计算机 第12章

知识巩固与能力拓展

1. 在组装计算机之前应该做好哪些准备工作？
2. 组装计算机时要注意哪些问题？
3. 请简述组装计算机的主要操作步骤。
4. 在组装完成后，应该怎样对计算机进行测试，以确保计算机能够正常开机？
5. 准备一台实训用的计算机，通过小组合作进行拆装练习。

实训一　拆卸计算机硬件。将主机和外部设备中的所有部件都拆卸下来。

实训二　组装计算机硬件。按照本章中介绍的操作步骤，将每个部件依次组装成一台完整的计算机，并通电检测是否正常。

实训三　尝试采用其他的安装方法来组装计算机。

6. 在组装实训中，对每一个操作步骤的完成情况进行评估，并将所遇到的问题及解决方法记录下来，填入技能评价表，在课后进行分组讨论。

7. 对已尝试过的各种计算机安装方法进行比较、总结，从中找出一种适合实际情况、操作便捷快速的安装方法。

设置 BIOS

第 13 章

工作任务分析

本任务主要学习 BIOS 和 CMOS 的基本概念和相关作用，简要介绍 BIOS 的工作机制、主要程序类型及程序设置界面，并通过讲解几个常用的 BIOS 功能设置，引导学生掌握 BIOS 的相关原理和操作方法，锻炼规范、安全、正确的实践意识，养成良好的职业素养。

知识学习目标

- 了解 BIOS 和 CMOS 的基本概念和相关作用。
- 熟悉 BIOS 设置界面的进入方法和操作热键。
- 掌握常见的 BIOS 功能设置和恢复设置方法。

技能实践目标

- 能够进入并操作 BIOS 程序界面。
- 能够设置常见的 BIOS 功能参数。
- 能够恢复 BIOS 安全和优化设置。

课程思维导图

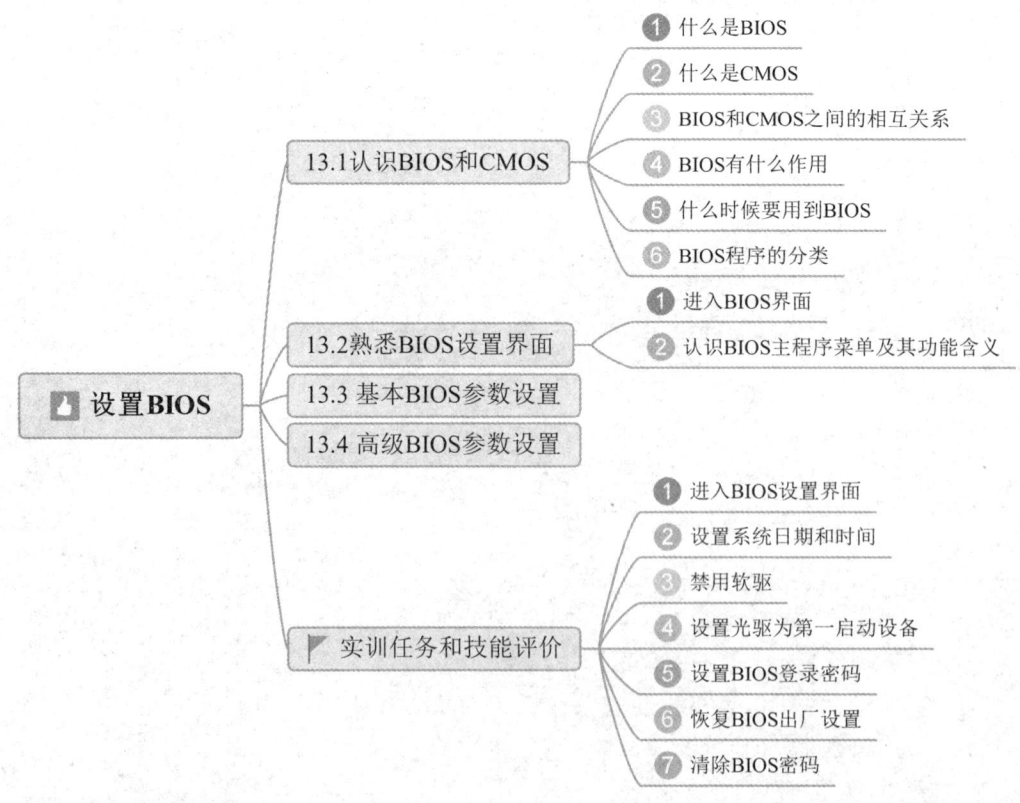

设置 BIOS 第 13 章

在计算机各类硬件组装完毕后，需要设置一些基本的硬件参数，才能安装操作系统和各种应用软件。这就涉及一种特殊的配置工具——BIOS，以及对应的 CMOS，而这对于清除软硬件启动障碍、维持整个计算机系统的正常运转是非常重要的。

在本章中，主要学习 BIOS 的相关知识。

13.1 认识 BIOS 和 CMOS

在开始设置 BIOS 系统之前，先来认识 BIOS 与 CMOS 的基本概念、功能作用及它们之间的相互关系。

1. 什么是 BIOS

BIOS（Basic Input/Output System，基本输入输出系统）是一组硬件底层程序，包含了计算机内部最基础、最重要的硬件信息，如 CPU 温度监控、电源管理和计算机启动设置等。BIOS 程序为硬件设备与操作系统架起一道相互通信的桥梁，不仅能对计算机底层硬件进行直接控制和调节，其管理功能还可以有效提高系统的运行效率，避免硬件之间发生冲突。可以说，BIOS 在很大程度上决定了一块主板的性能水平，计算机硬件设备只有依靠 BIOS 的支持才能在系统中正常运行，而操作系统的初始化也需要在 BIOS 中进行必要的配置。

2. 什么是 COMS

CMOS 是 Complementary Metal Oxide Semiconductor（互补金属氧化物半导体）的缩写，它是主板上一块可读写的 RAM 芯片，负责存储系统的硬件配置和用户在 BIOS 中设置的参数信息。系统在启动时，先读取 CMOS 芯片中的数据，从而完成各硬件设备运行状态的初始化工作。CMOS 一般集成在主板芯片组内，开机后依靠主机电源来供电，关机后则由主板上的纽扣电池提供电源，因此计算机意外断电也不会丢失信息。

3. BIOS 和 CMOS 之间的相互关系

简单而言，BIOS 用来存储计算机底层硬件信息，而 CMOS 则专门存储 BIOS 中的参数和用户更改的数据。BIOS 程序已固化在 CMOS 芯片内，任何读取和设置 BIOS 数据的操作都要在 CMOS 芯片中进行，所谓的设置 BIOS 其实是通过 BIOS 程序对 CMOS 参数进行设置。因此，人们往往用 BIOS 设置这个说法代替其背后的 CMOS 设置。

4. BIOS 有什么作用

在计算机启动和运行过程中，BIOS 主要起到以下作用。

（1）硬件自检及初始化

计算机在接通电源后，BIOS 首先调用 POST（Power On Self Test，通电自检）程序对计算机各硬件进行一次完整的检查，这其中包括对处理器、主板、CMOS 存储器、ROM BIOS、基本内存、扩展内存、显卡、键盘、串并口、软盘和硬盘驱动器等硬件的测试。开机自检过程中若发现问题，系统将给出屏幕提示或发出警报音。

（2）系统启动设置

POST 自检完成后，BIOS 将按照在 CMOS 中所设置的启动顺序，搜索软盘驱动器、硬盘驱动器、可移动式存储器、CD/DVD ROM 驱动器、网络适配器等可启动设备，并读取操作系统引导记录，由引导记录接管操作系统控制权，然后进入系统启动画面，最终完成系统的启动过程。

（3）硬件中断处理

BIOS 为各硬件设备提供唯一的中断号，这是一种可编程接口，可根据用户或程序的操作要求来调用相应的硬件资源，在任务完成后再切换回原来的状态，以避免因抢占后台资源而导致的软硬件冲突。

（4）程序服务请求

BIOS 为硬件设备提供特定的数据交互端口，并通过这些端口对硬件系统发出操作指令，同时也接收和处理外部设备发来的数据请求，从而实现对软硬件资源的高效利用。

5. 什么时候要用到 BIOS

BIOS 在很多计算机应用场合下会发挥作用，以下列举几个常见的 BIOS 操作用途。

（1）初次使用的计算机

新买的计算机在初次使用时，需要对 BIOS 参数进行必要的设置，以调整计算机的工作状态，如设置当前系统时间和日期、禁用软盘驱动器、设置启动设备等功能，也可以在 BIOS 中查看 CPU 温度、风扇转速、内存配置、硬盘安装情况等信息，如有需要还可以设置 BIOS 登录密码，以保护 BIOS 程序不被他人随意更改。

（2）计算机安装新的硬件设备

一般来说，计算机能够自动识别大部分新安装的设备，但如果无法识别某个设备，就需要通过 BIOS 来更新。

（3）对计算机进行优化设置

BIOS 程序在出厂时已提供了基本的硬件配置模式，用户也可以根据实际需要加以调整，以达到优化系统性能、充分发挥硬件潜能的目的。

（4）BIOS 数据遭意外损坏

在某些情况下，如主板跳线短接、病毒破坏、电池失效等，会导致 BIOS 原有的设置数据丢失，这时就需要进入 BIOS 程序进行重新设定。

【操作提示】BIOS 程序在主板出厂时已经由厂商固化，非专业人员不要轻易升级 BIOS 版本（刷 BIOS），一旦升级出现问题，轻则造成死机，严重时还会损坏主板。

6. BIOS 程序的分类

BIOS 程序由生产厂家进行专门开发。目前市场上比较知名的 BIOS 产品主要有 Phoenix-Award BIOS 和 AMI BIOS 两种，用户在 BIOS 芯片上和开机自检画面中都能看到相应厂商的标识。这两类 BIOS 产品拥有不同的程序设置界面，但操作的思路基本一致。

（1）Phoenix-Award BIOS

Phoenix 与 Award 原是两家大型的 BIOS 厂商，合并之后联合推出了 Phoenix-Award BIOS 产品，具有画面简洁、性能稳定、兼容性好等特点，现在广泛应用于中高档的品牌机、组装机主板和笔记本电脑，已成为 BIOS 市场的主流。

（2）AMI BIOS

AMI 是一家老牌的 BIOS 生产商，由于对各种硬件设备和软件系统支持较好，在 20 世纪 80 年代 AMI BIOS 曾一度占据了大半市场份额。但随后在全球绿色节能计算的变革潮流中，AMI 未能及时推出强有力的竞争产品，导致其品牌知名度逐渐衰落。目前 AMI BIOS 产品多用于中低端计算机。

13.2 熟悉 BIOS 设置界面

通过以下的操作可以熟悉 BIOS 的设置界面。

1. 进入 BIOS 界面

出于产品专有设计等方面的考虑，Phoenix-Award 和 AMI 两家公司采用各自的登录方式，前者一般通过按 Delete 键或者按 F1～F10 的某个功能键来进入 BIOS 设置程序，后者则大多采用 Esc 键、F1 键、F2 键或者 Alt+F10 组合键、Ctrl+Alt+Esc 组合键等按键方法来打开 BIOS。在此基础上，各家主板厂商也会对其所采用的 BIOS 产品设置对应的登录热键。表 13-1 列举了部分主板和计算机品牌开机进入 BIOS 的热键。

表 13-1　部分主板和计算机品牌开机进入 BIOS 的热键

组装计算机主板		台式计算机品牌		笔记本电脑品牌	
主板品牌	BIOS 启动热键	台式机品牌	BIOS 启动热键	笔记本品牌	BIOS 启动热键
华硕	F8 或 Delete 键	联想	F12 键	联想	F12 键
微星	F11 或 Delete 键	戴尔	Esc 键	华硕	Esc 键
技嘉	F12 或 Delete 键	方正	F12 键	戴尔	F12 键
梅捷	F12、Esc 或 Delete 键	清华同方	F12 键	惠普	F9 键
昂达	F11 或 Delete 键	宏碁	F12 键	宏碁	F12 键
精英	F11、Esc 或 Delete 键	惠普	F12 键	三星	F12 键
映泰	F9 或 Delete 键	华硕	F8 键	东芝	F12 键
七彩虹	F11、Esc 或 Delete 键	神舟	F12 键	神舟	F12 键
华擎	F11 或 Delete 键	明基	F8 键	明基	F9 键

实训任务 1　进入 BIOS 设置界面

下面以一款主板的 BIOS 为例，掌握进入 BIOS 设置界面的操作方法。

【操作步骤】

① 接通主机电源，启动计算机。

② 通过显示屏中出现的主板 POST 自检界面，可以识别主板型号、BIOS 厂商及版本、处理器、内存、IDE 接口、SATA 接口等详细信息，在屏幕的中间区域可以看到几行功能操作键说明，其中提示要按 Delete 键进入 "Setup" 功能（BIOS 配置程序），如图 13-1 所示。

③ 看到这个屏幕画面时，要连续按几次 Delete 键，随后便可进入 BIOS 程序主界面，如图 13-2 所示。

图 13-1　"主板 POST 自检"界面

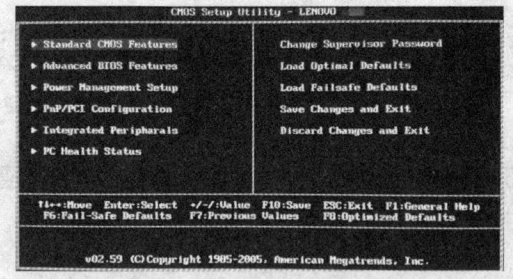

图 13-2　"BIOS 程序"主界面

实训结束，完成下面的技能评价表。

BIOS 设置操作技能评价

实训任务	检查点	完成情况	出现的问题及解决措施
进入 BIOS 设置界面	掌握进入 BIOS 主程序界面的操作方法	□完成　□未完成	
	在 POST 自检画面中识别相关硬件信息	□完成　□未完成	
	了解主板所用的 BIOS 品牌和版本	□完成　□未完成	

2. 认识 BIOS 主程序菜单及其功能含义

如图 13-2 所示为联想某型号台式计算机的 BIOS 程序界面,包含了 11 种功能设置子菜单,其中最后两项为退出 BIOS 功能设置菜单。此外,有些 BIOS 程序还增加了电压/频率控制、高级芯片组功能设置和用户登录密码功能设置等。

根据主板品牌或型号的不同,BIOS 功能菜单的布局和用户界面的设计模式也不尽相同,如有些主板将 BIOS 各项功能集中在一个主界面中,而不少新出的主板则采用模块化 UI 设计,将 BIOS 功能分散到对应的 UI 窗口中,但是各种 BIOS 的主要功能设置是基本相似的。如图 13-3 所示为一款主板所提供的集成化、图形化 BIOS 程序界面,并支持 UEFI BIOS Utility 管理功能。

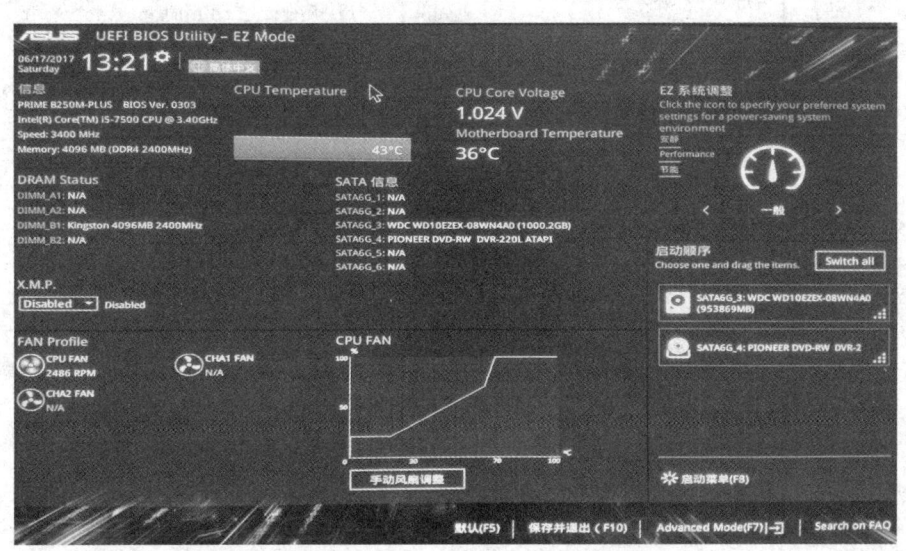

图 13-3　集成化、图形化 BIOS 程序界面

本例中的 BIOS 程序采用高亮显示的条状光标来定位功能菜单,并通过"↑""↓""←""→"四个方向键来移动光标条的位置。用户在操作 BIOS 程序的过程中经常需要使用到一些快捷键,表 13-2 列出了 BIOS 程序菜单中的常用按键及功能说明。

表 13-2　BIOS 程序菜单中的常用按键及功能说明

按 键 名 称	功 能 说 明
↑、↓、←、→方向键	将光标条移动到要操作的目标选项上
Enter 键	选定并进入某项菜单或子菜单;确认执行某项设置
Esc 键	返回上一级菜单或直接跳到退出菜单
+键或 PgUp 键	增加或提高某个选项的参数值
−键或 PgDn 键	减少或降低某个选项的参数值
F1 键	调出当前选项的主题帮助信息,并在屏幕右侧框中显示
F5 键	恢复当前选项的前次 CMOS 设置参数
F6 键	恢复当前选项的默认安全参数
F7 键	恢复当前选项的默认优化参数
F10 键	保存当前 CMOS 的更改设置,并退出 BIOS 主程序

BIOS 系统中的各项功能菜单可满足不同的计算机设置与管理需要，表 13-3 列出了常见 BIOS 程序菜单中相关功能的中文含义及功能说明。

表 13-3　BIOS 主程序菜单的中文含义及功能说明

菜单名称	中文含义	功能说明
Standard CMOS Features	标准 CMOS 功能设置	提供基本的 CMOS 管理功能，包括系统日期和时间设置、IDE 设备检测和设定、软盘驱动器检测和设置、系统内存容量检测、系统 POST 自检异常的暂停和处理等选项
Advanced BIOS Features	高级 BIOS 功能设置	设置 BIOS 的系统高级功能特性，如调整启动设备顺序、设置硬盘启动优先级、禁用开机病毒检测、设置启动快速自检属性、启用或禁用硬盘和光驱设备等
Advanced Chipset Features	高级芯片组功能设置	设置主板芯片组的支持功能和相关参数。该项设置比较特殊，需要较高的专业知识，普通用户不建议更改里面的默认参数
Integrated Peripherals	集成设备功能设置	设置主板外围设备的功能和接口，包括板载 SATA 硬盘设备、PCI-E 显卡设备、高清音频设备、网卡启动设备、USB 设备及串口和并口设备的接口控制。这些外围设备的接口和通道都集成在主板上，除非有特殊需要，一般情况下无须更改其中的参数设置
Power Management Setup	电源管理设置	配置计算机电源系统的管理功能，包括设定 CPU、硬盘、显示器等设备的节电运行模式，以达到优化电源管理、降低系统电源消耗的目的
PnP/PCI Configurations	即插即用/PCI 参数设置	设置 PCI 扩展插槽、外部板卡即插即用接口的功能参数等
PC Health Status	系统健康状态监测	检测计算机硬件系统当前的工作状态，监控主板芯片组温度、CPU 温度、CPU 风扇转速、主板芯片组电压、CPU 核心电压、电源输出电压以及主板电池的电压等
Frequency/Voltage Control	频率/电压控制	设置 CPU 的倍频，开启自动检测 CPU 频率功能等
Load Fail-Safe Defaults	恢复默认的安全设置	恢复到最安全的 BIOS 设置状态，系统只加载基本的设置以保障稳定运行
Load Optimized Defaults	恢复默认的优化设置	恢复到 BIOS 在出厂时的最优状态，促使系统获得较好的性能
Set Supervisor Password	设置超级管理员密码	设置 BIOS 主程序登录密码，保障 BIOS 系统的访问安全
Set User Password	设置用户密码	设置系统启动过程中的用户登录密码
Save & Exit Setup	保存后退出	保存对 CMOS 做的所有更改，并退出 BIOS 主程序
Exit Without Saving	不保存退出	放弃对 CMOS 所做的任何修改，直接退出 BIOS 主程序

13.3　基本 BIOS 参数设置

BIOS 的基本功能设置包括调整系统日期和时间、设置光驱/软驱的启动或禁用、设置用户登录或 BIOS 登录密码、恢复 BIOS 出厂设置等方面。通过简单的 BIOS 设置，能够让计算机保持良好的工作状态，并具备基本的自我保护能力。

下面以一款联想台式计算机的 BIOS Utility Setup 程序为例，介绍一些常见的 BIOS 功能设置。

设置 BIOS　第 13 章

 实训任务 2　设置系统日期和时间

在 BIOS 中可以设置计算机当前的日期和时间，便于系统调用与显示。

【操作步骤】

① 选择"Standard CMOS Features"功能菜单，按"Enter"键进入"标准 CMOS 设置"画面。可以看到，画面中的第一行为系统日期信息（System Date），第二行为系统当前的运行时间（System Time），该画面停留在主板出厂时设置的日期和时间，如图 13-4 所示。

② 使用"↑""↓"方向键将光标条移动至日期"Thu 01/01/2004"处，再通过"←""→"方向键依次选择年、月、日选项，然后按"+""-"键或者"PgUp""PgDn"键修改日期，也可以直接将新的年、月、日输入对应的位置，然后按"Enter"键保存，如图 13-5 所示。这里要注意，BIOS 采用的日期格式为"月/日/年"，在修改时要注意区分。

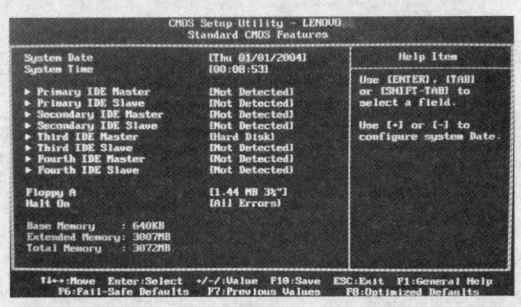　　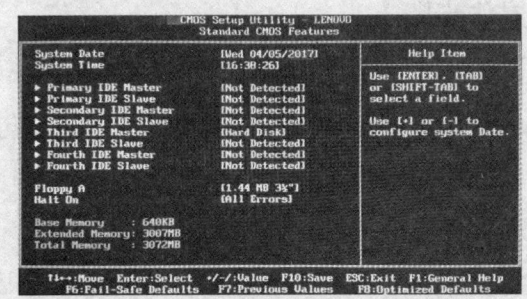

图 13-4　"标准 CMOS 设置"画面　　　　图 13-5　"修改系统日期"画面

【操作提示】当用户进入某个功能子菜单中，将光标条移动到不同的选项时，屏幕右侧会同步显示该选项的帮助信息，简要说明该选项的功能作用。

③ 同理，使用方向键将光标条移动至时间"16:38:26"处，按"←""→"方向键依次选择小时、分、秒选项，然后按"+""-"键或"PgUp""PgDn"键修改为当前时间，或者直接输入当前时间并按"Enter"键保存。这里的时间格式为"时:分:秒"，修改后的效果如图 13-6 所示。

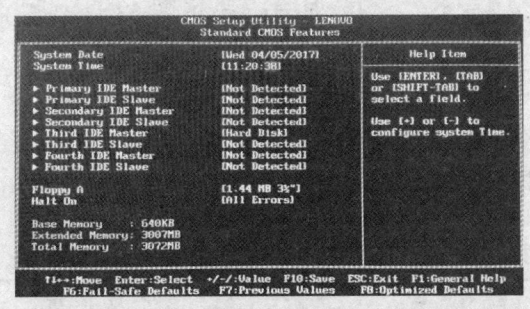

图 13-6　"修改系统时间"画面

④ 系统日期和时间修改完毕，按"Esc"键返回上一级菜单并保存设置，也可以直接

按"F10"键保存退出。

实训结束，完成下面的技能评价表。

设置系统日期和时间操作技能评价

实训任务	检查点	完成情况	出现的问题及解决措施
设置系统日期和时间	掌握选定系统日期和时间的方法	□完成 □未完成	
	正确更改当前的系统日期和时间	□完成 □未完成	
	更改完成后保存设置	□完成 □未完成	

实训任务 3　禁用软驱

软驱（软盘驱动器）是一种已淘汰的设备，但很多主板 BIOS 仍然提供了对软驱的支持，这在系统启动或者用户无意单击软驱盘符时可能会造成不便，因此可以在 BIOS 中将软驱屏蔽掉。

【操作步骤】

① 进入 BIOS 主程序界面，选择"Standard CMOS Features"功能菜单，按"Enter"键进入标准 CMOS 设置画面。用"↓"方向键将光标条移动至"Floppy A【1.44 MB】"选项处，如图 13-7 所示。

② 按"Enter"键，打开"Floppy A"子菜单，然后用方向键移动光标条，选择最上面的"Disabled"选项，这时该选项以高亮度色彩显示，按"Enter"键保存设置，如图 13-8 所示。

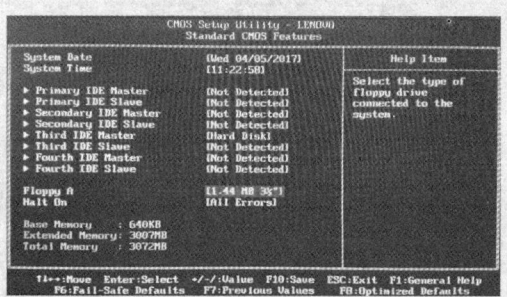

图 13-7　"选择软驱"画面

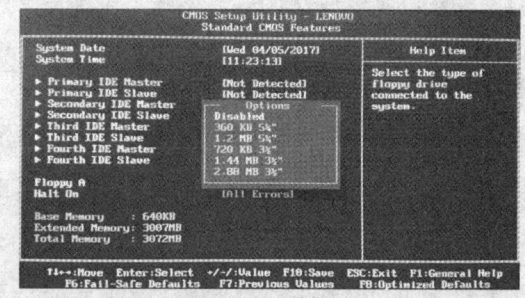

图 13-8　"禁用软驱"画面

③ 至此，软驱禁用操作完成。返回到 BIOS 主程序菜单，选择"Save & Exit Setup"选项来保存更改并退出 BIOS 设置界面，也可以直接按"F10"键保存退出。重启系统后，计算机将不再检测软盘驱动器，也不再显示软驱盘符。

实训结束，完成下面的技能评价表。

禁用软驱操作技能评价

实训任务	检查点	完成情况	出现的问题及解决措施
禁用软驱	熟练掌握禁用软驱的操作	□完成 □未完成	
	操作完成后保存设置	□完成 □未完成	
	进入系统中检查软驱图标是否消失	□完成 □未完成	

实训任务 4　设置光驱为第一启动设备

在安装操作系统或者对系统进行修复维护时，往往会用到光驱来引导启动，通过光盘完成系统的安装或修复，这样就需要事先将光盘驱动器设置为首选启动设备。

具体操作步骤如下。

【操作步骤】

① 选择"Advanced BIOS Features"功能菜单，按"Enter"键进入高级 BIOS 功能设置画面。先检查"Boot Menu Function"选项是否为"Enabled"状态（此为默认设置），如果该选项处于"Disabled"状态，则选定该选项，按"Enter"键，在弹出的对话框中选中"Enabled"，并按"Enter"键确认，如图 13-9 所示。

② 用方向键将光标条移动至"1st Boot Device"子菜单处，按"Enter"键，在弹出的"Options"对话框中列出了 5 个选项，其中"CD/DVD"选项为 BIOS 所识别到的光盘驱动器，"Hard Drive"为 BIOS 识别出的硬盘驱动器，"Removable Dev."为便携式移动存储设备，"Network：Broadcom PXE"为网络唤醒启动设备，"Disabled"为禁用首选启动设备功能。使用方向键将光标条移动至"CD/DVD"选项处，按"Enter"键确认，即可将光盘驱动器（光驱）设置为第一启动设备，如图 13-10 所示。

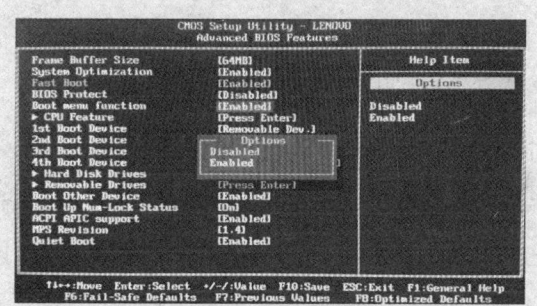
图 13-9　"Boot Menu Function"启用画面

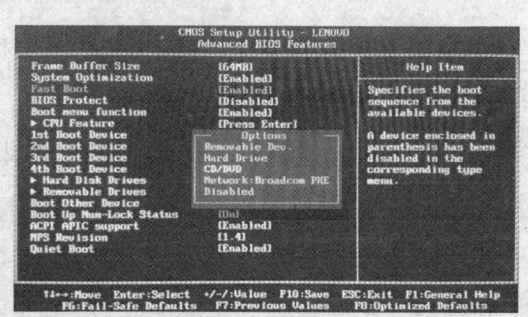
图 13-10　"CD/DVD 启动设备"选择画面

③ 用同样的方法，将光标条移动到"2nd Boot Device"子菜单处，按"Enter"键进入之后，再选择"Hard Drive"为第二启动设备，如图 13-11 所示。

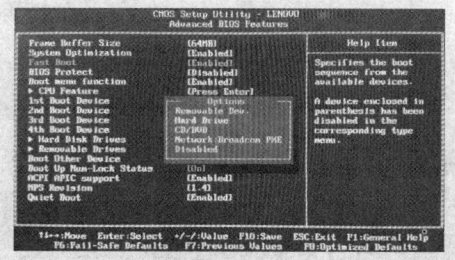
图 13-11　"Hard Drive 启动设备"选择画面

④ 设置完成后，选择"Save & Exit Setup"或直接按 F10 键保存退出即可。这样当开

机启动时，计算机将首先搜索光驱设备，并从中读取光盘的信息，如果通过光驱启动失败，计算机将自动转为从第二启动设备（硬盘）中引导启动。

实训结束，完成下面的技能评价表。

设置光驱操作技能评价

实训任务	检查点	完成情况	出现的问题及解决措施
设置光驱为第一启动设备	了解各项启动设备的含义	□完成 □未完成	
	将第一启动设备设置为 DVD 光盘驱动器	□完成 □未完成	
	将第二启动设备设置为 SATA 硬盘驱动器	□完成 □未完成	
	操作完成后保存设置	□完成 □未完成	

13.4 高级 BIOS 参数设置

除最基本的功能设置以外，用户还可以进一步设定 BIOS 中的特定类型功能参数，这样可满足某些特殊的使用或管理要求。

实训任务 5　设置 BIOS 登录密码

为防止无关人员擅自修改 BIOS 中的参数，用户可以为 BIOS 程序设置一个登录密码，这样能提供一定程度的安全保护。

BIOS 主要通过"超级管理员密码"功能来提供登录安全保护。超级管理员密码是为安全进入 BIOS 主程序和启动系统而设置的保护密码，最多可包含 8 个符号或数字（空格键除外），并且要区分大小写。该密码具有最高权限，不仅能修改 BIOS 配置参数，还能进入计算机系统。

下面为 BIOS 主程序设置一个超级管理员密码。

【操作步骤】

① 打开 BIOS 主程序界面，用方向键移动光标条至 "Set Supervisor Password" 功能菜单，按 "Enter" 键，此时弹出 "Enter New Password" 对话框，如图 13-12 所示。

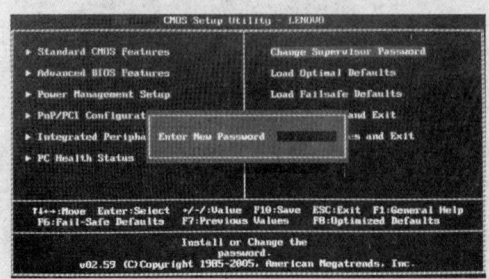

图 13-12　"Enter New Password" 对话框

② 在对话框中输入超级管理员密码，如图 13-13 所示，然后按"Enter"键，此时弹出确认密码对话框，再次输入刚才的密码，如图 13-14 所示，接着按"Enter"键。如果两次输入的密码字符完全吻合，密码设置即可生效。

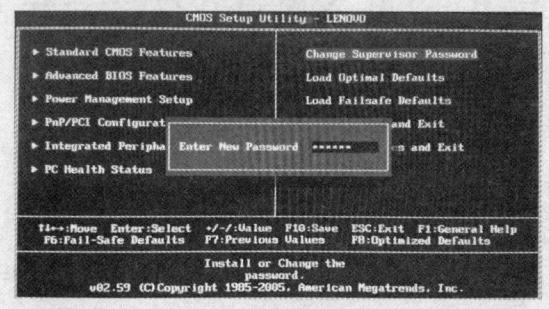

图 13-13 "输入超级管理员密码"画面

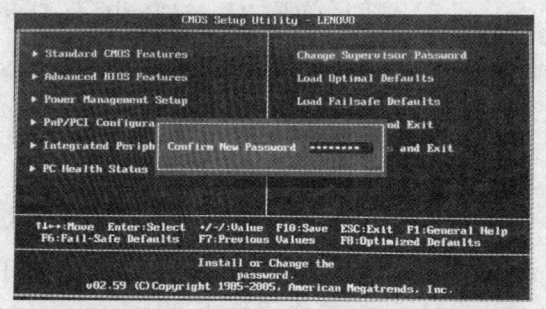

图 13-14 "确认密码输入"画面

③ 返回 BIOS 主程序界面，选择"Save & Exit Setup"或直接按"F10"键保存退出。这样每次进入 BIOS 主程序时，计算机都会提示用户输入 BIOS 登录密码，如图 13-15 所示。

图 13-15 "输入 BIOS 登录密码"画面

④ 如果用户要取消之前设置的密码，则需再次选择"Change Supervisor Password"功能菜单，然后在弹出的"Enter New Password"对话框中直接按"Enter"键，BIOS 将会提示"Password Disabled"，表明密码已失效，最后保存设置，在下次开机进入 BIOS 主程序时，就无须再输入密码了。

实训结束，完成下面的技能评价表。

设置 BIOS 登录密码操作技能评价

实训任务	检查点	完成情况		出现的问题及解决措施
设置 BIOS 登录密码	为 BIOS 设置一个超级管理员密码，并开机测试	□完成	□未完成	
	使用超级管理员密码登录计算机系统，看能否登录成功	□完成	□未完成	
	清除超级管理员密码	□完成	□未完成	

 实训任务 6 恢复 BIOS 出厂设置

如果因 BIOS 设置不正确，或者 BIOS 参数丢失而导致计算机不能正常工作，那么就要将 BIOS 恢复到出厂时的缺省配置，以确保系统运行的稳定性。恢复 BIOS 参数分为恢复默认的安全设置和恢复默认的优化设置两种。

(1) 恢复默认的安全设置

【操作步骤】

打开 BIOS 主程序界面，用方向键移动光标条至"Load Failsafe Defaults"功能菜单处，按"Enter"键，随后弹出"Load Failsafe Defaults?"确认对话框，如图 13-16 所示。按"Enter"键确认操作，再按"F10"键保存设置并退出即可。

(2) 恢复默认的最优设置

【操作步骤】

打开 BIOS 主程序界面，用方向键移动光标条至"Load Optimal Defaults"功能菜单处，按"Enter"键，随后弹出"Load Optimal Defaults?"确认对话框，如图 13-17 所示。按"Enter"键确认，再按"F10"键保存设置并退出即可。

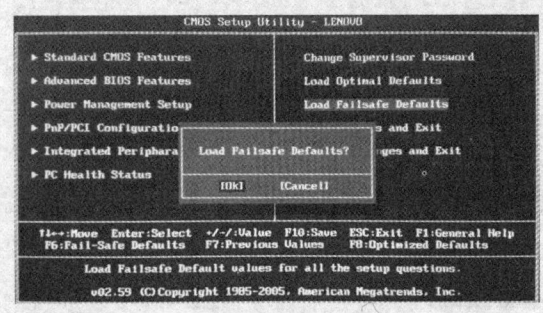

图 13-16 "Load Failsafe Defaults?" 确认对话框

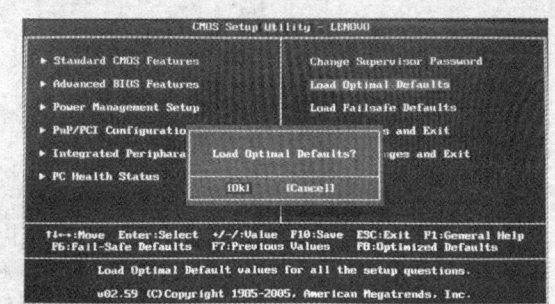

图 13-17 "Load Optimal Defaults?" 确认对话框

实训结束，完成下面的技能评价表。

恢复 BIOS 出厂设置操作技能评价

实训任务	检查点	完成情况	出现的问题及解决措施
恢复 BIOS 出厂设置	恢复默认的安全设置，并开机测试	□完成 □未完成	
	恢复默认的最优设置，并开机测试	□完成 □未完成	
	根据实际需要，重新配置 BIOS 的相关参数	□完成 □未完成	

实训任务 7　清除 BIOS 密码

如果用户忘记了自己设置的 BIOS 密码，那将无法修改 BIOS 参数，甚至连系统也可能登录不了，这也使原本用于安全保护的密码功能变成使用计算机的障碍，此时就必须手动清除 BIOS 密码。

用户可采用两种方法来清除 BIOS 密码：取出 CMOS 后备电池法及跳线短接法。这两种方法的操作步骤虽不相同，但最终效果是一样的。

(1) 取出 CMOS 后备电池

【操作步骤】

关闭计算机并拔掉电源插头，打开机箱，找到主板上的 CMOS 后备电池插座，然后将固定电池的卡扣用力压向一边,电池会自动弹出。取出电池后,等待 30s 至 1min,让电池插座上的正负极电路发生短路。

为了能更清楚地进行操作演示,这里采用一块单独的主板,并在该款主板上完成"实训任务 7"的相关操作过程。取出 CMOS 后备电池如图 13-18 所示。

将主板装进主机中,然后重新启动计算机,屏幕将出现在图 13-19 所示下方区域中的提示信息:"CMOS Checksum Bad.Press Del to Run Setup",这表明 BIOS 中的数据已被清除,并已还原到出厂设置,需要重新设置相关参数,以保障系统的正常运行。

 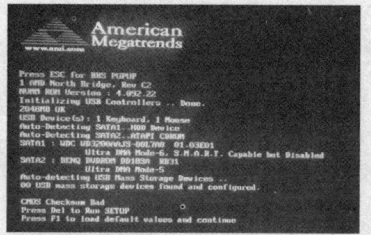

图 13-18　取出 CMOS 后备电池　　　　图 13-19　BIOS 恢复出厂设置

【操作提示】由于主板为 CMOS 电路配备了电容,其内部存储的电量至少可维持 CMOS 电路运作数十秒时间,因此即使取下电池后,CMOS 中所保存的数据也不会立即被清空并还原到出厂状态,通常需要等待一段时间才能成功清除 BIOS 密码。

(2)跳线短接

【操作步骤】

绝大多数主板都带有"CLR_CMOS"或"CMOS Reset"一类的跳线引脚,以两针结构的引脚最为常见,一般位于 CMOS 后备电池附近,这可以用来造成电路短路。

首先断开计算机电源,参照主板说明书并找到跳线引脚的位置,用螺丝刀或镊子将两个引脚短接数秒钟,CMOS 中的数据即被清除,BIOS 从而恢复到出厂设置状态,如图 13-20 所示,随后再次开机并重新设定 BIOS 相关参数即可。

图 13-20　短接引脚以清除 BIOS 数据

实训结束,完成下面的技能评价表。

清除 BIOS 密码操作技能评价

实训任务	检查点	完成情况		出现的问题及解决措施
清除 BIOS 密码	检查 CMOS 后备电池是否已经失效	□完成	□未完成	
	取掉 CMOS 后备电池,清除 BIOS 密码,并开机测试	□完成	□未完成	
	找到主板跳线引脚位置,观察引脚的特点	□完成	□未完成	
	掌握短接引脚的方法,且开机测试成功	□完成	□未完成	

知识巩固与能力拓展

1. 进入 BIOS Setup 界面，设置当前的日期和时间。
2. 在 BIOS 中设置超级管理员密码和开机用户密码，然后再取消相关密码。
3. 在 BIOS 中将光盘驱动器设置为第一启动设备，将 U 盘设置为第二启动设备，将硬盘设置为第三启动设备。
4. 练习 BIOS 的其他常用设置。

硬盘分区与格式化

第 14 章

工作任务分析

本任务主要学习硬盘分区的概念、功能作用、常见的分区类型与分区格式，简要介绍硬盘分区的方法和各种分区的逻辑关系，并通过对硬盘分区的创建、调整、拆分、删除及格式化等一系列操作的讲解，帮助学生系统化地掌握硬盘分区的理论知识与实践技能，锻炼学生规范、正确、合理地进行分区操作，养成良好的职业素养。

知识学习目标

- 了解硬盘分区的基本概念和功能作用。
- 了解硬盘分区的常见类型和分区格式。
- 掌握硬盘分区的规划思路与划分方法。

技能实践目标

- 能够查看并辨识现有的硬盘分区。
- 能够根据使用需要创建硬盘分区。
- 能够拆分、调整、删除硬盘分区。

课程思维导图

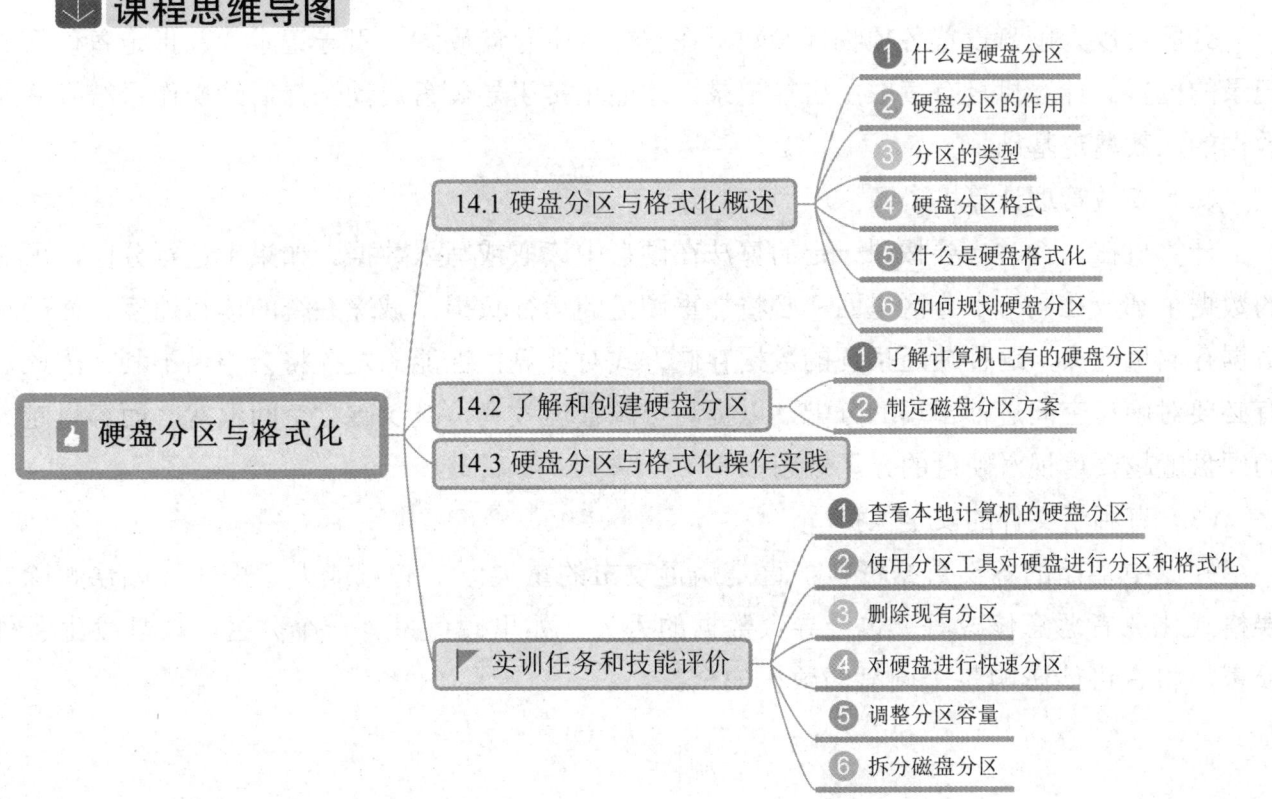

一块尚未使用的新硬盘是无法直接进行数据读写操作的。在安装系统之前，必须先对硬盘进行分区和格式化。

14.1 硬盘分区与格式化概述

硬盘的分区与格式化是两种不同的操作，分别用来实现不同的磁盘管理功能。下面先来了解分区与格式化的基本知识。

1. 什么是硬盘分区

所谓分区，是指在一块物理磁盘上创建若干个相对独立的逻辑性区域（Partition），以提高硬盘空间的利用率，使之能够高效地存储和管理数据。划分出来的逻辑区域会自动获得一个驱动器标识，也就是平常所说的 C:盘、D:盘、E:盘、F:盘等。硬盘分区的原理类似于图书管理方法，通常对书籍归类管理时，将书籍分类放置在不同的书架或房间里，以便在需要时进行查找和使用。

2. 硬盘分区的作用

对硬盘进行合理分区是很有必要的。硬盘分区能为计算机运行提供以下几种功能。

（1）引导硬盘启动

分区可以为硬盘设置各项物理参数，在主分区中存储硬盘主引导记录，并指定备份引导记录的位置。计算机只有读取主引导记录，才能正常引导硬盘启动，为后续操作系统及底层数据的加载奠定基础。

（2）高效管理计算机资源

计算机在运行时，要按照一定的算法在硬盘中读取或写入数据。如果不进行分区，所有的数据全都放在同一个分区里面，必将加重硬盘的运行负担，减缓系统的读写速度。而硬盘数据存储量庞大，这种缺乏条理的数据存储方式对计算机性能的发挥将会相当不利。因此，有必要对硬盘空间进行合理的分配，以提高资源管理效率，减少磁盘空间浪费，而容量越大的硬盘就越要重视对硬盘的分区规划。

（3）有利于文件的安全保护

硬盘中存储的各类数据资料一直是病毒攻击的重灾区，有意或无意操作（如误删除、误格式化或者恶意修改等）也会导致数据的丢失。如果硬盘只有一个分区，一旦发生意外损害，将有可能影响整个硬盘的数据安全。

（4）方便管理多个操作系统

如果用户需要安装两个或多个操作系统，那么分区就能提供理想的管理模式。将各个操作系统安装在不同的磁盘分区中，不仅能提高硬盘空间的利用率，保障每个操作系统都能获得独立而充足的使用空间，还可以避免系统之间可能存在的运行冲突，同时有效减少各类文件在使用中互相干扰的问题。

3. 分区的类型

分区的概念最早在 DOS 操作系统中出现，主要用来描述各个磁盘逻辑区域之间的关系。硬盘分区包括主分区、扩展分区和逻辑分区三种类型。分区类型的详细内容，请扫描二维码查阅。

以上三种磁盘分区之间的关系如下：

硬盘容量=主分区容量+扩展分区容量

扩展分区容量=各个逻辑分区的容量总和

由主分区和逻辑分区共同构成的逻辑磁盘称为驱动器（Drive）或卷（Volume）。

4. 硬盘分区格式

分区格式实际上指的是操作系统的文件格式，它决定了操作系统采用何种方式来读写磁盘数据，同时分区格式也决定了操作系统的兼容性及系统读写性能的差异。微软 Windows 操作系统所支持的分区格式包括 FAT16、FAT32、NTFS 三种，详细内容，请扫描查阅。表 14-1 列出了各种磁盘分区格式及性能对比。

表 14-1 磁盘分区格式及性能对比

文件格式	最大分区空间	单个文件大小	读写速度	系统安全性	空间利用率	支持的操作系统
FAT16	2GB	2GB	较低	无	极低	Windows 95/98/2000/XP，Windows Server NT/2000/2003
FAT32	32GB	4GB	较高	较弱	较高	Windows 95/98/2000/XP/Vista/7，Windows Server 2000/2003/2008
NTFS（5.0 以上）	2TB	2TB	极高	很强	极高	Windows Server 2000 以上版本，Windows XP/Vista、Windows 7/8/10/11、Windows Azure

5. 什么是硬盘格式化

硬盘分区划分完成后，还要对每个逻辑分区进行格式化才能使用。格式化（Format）是对磁盘某个分区或整个物理磁盘所采取的一种初始化操作，主要具备以下几种功能。

① 检测硬盘介质的一致性状态，划分磁道和扇区。
② 检查磁盘内部是否存在带缺陷的磁道，标记出坏的或者不可读的扇区。
③ 建立目录区和文件分配表，便于磁盘写入数据。
④ 清除磁盘分区或整个磁盘内的所有数据。

硬盘格式化通常分为低级格式化和高级格式化。低级格式化又称物理格式化，主要是对磁盘的物理表面进行初始化处理，创建标准的磁盘记录格式，并划分磁道（Track）和扇区（Sector）。高级格式化也称为逻辑格式化，主要是在磁盘分区的基础上创建一个可存储数据的系统区域。默认情况下，硬盘及各个分区一般采用高级格式化方式。

6. 如何规划硬盘分区

用户在第一次使用硬盘时，就应该规划好硬盘空间的分配，以满足软件安装和资料存储等多方面的需要，避免以后重新分区的麻烦。一般来说，用户既可以将硬盘划分为同一种类型的分区，也可以根据不同的需要对各种分区进行组合配置。下面介绍 Windows 操作系统支持的几种分区设置模式。

① 1个主分区+1个扩展分区（内含1个或多个逻辑分区）。
② 2个主分区+1个扩展分区（内含1个或多个逻辑分区）。
③ 3个主分区+1个扩展分区（内含1个或多个逻辑分区）。
④ 4个独立主分区（这种模式下无法再创建扩展分区和逻辑分区）。

14.2 了解和创建硬盘分区

1. 了解计算机已有的硬盘分区

在对硬盘进行分区之前，用户可以找一台可正常使用的计算机，看看该计算机的硬盘分区情况，从而直观了解磁盘分区和文件格式的概念，并加深对磁盘分区操作的理解。

在查看本地硬盘分区的具体配置时，请思考并回答以下问题：
① 该计算机拥有几个硬盘？
② 硬盘总共划分了几个分区？
③ 硬盘采用何种分区设置模式？
④ 主分区和逻辑分区如何进行容量分配？
⑤ 硬盘的哪个分区被设置为活动分区？该分区的主要用途是什么？
⑥ 各个分区采用什么类型的文件格式？
⑦ 硬盘中是否专门划分有隐藏分区（或保留分区），这样划分有何作用？

⑧ 各分区的实际容量总和与该硬盘标称容量相比是否存在差别，原因何在？

实训任务 1　查看本地计算机的硬盘分区

下面以 Windows 7 操作系统为例，在计算机中查看本地硬盘的分区信息。

【操作步骤】

① 进入 Windows 7 操作系统桌面，用右击"计算机"图标，在弹出的快捷菜单中单击"管理"命令，如图 14-1 所示。

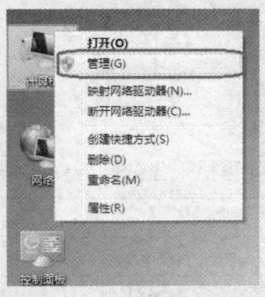

图 14-1　"管理"命令

② 随后打开"计算机管理"窗口，在窗口左侧的功能菜单树中单击"磁盘管理"选项，这时中间主窗口上方的磁盘配置区域将显示本地硬盘与移动存储设备详细的分区和配置信息，包括每个磁盘分区所包含的驱动器号、卷类型、分区类型、文件系统类型、分区容量、分区可用空间、分区属性及当前状态等，如图 14-2 所示。

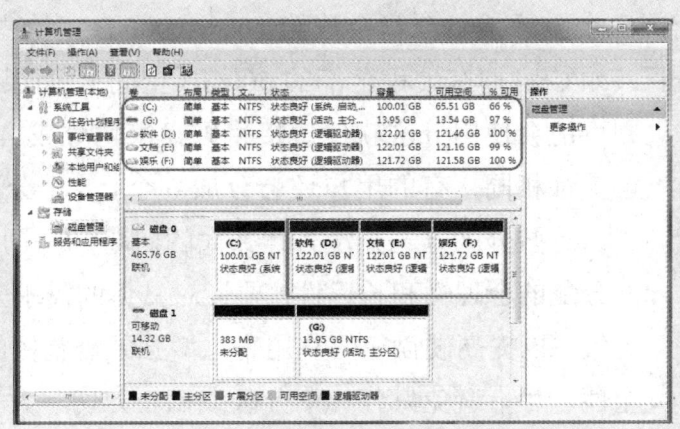

图 14-2　"计算机管理"窗口

③ 在主窗口的下方，Windows 7 操作系统提供了磁盘分区配置图，以图示的方式描述磁盘分区的类型和属性，并以不同的颜色标注了主分区、扩展分区、逻辑分区、未分配空间及系统隐藏区域的范围。当用户单击某个磁盘分区的图标（如 C:盘）时，磁盘配置区域将以灰色斜纹背景定位到其对应的磁盘分区，如图 14-3 所示。

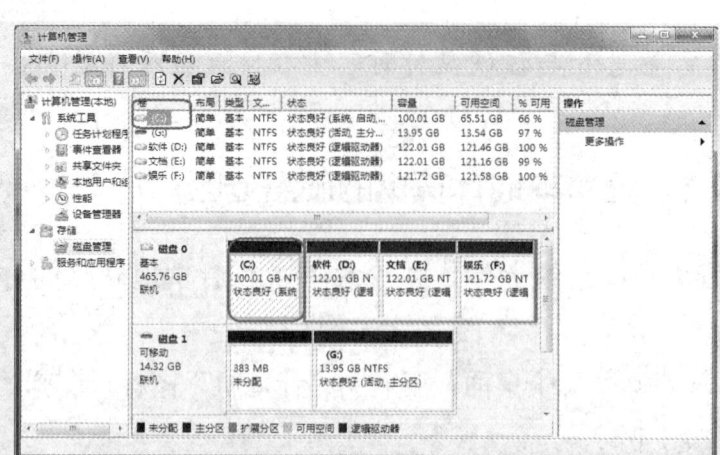

图 14-3 "选择磁盘分区"窗口

实训结束，完成下面的技能评价表。

查看本地计算机磁盘分区操作实训技能评价

实 训 任 务	检 查 点	完 成 情 况	出现的问题及解决措施
查看本地计算机的硬盘分区	掌握进入 Windows 磁盘管理程序的方法	□完成 □未完成	
	能分辨主分区、扩展分区和逻辑分区的区别	□完成 □未完成	
	识别系统分区、活动分区的位置	□完成 □未完成	
	查看各个分区的属性	□完成 □未完成	

2. 制定磁盘分区方案

在划分硬盘空间时，不同的计算机可能会采用不同的分区设置，有些品牌台式机厂商会把硬盘简单地分成两个或三个分区（如 C:盘会分给 100～200GB），有些品牌笔记本电脑厂商干脆只划分一个磁盘分区（如 C:盘拥有硬盘全部的 500GB 空间），而很多用户在自行装机时，则可能会使用分区软件直接将硬盘平均分成 4 个分区，每个分区的容量都相同，有的用户还会分成 6 个、8 个分区，甚至更多的分区。

14.2 了解和创建硬盘分区-磁盘分区注意事项

这些分区方式并没有什么大的问题，但是用户在分区时要注意空间分配的合理性和长远性，要针对具体的需求来设置各分区的类型和容量，以提高硬盘空间利用率，增强硬盘整体的稳定性、可靠性及安全性，尽量避免只分一个分区或搞一刀切、大平均的分区做法。

在开始分区之前，要注意主分区的空间要留足、各分区要合理规划、选择可靠性强的文件系统等注意事项。相关内容的详细介绍，请扫描二维码查阅。

随着硬盘价格的不断走低，8TB 乃至 10TB 的超大硬盘已逐渐成为大众消费品，同时互联网时代下的个人信息安全问题也愈加突出，在对硬盘进行分区时，最好全部逻辑分区都采用 NTFS 文件格式。Windows 10 及后续版本的 NTFS 格式除了支持高达 2TB 的单个文件存储外，还提供了更精细的安全保护、更强壮的故障修复和更高效的数据压缩性能，能很好地满足用户多方面的数据存储要求。

硬盘分区并不存在统一的标准，用户自身的使用需要就是硬盘划分的依据。用户在制定硬盘分区方案时，可根据以下几条建议来实施划分：系统、应用两分离，备份、下载不能忘，娱乐空间尽量大，敏感资料要保护。

表 14-2 给出了硬盘分区类型、容量和功能规划参考示例。

表 14-2　硬盘分区类型、容量和功能规划参考示例表（1TB 硬盘、Windows 7 操作系统）

驱动器号/卷标签	分区类型	分区容量	文件系统	安全管控措施	分 区 用 途
C 盘/系统卷	主分区	50GB	NTFS	系统默认	仅安装 Windows 系统和驱动程序，用作故障转储区
D 盘/软件卷	主分区	150GB	NTFS	系统默认	安装办公、杀毒、游戏等各类应用软件，并用作页面交换区（虚拟内存）
E 盘/资料卷	逻辑分区	300GB	NTFS	用户访问控制/文件加密或卷加密/启用压缩	存放学习或工作资料、系统 Ghost 镜像文件，以及照片、视频等个人隐私文件，私密程度高，需设置安全管控措施
F 盘/娱乐卷	逻辑分区	350GB	NTFS	系统默认	存放电影、游戏、歌曲、图片等娱乐性资源
G 盘/下载卷	逻辑分区	82GB	NTFS	系统默认	专用于 P2P 资源下载（迅雷、电驴、快车等），下载后移走文件，免伤其他分区

注：（1）根据实际需要，用户也可以将 F 盘和 G 盘合并，用来统一存放下载和娱乐资源。
　　（2）硬盘厂商制造出来的 1TB 硬盘容量只有 1000G，而且硬盘内存固件程序会占用一部分空间，实际在计算机中显示的只有 930G 左右。

14.3　硬盘分区与格式化操作实践

目前比较知名的硬盘分区工具有 Partition Magic、DiskGenius、傲梅分区助手等。DiskGenius 是一款国产专业级的磁盘管理和数据恢复软件，其前身为李大海研发的 DiskMan。DiskGenius 采用其特有的算法，运算性能强大，功能全面，操作界面也很友好，易于新手掌握使用。

下面以 DiskGenius 4.7.1 版 64 位磁盘管理软件为例，参照表 14-2 中所列的硬盘分区示例方案，尝试对一块 1TB 容量的机械硬盘进行分区和格式化操作。在创建磁盘分区时，用户应遵循"先建主分区，再建扩展分区，后建逻辑分区"的划分顺序。

实训任务 2　使用分区工具对硬盘进行分区和格式化

【操作步骤】

① 将 1TB 容量的硬盘挂在一台能正常使用的计算机主机上，从 DiskGenius 官网中下载该软件，安装后运行 "DG 磁盘分区" 程序。若没有可供挂载的计算机，建议用户使用 "老毛桃" 或 "大白菜" 之类的启动 U 盘（启动 U 盘的制作在另外章节中介绍），将启动盘插入主机中，开机后进入 Windows PE 微系统桌面，然后运行 "DiskGenius 分区工具" 程序。

② 打开 DiskGenius 主界面，可以看到磁盘状态信息窗口上方有一条呈圆柱形的分区状态条，背景呈现一片灰色，中间标注有"931.5GB 空闲"的字样，这表示该硬盘尚未进行配置开发，如图 14-4 所示。状态条的下方还显示了该硬盘的接口类型、具体型号、序列号、柱面数、扇区数等详细信息。在左侧窗口的磁盘信息表中，带有"HD0"字样的一项即为待分区的硬盘。由于使用的是新硬盘，因此"分区参数"配置信息一栏为空。

③ 选中左侧窗口要分区的硬盘，单击工具栏上的"新建分区"按钮，如图 14-5 所示。

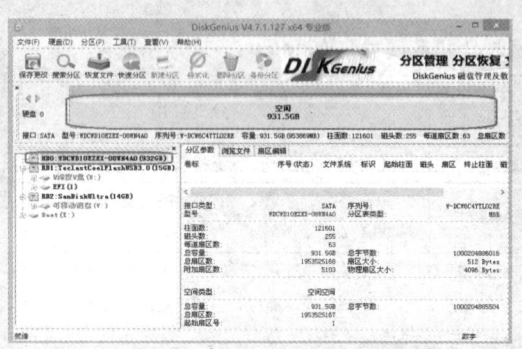
图 14-4　"磁盘状态检测信息"窗口

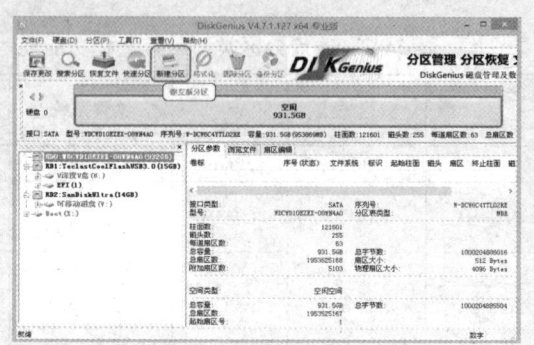
图 14-5　"建立新分区"窗口

④ 在弹出的"建立新分区"对话框中，首先要创建的是硬盘第一个分区，因此分区类型要选择"主磁盘分区"，文件系统类型则选择"NTFS"，在"新分区大小"一栏中填入要分配给此分区的容量，具体数值由用户决定。在本例所示的分区规划方案中，由于这个分区只用来安装操作系统和一些必要的驱动程序，尽量保持该分区的单纯性，所以分配的空间不用太大，这里填入"50"GB，其他参数项则保持缺省设置，如图 14-6 所示。

单击"详细参数"按钮则可以进一步设置更加详细的磁盘分区参数，包括指定起始与终止柱面数、设置磁头和扇区的具体位点等，这些高级参数配置一般保持缺省值即可，如图 14-7 所示。操作完成后，单击"确定"按钮保存更改并返回主界面。

图 14-6　"分区参数设置"对话框

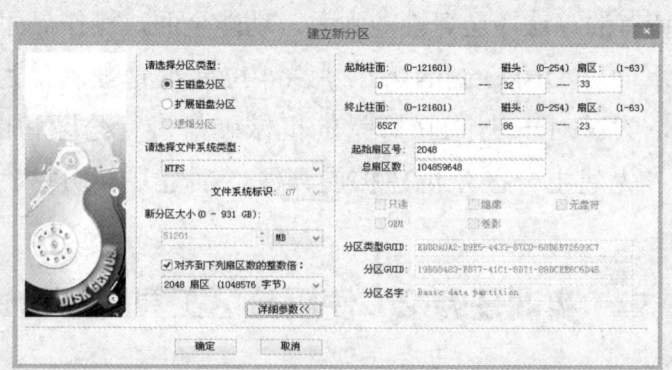
图 14-7　"高级参数设置"对话框

⑤ 在分区管理主界面中看到，分区状态条的左侧有一块区域已变成深蓝色，这代表刚才已分好的主分区位置，中间的字样显示了该分区目前的状态。将鼠标指针移至主分区状态条的位置，会自动弹出该分区的具体状态说明。需要说明的是，由于第一个分区已被 DiskGenius

硬盘分区与格式化 第 14 章

软件默认标记为"活动"状态,因此用户就无须再手动指定活动分区了,如图 14-8 所示。

用同样的方法,在右侧的灰色空闲区域中,创建第二个主分区,仍然采用 NTFS 文件格式,分区容量则分配为"150"GB。创建完成后的效果如图 14-9 所示。

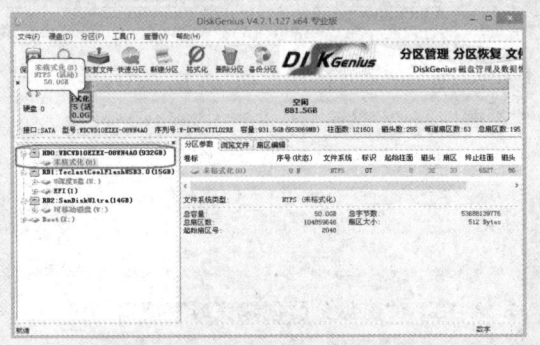
图 14-8 第一个"分区创建完成"窗口

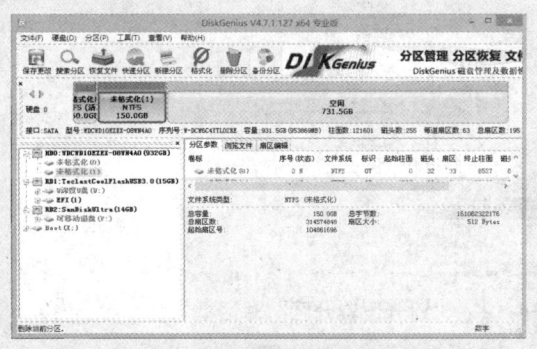
图 14-9 "创建第二个主分区"窗口

⑥ 再次选中右侧灰色的分区状态条,单击"新建分区"按钮,这次的分区类型要选择"扩展磁盘分区",注意不要改动"新分区大小"一栏中默认的容量数值,这表示除了主分区以外,所有剩余的磁盘空间都将归入扩展分区范围,如图 14-10 所示。

设置完成后单击"确定"按钮,扩展分区就创建好了,而主窗口的状态条也把对应的扩展分区位置显示为绿色背景,创建完成后的效果如图 14-11 所示。

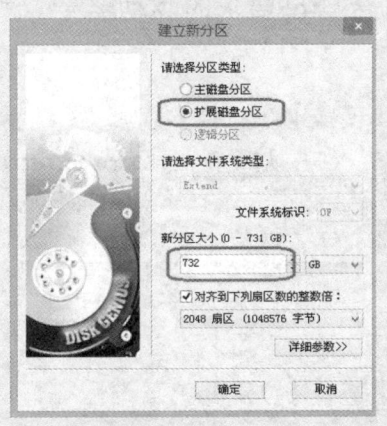
图 14-10 "扩展磁盘分区"对话框

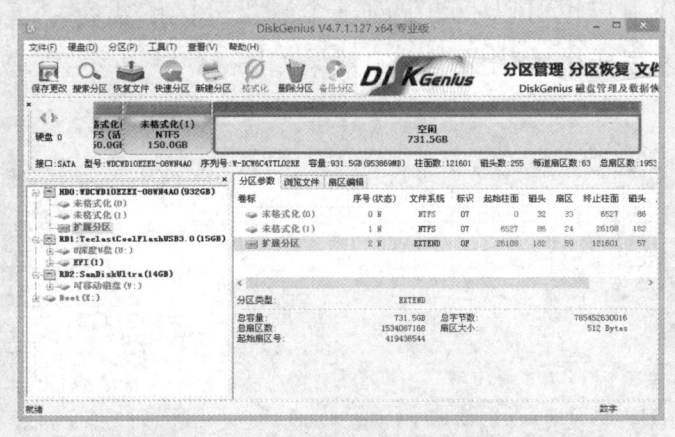
图 14-11 "扩展分区创建效果"窗口

⑦ 接下来就要划分具体的逻辑分区了。在状态条一栏中选定扩展分区位置,再单击"新建分区"按钮,这时在分区类型那里只有"逻辑分区"为可选项,文件系统类型同样要选择"NTFS",分区的容量大小则填入"300"GB,如图 14-12 所示。然后单击"确定"按钮保存设置,这样第一个逻辑分区就创建完成了。

⑧ 用相同的方法,依次创建余下的 2 个逻辑分区。在创建各个逻辑分区时,其他部分的参数设置与第一个逻辑分区保持一致即可,唯有在"新分区大小"一栏中,要分别填入"350"GB 和"82"GB。至此,所有的逻辑分区都已创建完毕。返回主菜单,可以看到每一个主分区和逻辑分区在状态条中都拥有自己的区域位置,彼此之间具有明显的分界线。各个磁盘分区创建完成后的效果如图 14-13 所示。

图 14-12 "划分逻辑分区"对话框

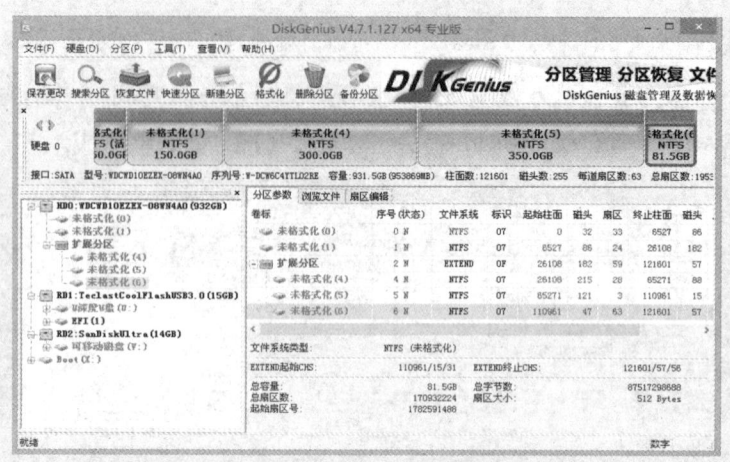
图 14-13 "磁盘分区创建完成"窗口

⑨ 最后单击主窗口左上角的"保存更改"按钮,弹出分区表保存确认对话框,询问用户是否要保存对分区表所做的所有更改,如图 14-14 所示。单击"是"按钮,DiskGenius 开始自动执行用户所设定的分区设置,其间 DiskGenius 会对每一个分区提示需要格式化,分别单击"是"按钮同意操作即可。

⑩ 每格式化完一个分区后,DiskGenius 都会为该分区自动分配一个驱动器号(盘符),第一个主分区的驱动器号一般设置为 C:,其余分区的驱动器号依次分配为 D:、E:、F:、G:。另外用户也可以手动更改各个磁盘分区的盘符,重新指派符合自己要求的驱动器号。所有分区完成格式化操作后的效果如图 14-15 所示。

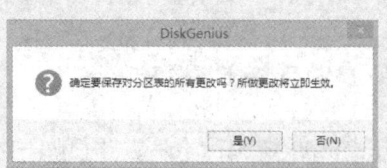
图 14-14 "分区表保存确认"对话框

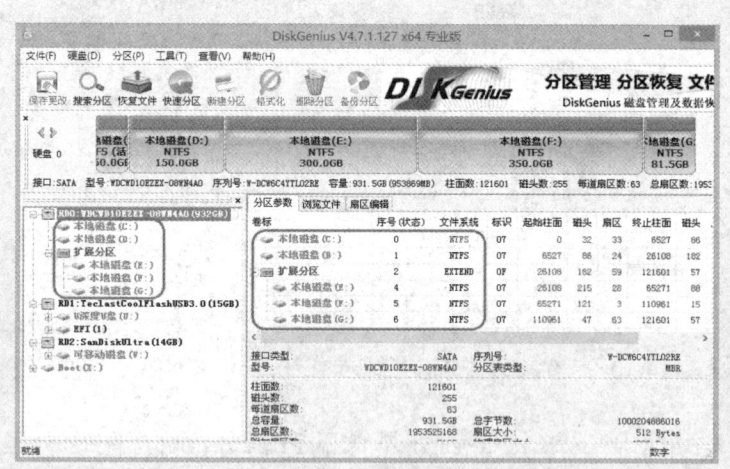
图 14-15 "完成磁盘分区格式化"窗口

实训结束,完成下面的技能评价表。

使用分区工具对磁盘进行分区操作训练技能评价

实训任务	检查点	完成情况	出现的问题及解决措施
使用分区工具对硬盘进行分区和格式化	熟悉 DiskGenius 软件的基本功能	□完成 □未完成	
	制定合适的分区方案,并完成空间划分	□完成 □未完成	
	完成主分区的激活	□完成 □未完成	
	熟练掌握分区格式化	□完成 □未完成	

实训任务 3　删除现有分区

如果对硬盘现有的分区不满意，用户可以删除各个分区，然后重新规划、创建更合理的分区。用户既可以删除全部分区，也可以删除其中的一个或者多个逻辑分区，但不能跳过逻辑分区而直接删除扩展分区。

删除分区的操作流程与创建分区刚好相反，遵循的是"先删逻辑分区，再删扩展分区，后删主分区"的顺序，一步步地将各个分区有序删除。现将"实训任务 2"中已经创建好的所有分区逐一删除。

【操作步骤】

① 运行 DiskGenius 分区工具，进入软件主窗口，为方便初学者理解，先从后面的逻辑分区开始删除。用鼠标选中最后一个逻辑分区（G:盘），再单击工具栏中的"删除分区"按钮，如图 14-16 所示。

随后弹出"确认删除分区"对话框，提示删除该分区会导致分区内的所有数据丢失，如图 14-17 所示。在确保已对重要数据进行备份的前提下，选择"是"按钮，G:盘即被删除，该分区重新变回空闲状态。

② 用同样的方法，逐个删除 F:盘和 E:盘这两个逻辑分区。在所有的逻辑分区全部被删除后，这些磁盘空间将统一返回到扩展分区中，这时扩展分区下面已不再有盘符。逻辑分区删除后的效果如图 14-18 所示。

图 14-16　"删除分区（G:盘）"窗口

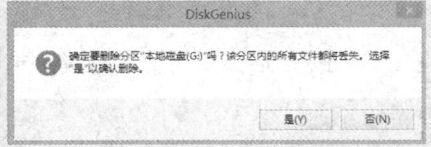

图 14-17　"确认删除分区"对话框

③ 选中扩展分区状态条，再单击"删除分区"按钮，将扩展分区标识删除。扩展分区删除后的状态如图 14-19 所示，可以看到扩展分区的所有标识都已消失，其所属的磁盘空间全部重新变成灰色背景的空闲状态。

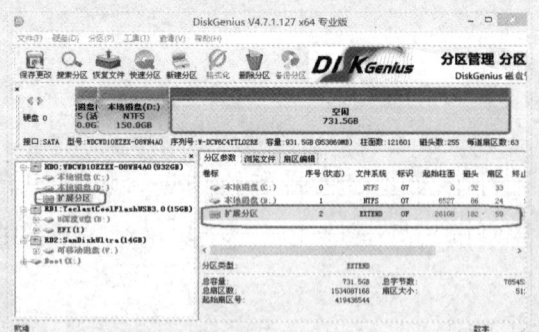
图 14-18 "逻辑分区完成删除"窗口

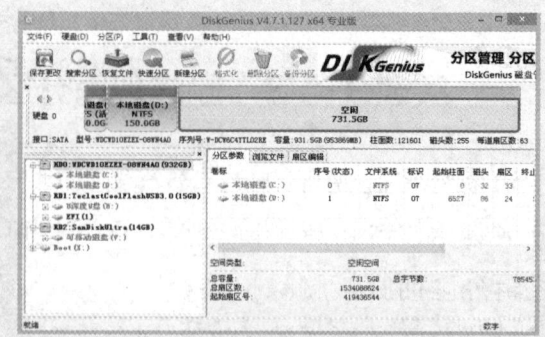
图 14-19 "扩展分区完成删除"窗口

④ 选中状态条中的 D:盘，单击"删除分区"按钮，删除这个主分区，如图 14-20 所示。

⑤ 再用同样的方法，将最后一个主分区——C:盘删除。硬盘全部分区删除完毕后，整个磁盘空间都变回空闲状态。删除后的效果如图 14-21 所示。

图 14-20 "删除分区（D:盘）"窗口

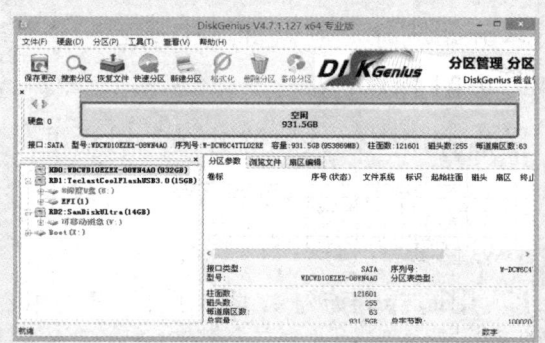
图 14-21 "全部分区删除完成"窗口

【操作提示】请注意，删除分区会破坏该分区内的所有数据，因此执行删除操作务必要谨慎，一定要记得事先转移或备份分区内的重要资料。

【操作提示】快速删除硬盘分区除了能单独删除用户指定的分区外，DiskGenius 软件还提供了快速删除分区功能，用户可以一键删掉硬盘中所有的分区，因此大大简化了删除分区的操作过程。快速删除分区的操作很简单，单击 DiskGenius 软件主窗口上方的"硬盘"菜单栏，在下拉菜单中选择"删除所有分区"命令，弹出如图 14-22 所示的确认对话框。单击"是"按钮，再单击主窗口左上角的"保存更改"按钮，这样所有分区被一键删除。

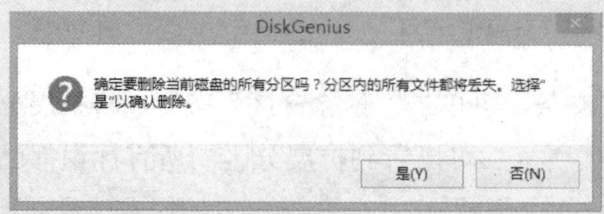
图 14-22 "删除所有分区"对话框

实训结束，完成下面的技能评价表。

硬盘分区与格式化 第 14 章

删除现有分区操作训练技能评价

实训任务	检查点	完成情况	出现的问题及解决措施
删除现有分区	逐个删除所有的分区	□完成 □未完成	
	重新建立原来的分区，并用快速删除功能删除所有分区	□完成 □未完成	
	比较、总结这两种分区删除的操作特点	□完成 □未完成	

实训任务 4 对硬盘进行快速分区

对于有一定基础的用户，还可以使用 DiskGenius 提供的快速分区功能对硬盘空间进行批量分区和自动设置，让分区操作变得容易、快捷、轻松。

具体操作过程如下。

【操作步骤】

① 运行 DiskGenius 分区工具，进入软件主窗口，选中要进行快速分区的硬盘状态条，在上方功能栏中单击"快速分区"按钮，如图 14-23 所示，或者直接按 F6 键实现同样的操作。

② 随后弹出"快速分区"窗口，在窗口左侧的"分区数目"一栏中，用户要确定磁盘分区的数量，在本例中选择 5 个分区。下方的"重建主引导记录（MBR）"处应保持默认的勾选状态，这与右上方的"分区表类型：MBR"描述信息对应，如图 14-24 所示。

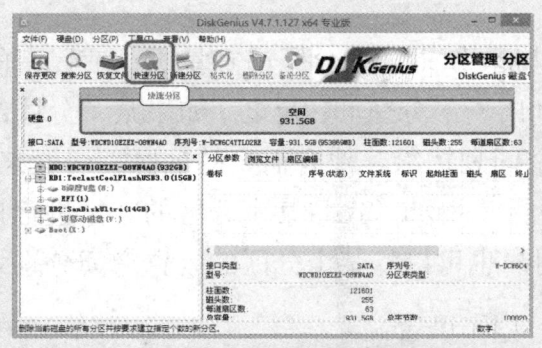

图 14-23　"快速分区"窗口

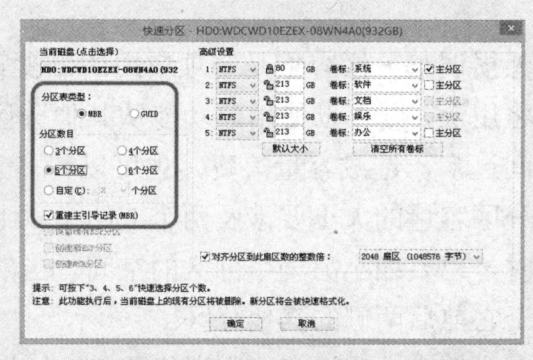

图 14-24　"分区数量设置"窗口

③ 指定分区数量后，窗口右侧的"高级设置"下将自动显示 5 行配置栏，分别对应该硬盘的 5 个分区。在"文件系统类型"选项中，建议为各个分区统一选择"NTFS"文件系统格式；在"分区大小"一栏中，从"分区 1"至"分区 5"按顺序分别填入 50GB、100GB、300GB、500GB 和 82GB；而在"卷标"一栏中，同样也按分区 1～5 的顺序依次填入系统、软件、文档、娱乐和下载这几个卷标。另外，每个分区后面都带有一个"主分区"选择框，这个由用户按实际需要勾选，这里只勾选第一个分区后面的小框，让硬盘只拥有一个主分区即可。设置完成后的分区参数如图 14-25 所示。

④ 检查无误后，单击"确定"按钮，DiskGenius 软件将执行分区设置命令，逐个对磁盘分区进行格式化，并分配对应的盘符，此执行过程无须人工干预。在开始操作之前，用户务必要确认是否需要备份硬盘中原有的数据，以免造成损失。格式化完成后的硬盘分区

如图 14-26 所示。

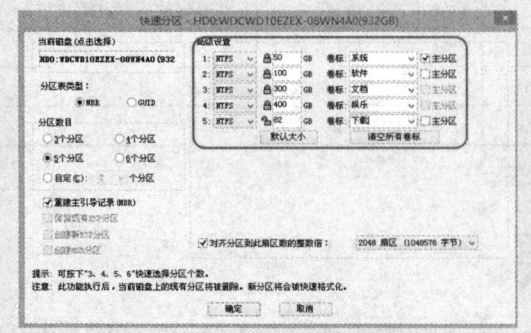

图 14-25　"快速分区参数设置"窗口

图 14-26　"完成硬盘快速分区"窗口

实训结束，完成下面的技能评价表。

对硬盘进行快速分区操作训练技能评价

实训任务	检查点	完成情况	出现的问题及解决措施
对硬盘进行快速分区	一键创建 4 个分区，各分区容量按需分配	□完成　□未完成	
	为每个分区指定一个卷标	□完成　□未完成	
	各分区的文件系统均采用 NTFS 格式	□完成　□未完成	

实训任务 5　调整分区容量

无损调整分区容量是一项实用的磁盘管理功能。如果某个分区的容量过小或已有的空间即将用满，则可以使用此功能从其他分区中划出一部分空间；反之，如果某个分区的闲置空间过多，造成容量浪费，也可以将多余的空间划拨给其他有需要的分区。一般来说，调整分区容量的大小要涉及两个或两个以上的分区。例如，在将某个分区的容量进行扩充的同时，也要缩小另一个分区的空间。当然，用户也可以将某个分区的闲置空间分别划拨给位于它前后两侧的其他分区。

在本例中，假设在"实训任务 4"中设置完成的磁盘分区并不合理，已导致 C:盘和 G:盘空间不足，急需扩容，而 E 盘却有大量的剩余空间，这样就可以从 E 盘中划出 100GB 的容量分配给 C:盘和 G:盘。

下面使用 DiskGenius 软件来快速完成无损分区容量调整，具体操作过程如下。

【操作步骤】

① 打开 DiskGenius 软件主窗口，选中分区状态条中的"文档（E:盘）"，再单击主窗口上方的"分区"菜单，在下拉菜单中选择"调整分区大小"命令，或者按 Ctrl+F11 组合键也能实现同样的效果，随后弹出"调整分区容量"对话框，如图 14-27 所示。

② 在"调整分区容量"对话框中，可以看到当前 E 盘的总容量为 300GB。在"调整后容量"一栏中，可以指定 E:盘在调整后的剩余容量值，这里设置为"200GB"，起始扇区号和终止扇区号保持默认值。这时容量状态条的位置也发生了变化，"文档（E:盘）"的

状态条缩减为200GB，而右侧则多出了容量为100GB的空闲状态条，如图14-28所示。

图14-27 "调整分区容量"对话框

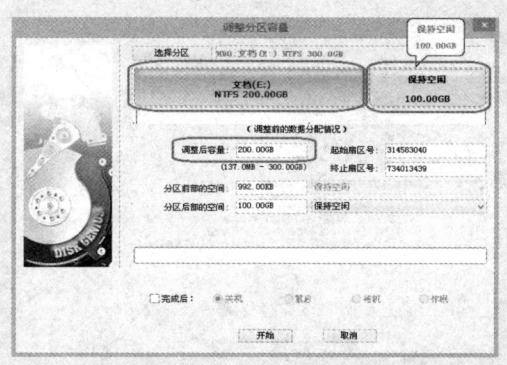

图14-28 "设置容量调整"对话框

③ "调整分区容量"对话框的下方有两栏设置，其中在"分区前部的空间"一栏中填入"50GB"，然后按"Enter"键，此处选择功能被激活。单击右侧的下拉菜单，可将这50GB空间用于4个功能选项："保持空闲"会造成空间浪费，一般不选；"建立新分区"用于对某个分区进行拆分，不是本例的需求；"合并到 软件（D:）"或者"合并到 系统（C:）"都能增加该盘的容量。由于C:盘空间不足，这里选择"合并到 系统（C:）"，如图14-29所示。

④ 同理，在"分区后部的空间"一栏中也填入"50GB"，按"Enter"键，然后选择"合并到 下载（G:）"，将这部分容量划分给G:盘，如图14-30所示。

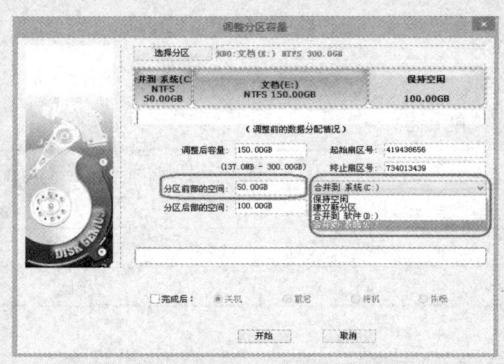

图14-29 "合并到 系统（C:）"对话框

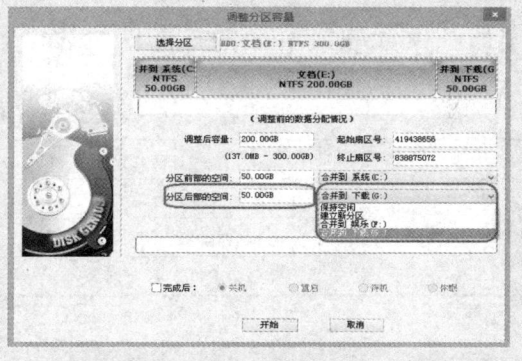

图14-30 "合并到 下载（G:）"对话框

⑤ 单击"开始"按钮，DiskGenius会先弹出分区容量调整提示对话框，简要说明本次无损分区调整的操作步骤及一些注意事项，如图14-31所示。务必要提前做好重要资料的备份，以免因发生意外而丢失数据。

⑥ 单击"是"按钮，DiskGenius开始执行分区无损调整命令。在此过程中，DiskGenius会详细显示当前操作的信息，如图14-32所示。

⑦ 调整分区结束后，单击"完成"按钮，关闭调整分区对话框。这时可以看到，C:盘、E:盘、G:盘的容量均已调整成功，如图14-33所示。

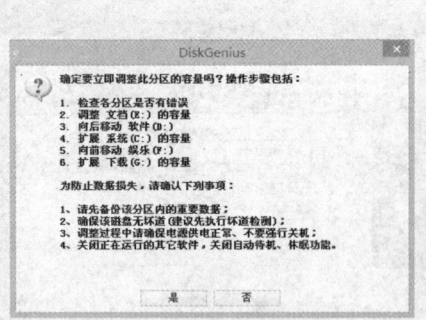
图 14-31 "分区容量调整提示"对话框

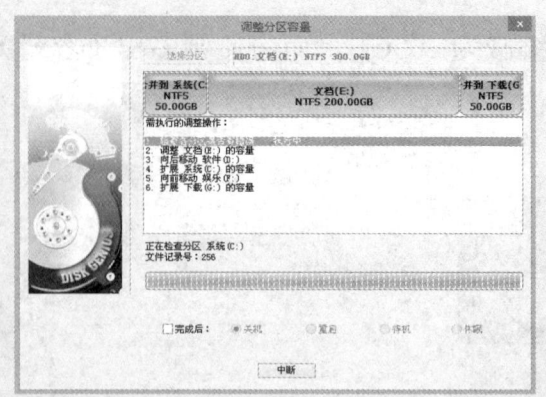
图 14-32 "执行分区无损调整"对话框

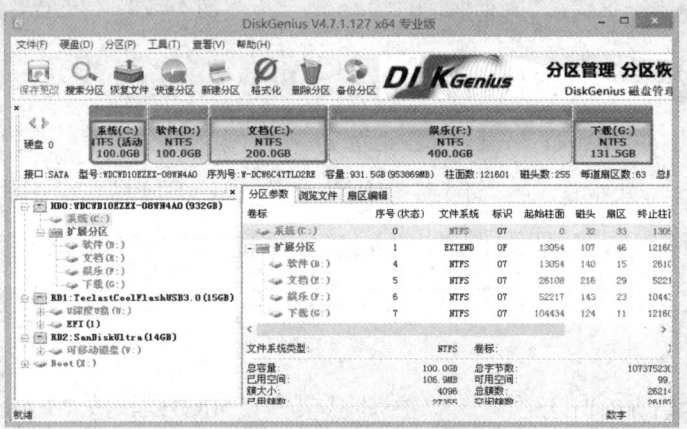
图 14-33 "分区容量调整完成"对话框

实训结束，完成下面的技能评价表。

调整分区容量操作训练技能评价

实 训 任 务	检 查 点	完 成 情 况	出现的问题及解决措施
调整分区容量大小	掌握分区容量前后调整的方法	□完成　□未完成	
	将 E:盘空间的 50%划拨给 F:盘	□完成　□未完成	
	将 C:盘空间扩容一倍	□完成　□未完成	

 实训任务 6　拆分磁盘分区

　　DiskGenius 软件还提供了快速拆分分区的功能。如果硬盘的分区数量不够，可以将某个容量较大的分区拆分开来，用多出的空间建立一个新的分区。

　　在本例中，将拆分 F:盘，然后再创建一个 100GB 大小的新分区，具体操作过程如下。

【操作步骤】

　　① 打开 DiskGenius 软件主窗口，选中分区状态条中的"娱乐（F:）"盘，然后单击鼠标右键，在弹出的下拉菜单中，选择"拆分分区"菜单项，随后弹出"调整分区容量"对话框。在分区状态条中，DiskGenius 自动为 F:盘设置了一个针对拆分的建议容量，状态条左侧为拆分后将会保持的 F:盘容量，而右侧为将从 F:盘中拆分出来的新分区容量（新空间

的用途为"建立新分区"），如图 14-34 所示。

② 可以修改这个建议值，指定实际需要的容量。在"分区后部的空间"一栏处，填入"100GB"，其他参数保持默认状态，然后按"Enter"键，可以看到"调整后容量"一栏的建议值及上方的容量状态条也随之自动变更，如图 14-35 所示。

 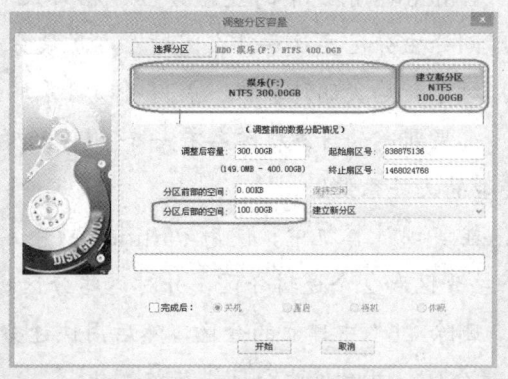

图 14-34　"调整分区容量"对话框　　　　　图 14-35　"设置拆分容量"对话框

另外，也可以用鼠标左键按住 F:盘的状态条，左右拖动此状态条，就能随时调整 F:盘与新分区的容量大小。

③ 设置完成后，单击"开始"按钮，然后在弹出的"调整分区容量"提示对话框中单击"是"按钮，DiskGenius 便开始执行拆分分区的操作命令，如图 14-36 所示。

④ 单击"完成"按钮，返回 DiskGenius 主窗口，可看到新创建的磁盘分区（H:盘）已完成了格式化操作与盘符分配，该分区容量为 100GB，现在已经可以和其他分区一样正常使用了，如图 14-37 所示。

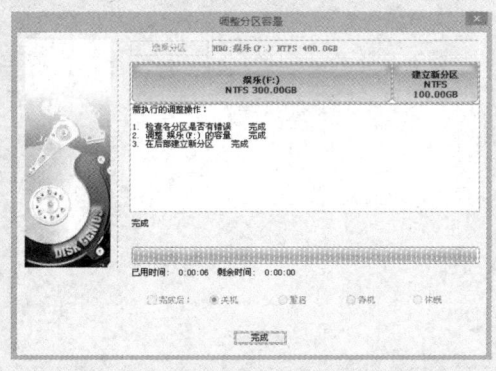 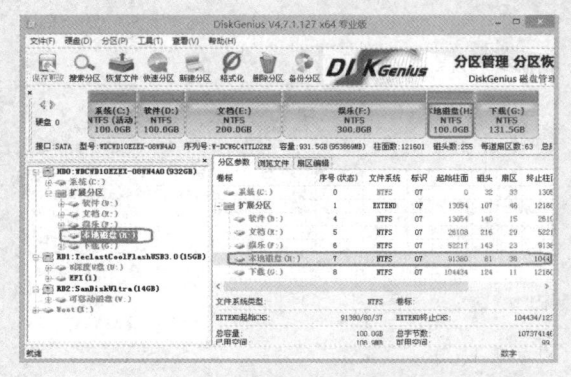

图 14-36　"执行分区容量拆分"对话框　　　　　图 14-37　"磁盘分区创建完成"窗口

实训结束，完成下面的技能评价表。

拆分磁盘分区操作训练技能评价

实训任务	检查点	完成情况	出现的问题及解决措施
拆分磁盘分区	掌握使用 DiskGenius 拆分分区的方法	□完成　□未完成	
	能通过鼠标拖动实现快速分区调整	□完成　□未完成	
	拆分最大的分区，并创建一个新分区	□完成　□未完成	

知识巩固与能力拓展

1. 为什么在安装系统前要先对硬盘进行分区？
2. Windows 系统下的硬盘分区包括哪几种类型？它们分别起到了什么作用？
3. 划分主分区要注意什么问题？在扩展分区下一般创建几个分区比较合适？
4. 对于新购买的计算机，最好对硬盘采取何种硬盘分区格式？请简述理由。
5. 如果新买的计算机配备有一个 1TB 的硬盘，应该怎样合理地划分硬盘的空间？各个分区应采用什么类型的文件系统？
6. 在实训计算机中，使用 Partition Magic 或 DiskGenius 工具对其中的硬件进行分区，要求划分为 1 个主分区和 2 个逻辑分区，并对这些分区进行格式化。
7. 删除"6"中建立的分区，然后用快速分区法一次性将硬盘划分为 4 个分区，包括 2 个主分区和 2 个逻辑分区，并对这些分区进行格式化。
8. 对已划分好的这两个逻辑分区进行空间合并，或者拆分成三个分区。

安装 Windows 7 操作系统

第 15 章

⬇ 工作任务分析

本任务主要学习 Windows 7 操作系统的主要版本、硬件要求、安装方式及安装流程，并介绍了 Windows 7 操作系统和主板驱动程序的安装过程，以及 Windows 7 操作系统安装后的初始设置方法，引导学生掌握与 Windows 操作系统相关的基础知识与操作过程，并通过自主学习达到融会贯通，进而能够独立安装其他操作系统和驱动程序。

⬇ 知识学习目标

- 了解 Windows 7 操作系统的版本特点与安装要求。
- 掌握 Windows 7 操作系统和驱动程序的安装方法。
- 掌握 Windows 7 操作系统的初始化功能设置方法。

⬇ 技能实践目标

- 能够完整安装和设置 Windows 7 操作系统。
- 能够安装系统所需要的硬件驱动程序。
- 学会用其他方法安装系统和驱动程序。

⬇ 课程思维导图

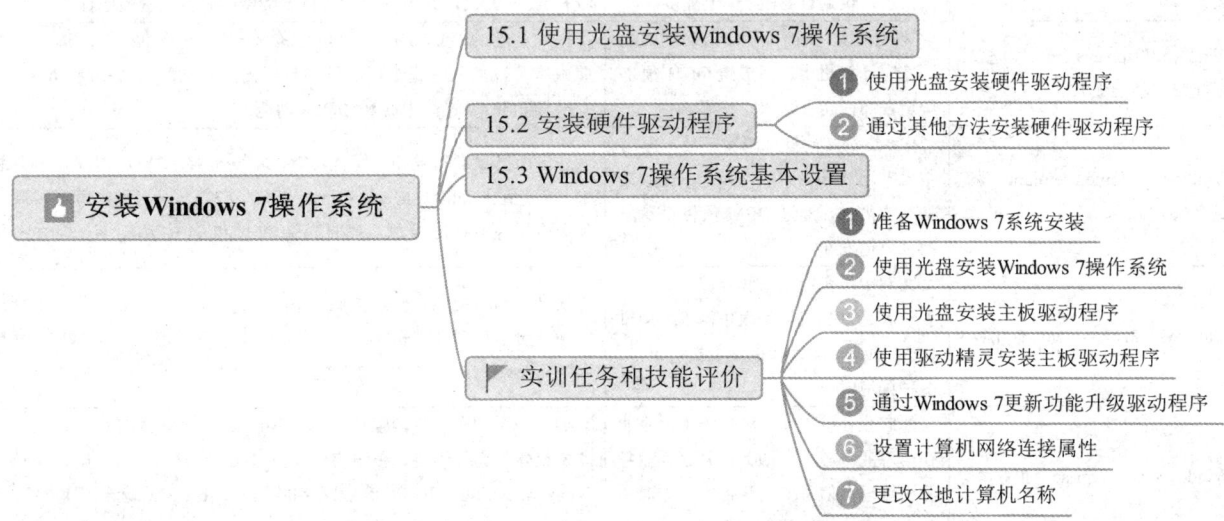

没有装软件的计算机只是一台"裸"机，用户无法对其进行直接操作，因此必须先安装能直接控制和调度硬件设备的基础软件，也就是操作系统。本章将学习如何安装 Windows 7 桌面版操作系统。

15.1 准备 Windows 7 系统的安装

1. Windows 7 操作系统的安装流程

Windows 7 操作系统的安装流程一般包含以下几个步骤。
① 设置以光盘驱动器启动计算机，并放入 Windows 7 操作系统安装光盘。
② 对硬盘进行分区、格式化，并设定系统分区。
③ Windows 7 安装程序将系统文件复制到本地硬盘。
④ 用户在图形界面中设置系统基本信息。
⑤ 激活 Windows 7 操作系统，获得合法使用权利。
⑥ 安装相关的硬件驱动程序。

2. Windows 7 操作系统安装前的准备

在开始安装 Windows 7 操作系统之前，用户应考虑下面几点注意事项。
（1）选择适合自己的 Windows 7 操作系统版本

作为一款非常成功的计算机操作系统，Windows 7 拥有多达 6 个细分版本，每个版本都面向不同的消费用户群，各自包含的具体功能和产品定价也不一样。表 15-1 列出了 Windows 7 操作系统各个版本的适用环境和功能特点。

表 15-1　Windows 7 操作系统各版本的适用环境和功能特点

版本名称	适用环境	功能特点
Windows 7 Starter（简易版或初级版）	面向入门级用户、上网本设备和新兴市场，仅通过 OEM 渠道提供	具备最基本的系统功能，只支持 32 位处理器，可以加入家庭组，但没有 Aero 效果，并限制在某些特定类型的硬件设备上运行
Windows 7 Home Basic（家庭普通版或家庭基础版）	Windows 7 的简化版本，面向大众型家庭计算机用户，通过 OEM 预装渠道发布，也在新兴市场零售	提供基础的 Windows 功能和互联网应用，包含 32 位和 64 位版本。此版本可以加入家庭组，支持多显示器，限制部分 Aero 特效，但不支持 Windows 媒体中心和 Tablet 功能
Windows 7 Home Premium（家庭高级版）	Windows 7 的标准消费产品，面向主流家用计算机市场，满足家庭娱乐的一般需求，通过 OEM 预装和零售两种渠道发布	包含所有桌面增强和多媒体功能，如 Aero 显示特效、高级动画效果、屏幕多点触控功能、Media Center 媒体中心等，可以创建家庭网络组，但不能加入 Windows 域。同时提供 32 位和 64 位版本
Windows 7 Professional（专业版）	面向中小企业用户和计算机爱好者，满足办公应用和娱乐需求，通过 OEM 预装、零售和批量授权协议等多种渠道发布	增强了网络管理和安全功能，如活动目录和域支持、远程桌面连接、网络备份、加密文件系统、位置感知打印、展示模式、软件限制策略和 Windows XP 模式等高级功能。同时提供 32 位和 64 位版本
Windows 7 Enterprise（企业版）	面向企业级市场，满足大中型企业在信息业务应用（如数据共享、业务流程管理、信息安全管控等）方面的需求，通过微软软件保障协议提供	拥有一系列企业级增强功能，如 BitLocker 驱动器加密、AppLocker 非授权软件运行锁定、多语言包支持、UNIX 异构平台应用、基于 Windows Server 2008 R2 企业网络的 DirectAccess 无缝连接和网络分支缓存等。同时提供 32 位和 64 位版本
Windows 7 Ultimate（旗舰版）	面向主流计算机用户和软件爱好者，满足用户在办公、娱乐、设计等方面的需求，通过 OEM 预装、零售和在线升级等渠道发布	拥有与企业版相同的所有功能（含商业功能），仅仅在授权方式和产品服务等方面有所区别。此版本既可以用在普通的个人计算机，也可以用于大型企业环境和复杂多变的桌面计算平台，是 Windows 7 家族中最为强大和灵活的一个成员。同时提供 32 位和 64 位版本

安装 Windows 7 操作系统 第 15 章

考虑到使用需要和购买价格，普通家庭用户安装 Windows 7 家庭高级版已基本够用了，而企业用户或计算机爱好者则应选用 Windows 7 专业版、企业版或旗舰版，这些版本能很好地满足用户的各种专业性或特殊应用需要。其中，专业版与企业版或旗舰版相比，在高级功能方面的差别如表 15-2 所示。

表 15-2　Windows 7 专业版与企业版或旗舰版高级功能对比一览表

系统内置高级功能	Windows 7 专业版	Windows 7 旗舰版/企业版
域支持和组策略控制	√	√
加密文件系统（EFS）	√	√
BitLocker 全卷加密		√
AppLocker 应用加密		√
DirectAccess 直接网络访问		√
高级网络备份	√	√
Windows XP 模式	√	√
分支缓存（Branch Cache）		√
多语言用户界面包		√
远程桌面主机	√	√
从微软虚拟磁盘（VHD）启动		√
VDI 增强		√

（2）了解安装 Windows 7 操作系统的基本硬件要求

要在计算机中安装和运行 Windows 7 操作系统，需要具备最低的硬件要求。表 15-3 列出了微软官方推荐的硬件配置需求。由于 Windows 7 操作系统分为 32 位和 64 位两种版本，各版本对硬件资源的要求也有差别，表 15-3 给出了具体说明。

表 15-3　Windows 7 操作系统安装的最低配置要求

硬件名称	32 位基本要求	64 位基本要求	建议与说明
CPU	主频 1GHz 及以上		通用要求，最好具备两个或多个核心。安装 64 位 Windows 7 操作系统需要搭配 64 位处理器
内存	1GB 及以上	2GB 及以上	最好具备 4GB 或更大容量、1600MHz 以上频率
硬盘	16GB 及以上	20GB 及以上	这仅为 Windows 7 的系统文件与页面交换文件安装需求，不包括用户数据和应用软件，系统分区一般应考虑预留 40～50GB 空间
显卡	DirectX 9.0 显卡支持，并带有 WDDM 1.0 或更高版本的图形显示驱动程序		通用要求，用于实现 Aero 透明效果。很多 3D 游戏软件还需要 DirectX 10/11 版本的支持
显示器	1024×768 像素及以上的分辨率		通用要求，高分辨率能获得更好的显示效果
其他附加设备（非必需项）	Internet 接入设备		保证计算机能够连接 Internet。由于安装后需要联网激活产品，否则只能使用 30 天
	电视调谐器		使用 Windows Media Center 多媒体娱乐功能
	受信任的平台模块（TPM）1.2 以上版本		使用 BitLocker 全卷加密及数据保护功能
	DVD 光驱或刻录机		通过光盘安装系统或制作系统光盘

（3）选择正确的安装方式

Windows 7 操作系统可以通过两种方式进行安装：升级安装和全新安装。

① **升级安装方式**。升级安装是指在不删除原有系统的基础上,以新系统的安装文件替换原有的系统文件。升级后的操作系统仅仅是覆盖了自身的系统文件,而系统分区中的配置信息、用户个人数据(如桌面文件、照片、音乐、视频等)及应用软件都会保留下来。

② **全新安装方式**。全新安装则是将系统分区格式化后,再重新安装新的操作系统,这样原有系统及相关数据也将被全部删除。

升级安装的好处是操作比较方便,不需要设置引导设备就可以进行快速安装,升级完成后还能直接使用原先的系统设置,但如果原有系统中的软件程序已被病毒感染或者存在兼容性问题,升级后将有可能影响新系统的稳定运行。而全新安装则能够解决这些遗留性的隐患,保证新系统的纯净和稳定,但是整个安装和设置过程耗时较长。

实训任务 1　准备 Windows 7 操作系统安装

为了更好地安装 Windows 7 操作系统,需要对系统的基本知识和安装要求有一个简单的了解,并掌握主要的系统安装方法。

【操作步骤】

① 上网查找个人计算机、服务器、平板电脑常用的操作系统。

② 与小组成员一起,检查实训机房或教室一体机所用的系统类型与具体版本,并列出该系统安装的最低硬件要求。

③ 根据自身的实训条件,决定在实训中采用何种安装方式来完成 Windows 7 旗舰版操作系统的安装。

实训结束,完成下面的技能评价表。

Windows 7 操作系统安装技能评价

实训任务	检查点	完成情况	出现的问题及解决措施
准备 Windows 7 系统安装	了解当前主流操作系统的类型和特点	□完成　□未完成	
	了解 Windows 操作系统的主要版本及应用范围	□完成　□未完成	
	了解安装 Windows 7 的基本硬件要求	□完成　□未完成	
	掌握 Windows 7 操作系统安装的一般步骤	□完成　□未完成	

15.2　使用光盘安装 Windows 7 操作系统

以 64 位 Windows 7 中文旗舰版操作系统为例,完成整个安装过程。请使用正版的 Windows 7 操作系统,正版软件不仅能提供良好的安全性、稳定性、产品售后支持和增值服务,避免遭到病毒、木马、间谍软件等恶意程序的攻击,用户也能免受由于侵犯知识产权而带来的声誉

安装 Windows 7 操作系统　第 15 章

损害。在着手进行安装之前，用户应该先检查以下几项准备工作。

① 一张从正规渠道购买的 64 位 Windows 7 中文旗舰版系统光盘，并将光盘附带的产品序列号或产品密钥记录下来。

② 计算机主机已配备一个 DVD-ROM 或 DVD-R 光驱，并确认该光驱支持自启动。

③ 确保系统分区拥有足够的磁盘空间，建议事先为 C 盘划分 50GB 容量，并格式化为 NTFS 文件系统。如果使用的是旧硬盘，建议先用磁盘扫描工具扫描检查系统分区，若存在磁盘错误则需要及时修复，以免影响安装进程。

④ 进入 BIOS 主程序设置界面，在"Advanced BIOS Features"（高级 BIOS 功能设置）菜单中，检查是否已将光驱（CD/DVD ROM）设为第一启动设备（First Boot Device）。这时请不要关闭计算机。

实训任务 2　使用光盘安装 Windows 7 操作系统

安装 Windows 7 操作系统的具体操作步骤如下。

【操作步骤】

1．Windows 7 安装过程之第一阶段：系统引导过程

① 所有准备工作完成后，将 Windows 7 旗舰版系统安装光盘放进光驱中，重启计算机，等待几秒钟之后，屏幕上会出现"Press any key to boot from CD or DVD..."的光驱启动提示，如图 15-1 所示。

② 按键盘上的任意键，光驱开始引导启动，这时屏幕中会出现"Windows is loading files..."的提示信息，表示 Windows 系统正在加载光盘引导文件，如图 15-2 所示。

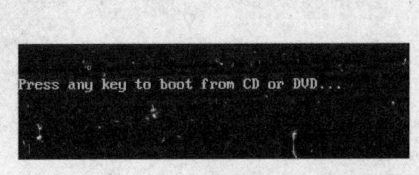　　

图 15-1　"光驱启动"提示窗口　　　　图 15-2　"加载光盘引导文件"窗口

③ 随后出现"Starting Windows"界面，安装程序正通过引导文件完成初始启动进程，如图 15-3 所示。

图 15-3　"Starting Windows"界面

2. Windows 7 安装过程之第二阶段：系统安装配置

① 启动文件加载完成后，屏幕将出现系统设置界面，用户可对语言、时间和货币格式、键盘和输入方法进行设定，一般保持默认设置即可，如图 15-4 所示。

② 单击"下一步"按钮，随后出现如图 15-5 所示的确认安装窗口。若单击"修复计算机"选项可以修复原有系统存在的问题，由于本例中采用的是全新安装，这里应单击"现在安装"按钮。

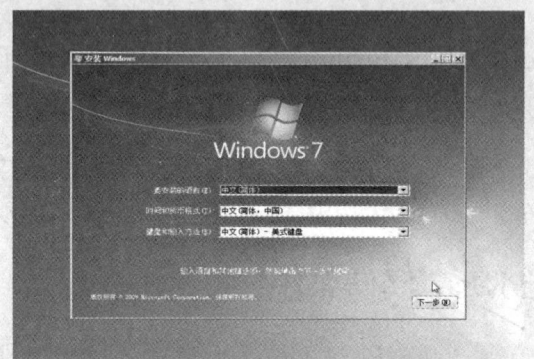

图 15-4　"Windows 系统设置"窗口

图 15-5　"现在安装"提示窗口

③ 这时屏幕上显示"安装程序正在启动..."，然后弹出"请阅读许可条款"窗口，如图 15-6 所示。用户可以阅读其中的软件许可条款，然后勾选"我接受许可条款"复选框，再单击"下一步"按钮继续安装。

④ 随后出现"您想进行何种类型的安装？"窗口，用户可根据自己的实际需要选择合适的安装类型。本例中所采用的是全新安装方式，因此这里要单击"自定义（高级）"选项，如图 15-7 所示。

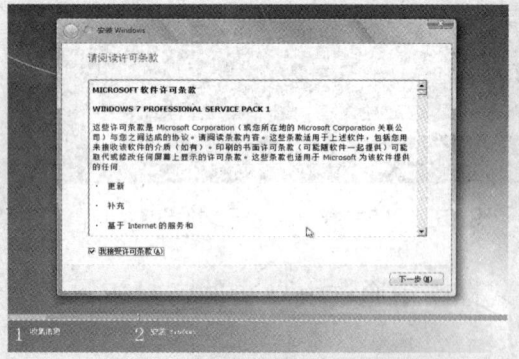

图 15-6　"请阅读许可条款"窗口

图 15-7　"您想进行何种类型的安装"窗口

⑤ 单击之后弹出"您想将 Windows 安装在何处？"窗口，此处需要选择把系统安装在哪个磁盘分区。由于事先已对硬盘进行了分区，此处可以看到硬盘的具体分区情况。如果用户对现有分区不满意，则可以单击"驱动器选项（高级）"，对硬盘分区进行删除、重建、扩展、格式化等操作。这里选择"磁盘 0 分区 2"作为系统分区，如图 15-8 所示。

安装 Windows 7 操作系统　第 15 章

　　如果该硬盘还没有分区，用户也可以在这里直接创建主分区和相应的逻辑分区，并完成格式化操作。方法如下：依次单击"驱动器选项（高级）"→"新建"选项，在"大小"一栏中输入"51200MB"（50GB），作为系统分区容量，然后单击"应用"按钮，在弹出的警告窗口中单击"确定"按钮。之后再用同样的方法，分别创建扩展分区以及各个逻辑分区，如图 15-9 所示。

　　【操作提示】如果在一个新硬盘或者经过重建所有分区后的硬盘上安装 Windows 7，系统会自动生成 100MB 左右的保留空间，用来存放 Windows 7 的相关启动引导文件，这个空间对于用户来说是隐藏的。

　　⑥ 单击"下一步"按钮，安装程序开始安装 Windows 7 操作系统。在安装过程中，计算机可能会有几次重启，但整个过程都是自动执行的，并不需要用户进行干预。如图 15-10 所示显示了安装程序将要完成的步骤，系统安装所需的时间视计算机性能的高低而有所不同。

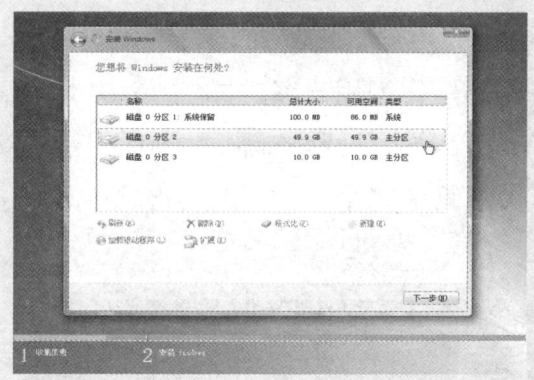

图 15-8　"您想将 Windows 安装在何处"窗口

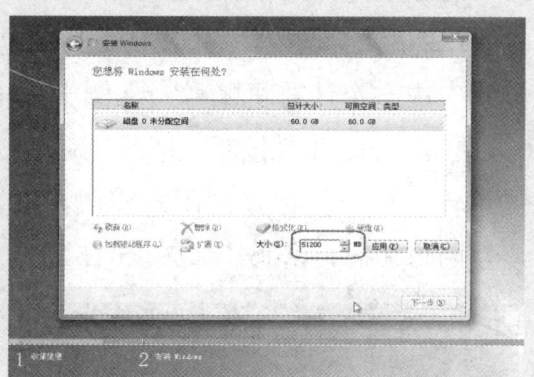

图 15-9　"创建磁盘分区"窗口

　　⑦ 在完成"安装更新"这一步骤后，系统会弹出重新启动的提示窗口。用户可以单击"立即重新启动"按钮，如果不单击，系统将在 10 秒后自动重启，如图 15-11 所示。

图 15-10　"正在安装 Windows"窗口

图 15-11　"系统重新启动"提示窗口

　　⑧ 计算机重新启动后，屏幕上会出现 Windows 7 操作系统的启动画面，如图 15-12 所示，随后安装程序会继续自动执行安装命令。

⑨ 在安装工作结束后会再次重启计算机。在此过程中，系统会自动对主机硬件进行必要的检测，为用户首次使用 Windows 7 操作系统做好准备，如图 15-13 所示。

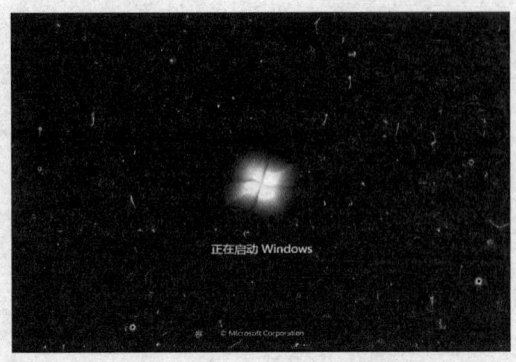

图 15-12　"正在启动 Windows"窗口

图 15-13　"Windows 首次启动准备"界面

3. Windows 7 安装过程之第三阶段：用户信息设置

① 计算机重启之后，进入 Windows 7 操作系统的用户设置界面，设置用户账号，系统将依此生成一个计算机账号，本例中采用"Stephen"作为用户名，如图 15-14 所示。

② 单击"下一步"按钮，进入"为账户设置密码"界面，设置密码有助于保护系统安全。按照提示输入可方便记忆的用户密码，并确保两次密码都完全一致，然后再输入密码提示信息，以防日后忘记密码，如图 15-15 所示。

图 15-14　Windows 用户设置界面

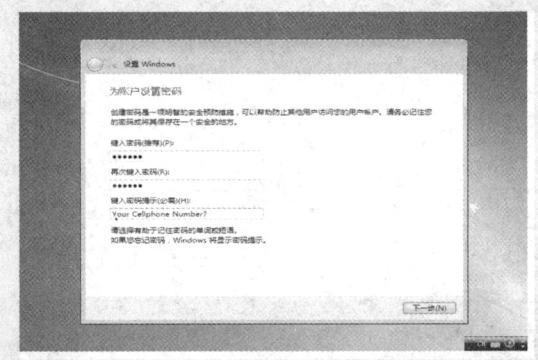

图 15-15　"为账户设置密码"界面

③ 单击"下一步"按钮，进入"键入您的 Windows 产品密钥"窗口，如图 15-16 所示。填入 Windows 7 操作系统光盘上的产品序列号，然后单击"下一步"按钮。此项也可以暂时不填，并取消勾选"当我联机时自动激活 Windows"复选框，这样 Windows 7 仍然可以继续安装，不过系统只能提供 30 天的试用期，其间 Windows 将会多次提示用户完成激活。

④ 接下来选择 Windows 自动更新的方式，自动更新补丁程序能提高 Windows 系统的安全性和稳定性，建议用户选择"使用推荐设置"选项，如图 15-17 所示。

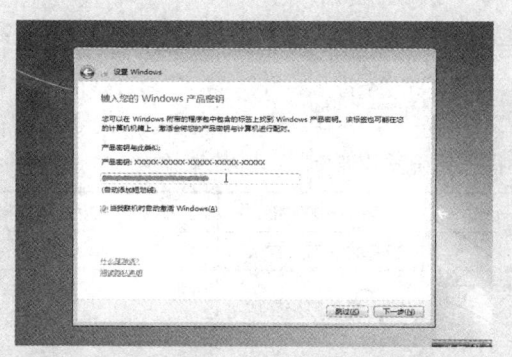

图 15-16 "键入您的 Windows 产品密钥"窗口

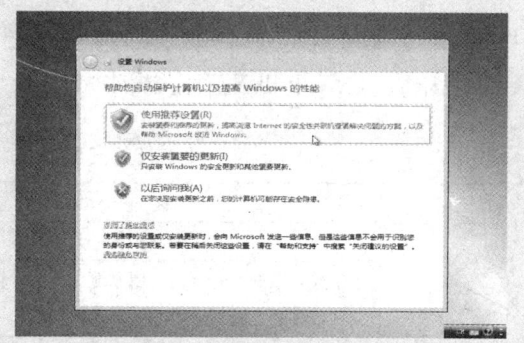

图 15-17 "Windows 自动更新方式"窗口

⑤ 单击"下一步"按钮,进入"查看时间和日期设置"窗口,时区选项中采用默认的北京时区即可,然后校对、调整当前日期和时间,如图 15-18 所示。设置完成后,单击"下一步"按钮。

⑥ 随后进入"请选择计算机当前的位置"窗口,这里要设定计算机所在的网络环境,Windows 防火墙提供了不同的默认安全配置。家庭宽带网络用户可选择"家庭网络"位置,企业或单位局域网用户可选择"工作网络"位置,而处在开放公共网络环境中的计算机则建议选择"公用网络"位置。这里选择"工作网络"位置,如图 15-19 所示。

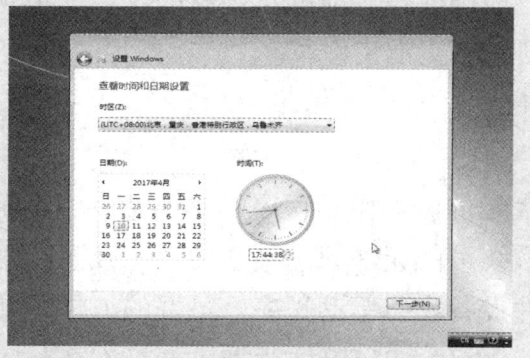

图 15-18 "查看时间和日期设置"窗口

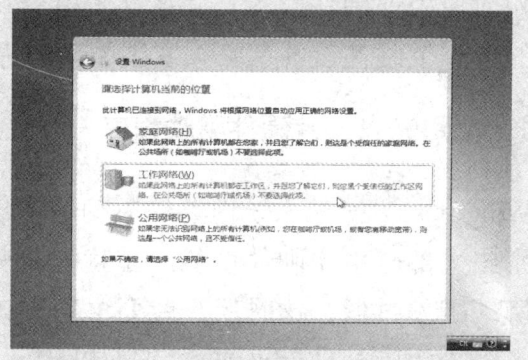

图 15-19 "请选择计算机当前的位置"窗口

⑦ 最后进入 Windows 7 操作系统桌面,可以看到桌面非常简洁、美观,只有一个"回收站"图标,如图 15-20 所示。至此,所有安装步骤均已完成,Windows 7 操作系统已成功安装到计算机中。

图 15-20 Windows 7 操作系统桌面

【课堂思考】除了"回收站"图标外,如何在 Windows 7 桌面上显示更多的系统图标?
实训结束,完成下面的技能评价表。

使用光盘安装 Windows 7 操作系统技能评价

实训任务	检 查 点	完成情况		出现的问题及解决措施
使用光盘安装 Windows 7 操作系统	掌握在 BIOS 中设置从光驱启动的方法	□完成	□未完成	
	掌握在系统安装过程中划分硬盘分区并格式化成 NTFS 文件系统的方法	□完成	□未完成	
	为 Windows 7 操作系统设置正确的网络位置	□完成	□未完成	
	安装完成后正确配置 Windows 7 操作系统的基本功能	□完成	□未完成	

15.3 安装硬件驱动程序

驱动程序即设备驱动程序,是操作系统与硬件设备的交互接口。驱动程序中包含了有关硬件设备的详细信息,当操作系统发送操作指令给某个硬件时,驱动程序就负责为操作系统解释如何使用该硬件设备,并将操作指令"翻译"成硬件设备能够执行的语言。连接到计算机中的每一个硬件设备都必须安装驱动程序,否则无法正常工作。

1. 使用光盘安装硬件驱动程序

Windows 7 操作系统内置的驱动包中集成了大量的硬件驱动程序,安装完成后系统能自动识别出大部分主流硬件设备。在某些情况下,系统可能无法识别某个硬件,或系统集成的硬件驱动版本过低,这时用户就要单独为该款硬件设备安装驱动程序,最好的方法是使用硬件设备附带的驱动光盘来安装。下面以华硕 PRIME B250M-PLUS 主板和七彩虹 GeForce GTX 750 显卡为例,详细介绍如何安装硬件驱动程序。

(1)安装主板驱动程序

安装主板驱动程序,能让操作系统识别出主板芯片组的型号、相关功能和其他部件信息。华硕 PRIME B250M-PLUS 主板采用 Intel B250 芯片组,支持基于 LGA 1151 接口的 Intel 第六代与第七代酷睿 i7/i5 处理器,并支持总容量达 64GB 的 DDR4 2400/2133 内存条,另外还附带 M.2 接口、Type-C 接口和 Realtek ACL887 八声道高保真音频芯片。

 实训任务 3　用光盘安装主板驱动程序

【操作步骤】

① 将主板附带的驱动光盘放入光驱中,通常光盘会自动运行安装程序,如果没有自动运行,可直接双击驱动光盘图标,或者打开光盘目录,双击 Setup.exe 安装程序。

随后弹出主板驱动程序管理界面,如图 15-21 所示,可以看到该款主板的驱动光盘提供驱动程序、工具程序、用户手册及重点提示等几项常用功能,用户可根据自己的实际需要来进行选择。

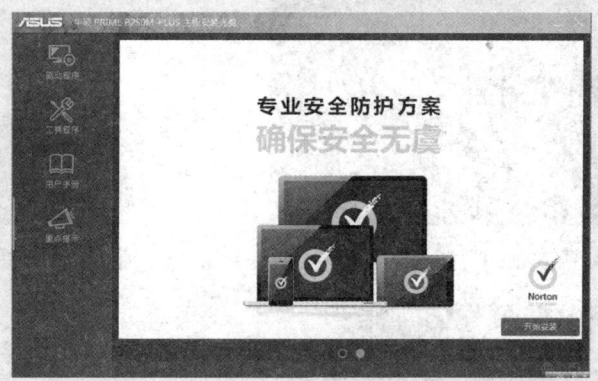

图 15-21　主板驱动光盘管理界面

② 单击切换到"驱动程序"功能窗口,这里列出了该款主板所附带的各类硬件驱动程序及几个实用的小程序,如图 15-22 所示。

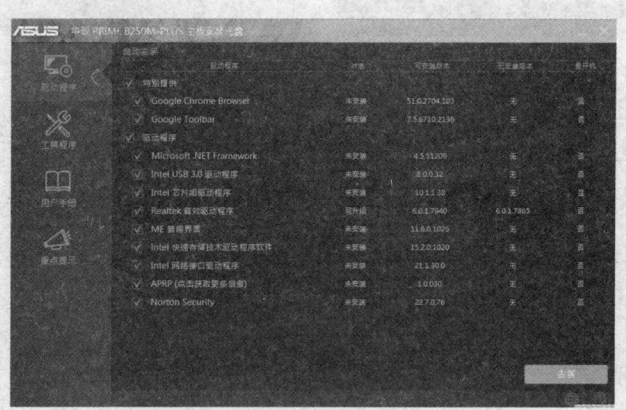

图 15-22　"驱动程序"功能窗口

③ 在本例中,需要安装几项主要的硬件驱动程序,这些驱动对主板的整体功能及运行性能将起到较大的提升作用,包括芯片组驱动、板载音效芯片驱动、板载 USB 3.0 接口驱动、板载网络接口芯片驱动和 Intel 快速存储技术驱动程序,另外主板 ME 管理界面程序和 Microsoft .NET Framework 扩展框架组件也一并安装。勾选需要安装的功能程序,而将那些不需要安装的程序取消勾选即可,如图 15-23 所示。

④ 选择所需程序后,单击"安装"按钮,弹出安装确认信息提示对话框,提醒用户驱动程序安装过程中将会重启计算机,如图 15-24 所示。

⑤ 单击"是"按钮,系统将自动执行驱动程序的安装命令,如图 15-25 所示。整个安装过程预计将花费 15~20min,这其间计算机将会重启两次。

⑥ 在所选驱动程序和功能软件全部安装完成后,系统将弹出"安装完成信息"提示对话框,询问用户是否要立即重启计算机,如图 15-26 所示。

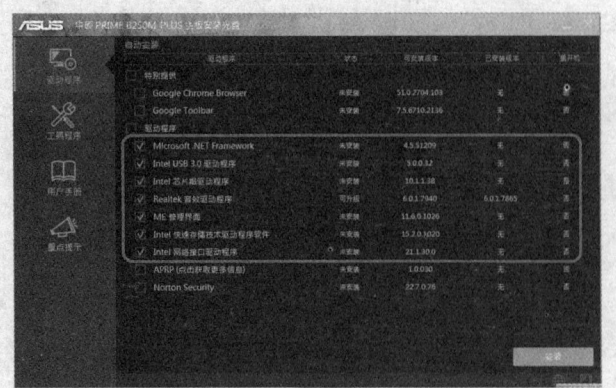

图 15-23　选择所需安装的功能程序

图 15-24　安装确认信息提示对话框

图 15-25　驱动程序安装进程

图 15-26　"安装完成信息"提示对话框

⑦ 单击"是"按钮，计算机将再次重启。重新进入系统桌面后，在"计算机"图标处右击，在弹出的快捷菜单中选择"管理"命令，然后在弹出的"计算机管理"窗口的左侧单击"设备管理器"选项，在主窗口的设备列表中检查各个硬件驱动程序是否已经安装成功，如图 15-27 所示。这里可以看到，除了"High Definition Audio 设备"这一项硬件驱动程序没有被正确安装（以黄色叹号标示）以外，其余各个设备的驱动程序均已完成安装。

（2）安装显卡驱动程序

七彩虹 GeForce GTX 750 显卡采用 NVIDIA 的 GPU 图形芯片，需要安装一系列的驱动程序，操作过程如下。

① 将七彩虹 GeForce GTX 750 显卡的驱动光盘放入光驱，找到光盘目录下的 Autorun.exe 程序图标，双击运行该程序，启动驱动程序管理界面，如图 15-28 所示。可以看到，七彩虹 GeForce GTX 750 显卡提供了显卡核心驱动程序和 iGameZone 游戏扩展支持程序两项安装功能。

② 单击"安装显卡驱动"按钮，弹出驱动文件解压对话框，用户可选择显卡驱动文件解压的路径，如图 15-29 所示。

③ 单击"OK"按钮，系统将显卡驱动程序的源文件解压。解压完成后弹出"检查系统兼容性"对话框，检查显卡驱动文件与 Windows 7 操作系统之间的兼容性，如图 15-30 所示。

安装 Windows 7 操作系统　第 15 章

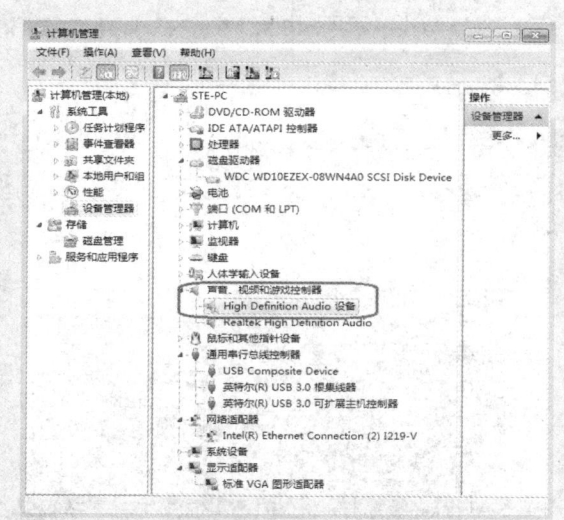

图 15-27　检查设备驱动程序

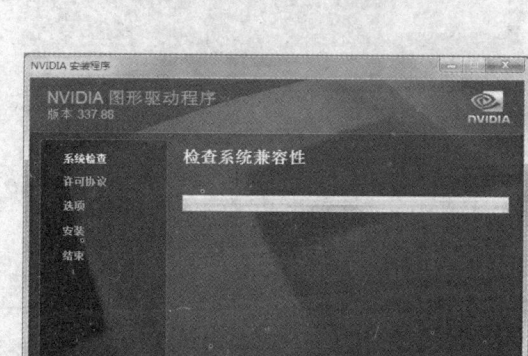

图 15-28　驱动程序管理界面

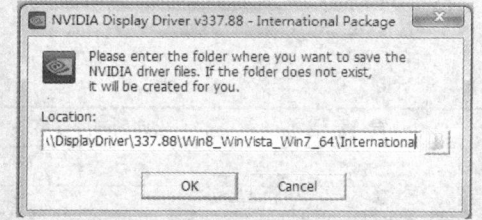

图 15-29　驱动文件解压对话框

图 15-30　"检查系统兼容性"对话框

④ 系统兼容性检查完成后，弹出"NVIDIA 软件许可协议"对话框，如图 15-31 所示。

⑤ 单击"同意并继续"按钮，弹出"安装选项"对话框，在这里可以选择"精简"和"自定义"两种安装模式，一般情况下直接采用默认的"精简"安装模式即可，如图 15-32 所示。

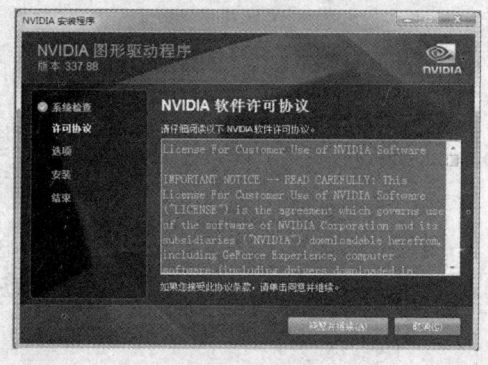

图 15-31　"NVIDIA 软件许可协议"对话框

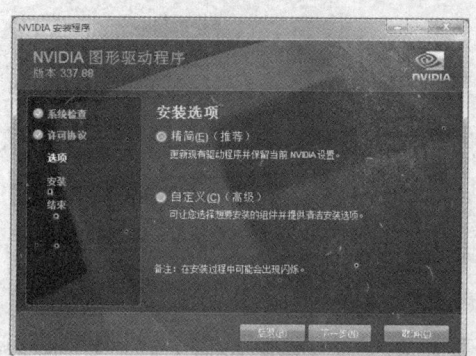

图 15-32　"安装选项"对话框

⑥ 单击"下一步"按钮，安装向导自动执行显卡驱动安装进程，其中包括显示芯片

201

驱动程序、核心架构运算程序、运行算法指令程序、3D Vision 驱动程序、NVIDIA GeForce Experience 管理软件等一系列关键程序，如图 15-33 所示。

⑦ 驱动程序安装进程结束后，弹出"NVIDIA 安装程序已完成"对话框，如图 15-34 所示。单击"马上重新启动"按钮，待计算机重启后，七彩虹 GeForce GTX 750 显卡驱动程序即可正常发挥作用了。

 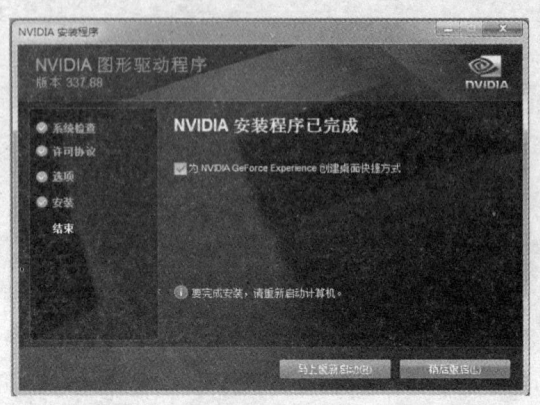

图 15-33　显卡驱动安装进程　　　　　图 15-34　"NVIDIA 安装程序已完成"对话框

实训结束，完成下面的技能评价表。

用光盘安装主板驱动程序技能评价

实训任务	检查点	完成情况	出现的问题及解决措施
用光盘安装主板驱动程序	安装合适的主板驱动程序，重启后进行检查测试	□完成　□未完成	
	安装最新版本的显卡驱动程序，重启计算机后进行验证测试	□完成　□未完成	
	在"计算机管理"窗口中检查各个设备驱动程序是否已正确安装	□完成　□未完成	

2. 通过其他方法安装硬件驱动程序

如果用户没有驱动光盘，也可以通过下面三种方法来安装硬件驱动程序。

（1）安装方法一——使用驱动管理软件升级驱动程序

网上有很多免费的驱动管理软件，如驱动精灵、驱动人生、360 驱动大师等，可以自动检测计算机中的硬件设备是否安装有驱动程序，并在网上比对驱动程序的版本是否陈旧，进而帮助用户安装或更新硬件驱动程序。

下面介绍使用驱动精灵来升级驱动程序的方法。驱动精灵是一款优秀的硬件检测、驱动管理和维护工具，拥有较完整的驱动程序库，可实现智能驱动匹配、安装、备份和恢复等功能。驱动精灵分为标准版和万能网卡版两个版本，前者体积较小，包含了常见的计算机部件和外设驱动程序，而后者则内置了大量的网卡驱动程序，支持市场上绝大多数网卡产品，能自动修复因驱动出错而无法联网的网卡设备。

第 15 章 安装 Windows 7 操作系统

实训任务 4　使用驱动精灵安装主板驱动程序

【操作步骤】

① 登录驱动精灵官网下载最新版软件（这里采用 V9.5 标准版），安装完成后进入驱动精灵软件的主界面，如图 15-35 所示。

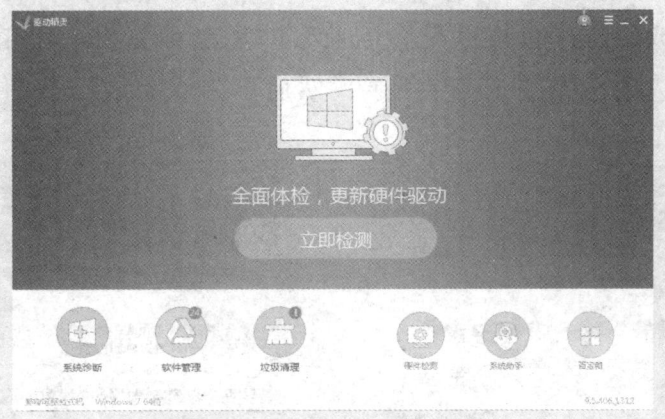

图 15-35　驱动精灵管理界面

② 单击"立即检测"按钮，驱动精灵开始扫描计算机中的硬件驱动程序，并单独列出版本过旧、建议更新的硬件驱动，如图 15-36 所示。

图 15-36　检测硬件驱动程序

③ 用户可根据具体使用需要，单击某个硬件驱动右侧的"安装"或"升级"按钮，驱动精灵将进入其在线驱动程序库中搜索、匹配并下载最新版本的驱动程序。这里先更新主板集成显卡（Intel 核心显卡）的一个重要驱动版本，如图 15-37 所示，单击 Intel 显卡驱动程序右侧的"安装"按钮。

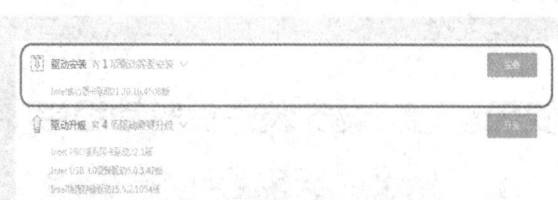

图 15-37　升级集成显卡驱动程序

④ 集成显卡驱动下载后开始自动安装，如图 15-38 所示，中间需要用户单击几次"下一步"按钮。安装完成后程序会询问是否需要立即启动计算机，单击"是，我要现在就重新启动计算机"单选选项，如图 15-39 所示。然后单击"完成"按钮。

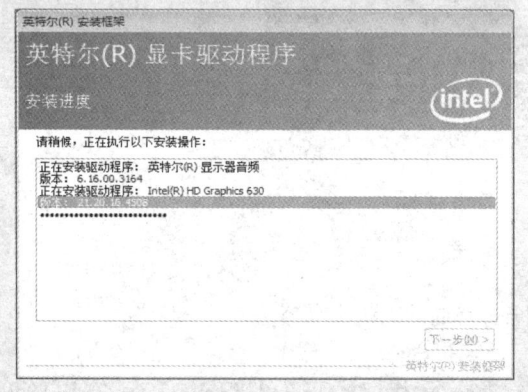

图 15-38　显卡驱动安装进程

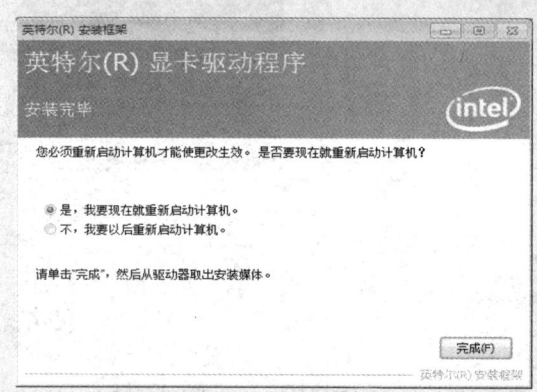

图 15-39　"安装完毕"对话框

⑤ 安装完成后，计算机重启，在桌面空白处右击，再单击"屏幕分辨率"选项，在弹出的"屏幕分辨率"窗口中可以看到，显示器分辨率已变为"1920×1080（推荐）"，而在"高级设置"功能区的"适配器"选项卡中，"适配器类型"一项已检测到"Intel HD Graphics 630"显卡型号与具体的芯片信息，表明主板集成显卡已经安装完成，如图 15-40 所示。

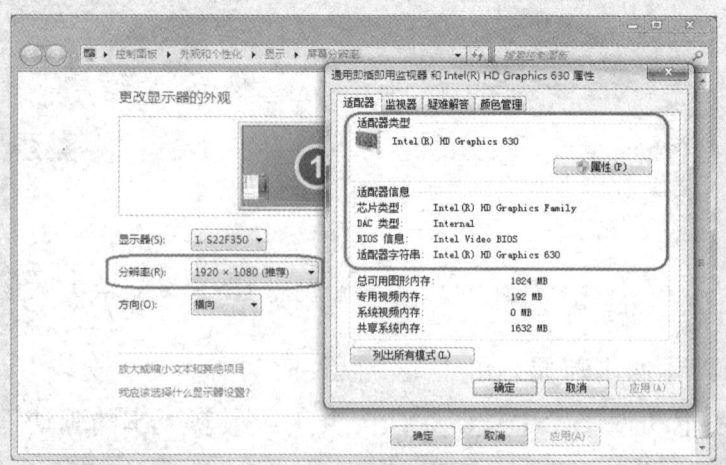

图 15-40　检查集成显卡驱动程序

⑥ 打开驱动精灵软件界面，切换到"驱动管理"选项卡，单击勾选"Intel USB 3.0 设备驱动"与"Realtek HD Audio 音频驱动"两项驱动程序，再单击窗口右上角的"一键安装"按

钮,将 USB 3.0 接口驱动程序与板载声卡驱动程序更新至最新版本,如图 15-41 所示。

⑦ 待所选驱动程序全部安装完成后,单击"立即启动计算机"按钮。重新进入系统桌面,在"计算机管理"窗口中单击打开"设备管理器",再单击展开其中的"声音、视频和游戏控制器"选项,可以看到"High Definition Audio 设备"这一项硬件驱动程序已被正确安装,黄色叹号标志不再出现,如图 15-42 所示。

图 15-41　一键安装所选硬件驱动程序

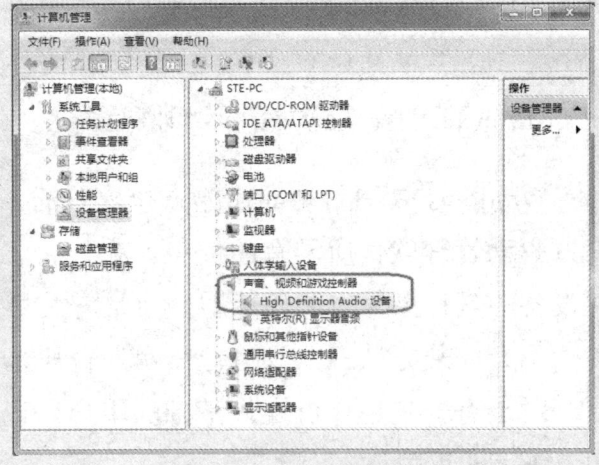

图 15-42　"计算机管理"窗口

（2）安装方法二——通过 Windows 更新功能升级驱动程序

只要安装系统后的计算机能够联网,用户也可以直接通过 Windows 更新功能,在互联网中搜索、安装相匹配的硬件驱动程序。

实训任务 5　通过 Windows 7 更新功能升级驱动程序

【操作步骤】

① 开机进入 Windows 7 操作系统桌面后,依次单击"开始"按钮→"控制面板"选项→"硬件和声音"选项→"设备管理器"选项（位于"设备和打印机"一栏）,弹出"设备管理器"窗口,里面列出了计算机中已安装的主要硬件设备及对应的产品型号。

② 检查各个硬件驱动程序是否安装成功。对于驱动程序出错或系统不能识别的硬件,系统会用一个黄色的感叹号或问号标记,而对于已被停用或者已经失效的设备,则用红色的叉号表示。在本例中,以升级网卡驱动程序为例,单击展开"网络适配器"一栏,右击"Intel Ethernet Connection（2）I219-V"驱动程序,在弹出的快捷菜单中选择"更新驱动程序软件"命令,如图 15-43 所示。

③ 弹出"更新驱动程序软件"对话框,选择"自动搜索更新的驱动程序软件"选项,系统将连接至 Internet,搜索这个设备最新的驱动程序版本,若能找到则自动下载并安装相应的驱动程序,如图 15-44 所示。

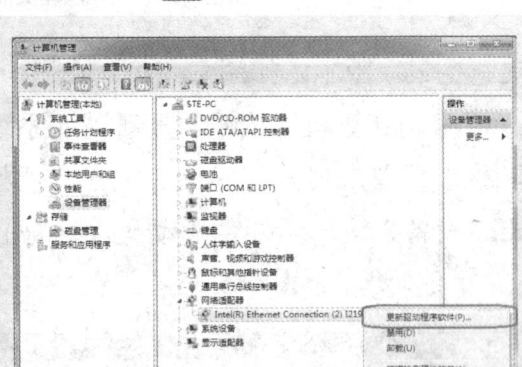
图 15-43 选择"更新驱动程序软件"选项

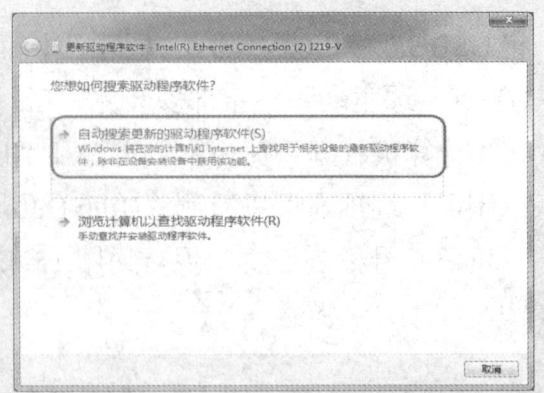
图 15-44 "自动搜索更新的驱动程序软件"对话框

Windows 7 更新功能作为系统内置的一个功能组件,无须安装即可使用,具备其他第三方驱动管理软件所没有的优势。此外它还提供了自动化的安装方式,用户即使不了解硬件设备的具体型号也能快速地查找、安装最新版本的驱动程序。

（3）安装方法三——自行在网上查找合适的驱动版本

对于有一定计算机操作基础的用户,也可自行上网查找相应的硬件驱动程序。推荐访问以下两类网站。

① 硬件厂商的官网。硬件厂商的官方网站是发布产品配套资源的权威来源,用户可以从中下载质量高、可靠性好、版本最新的设备驱动程序。如图 15-45 和图 15-46 所示分别为 NVIDIA 和华硕公司官网的驱动程序下载页面。

图 15-45 NVIDIA 官网驱动程序下载页面

图 15-46 华硕官网驱动程序下载页面

② 专业的硬件驱动发布网站。驱动之家是国内著名的专业驱动程序发布网站之一,几乎可以下载所有硬件设备的驱动程序,并有多种驱动版本可供选择,如公版驱动、非公版驱动、测试版驱动、WHQL 版驱动等,用户可按需选择下载。如图 15-47 所示为驱动之家官网首页。

实训结束,完成下面的技能评价表。

安装 Windows 7 操作系统 第 15 章

图 15-47 驱动之家官网首页

安装驱动程序技能评价

实训任务	检查点	完成情况	出现的问题及解决措施
安装驱动程序	用驱动精灵软件升级主板、显卡和声卡驱动程序	□完成 □未完成	
	使用 Windows 更新功能，联网搜索版本合适的网卡和其他硬件设备驱动程序	□完成 □未完成	
	登录驱动之家网站，下载系统兼容的硬件驱动程序版本，安装后重启测试	□完成 □未完成	

15.4 Windows 7 操作系统基本设置

Windows 7 操作系统安装完成后，可先进行一些基本的功能设置，这样既可以方便用户使用计算机，也能更好地发挥出 Windows 7 自身的功能。另外，若仅仅安装了操作系统和驱动程序，计算机是没有多大用处的，还需要为其安装必要的应用软件，如办公软件、设计软件、通信软件、行业软件等，有了应用软件计算机才能充分发挥其自身的价值。本章将介绍在计算机中设置系统基本功能以及安装常用软件的操作方法。

首次使用 Windows 7 操作系统时，用户可设置以下几项基本功能。

（1）设置 Windows 7 网络连接

Windows 7 操作系统将有关网络连接和网络访问的设置功能整合在"网络和共享中心"中，不仅简化了操作过程，还提供了简洁的可视化设置界面，方便用户（尤其是初学者）直观了解并进行快速设置。下面先来配置 Windows 7 的网络连接，以便让计算机能够访问外部网络。具体操作过程如下。

 实训任务 6 设置计算机网络连接属性

【操作步骤】

① 首先将网线连接到计算机的网卡接口，确保网线的通畅和网卡指示灯状态的正常。

② 单击"开始"菜单，进入"控制面板"，再依次选择"网络和 Internet"→"网络和共享中心"链接，打开"网络和共享中心"窗口，这里用可视化图形显示计算机所处的网络类型及当前网络连接状态，如图 15-48 所示。

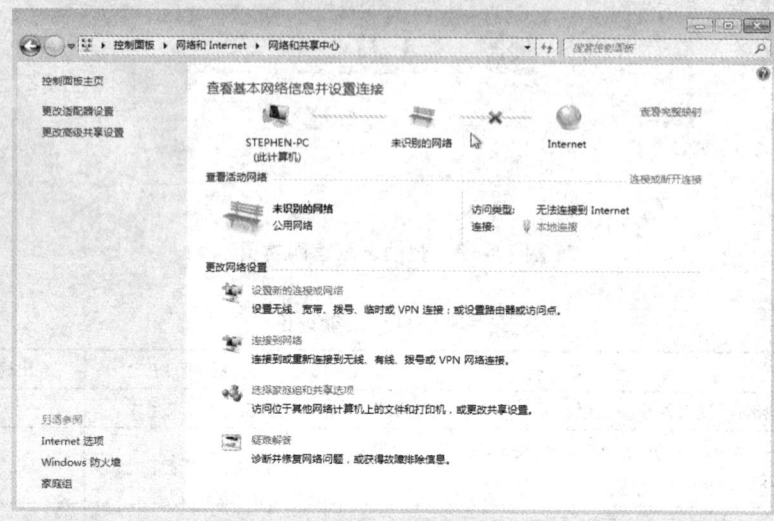

图 15-48 "网络和共享中心"窗口

从图 15-48 中可以看到，计算机和本地网络之间是保持连通的，但与外部网络的连接则处于断开状态，这是因为计算机还未设置正确的 IP 地址。

③ 在"查看活动网络"一栏中单击"本地连接"图标，在弹出的"本地连接状态"对话框中单击"属性"按钮，然后在弹出的"本地连接 属性"对话框中，找到"Internet 协议版本（TCP/IPv4）"选项，如图 15-49 所示。

④ 双击"Internet 协议版本（TCP/IPv4）"选项，弹出 IP 协议配置对话框，默认状态下计算机将通过 DHCP 协议，从服务器或路由器处获取动态分配的 IP 地址，另外用户也可以单击"使用下面的 IP 地址"选项，手动设置一个位于局域网内的静态 IP 地址。

【操作提示】

虽然计算机的 IP 地址可以随意设置，但是也要符合本地路由器的管理范畴。如果计算机处在家庭宽带网络中，一般可以将 IP 地址设置为普遍采用的地址段，如"192.168.1.xxx"（xxx 为 2～254 之间的任意数字），子网掩码保持默认设置不用更改，默认网关设置为"192.168.1.1"，首选和辅助 DNS 服务器的 IP 地址则可以设置为本地 ISP 运营商提供的 DNS 地址，或者采用国内外知名的公共 DNS 服务地址。而如果计算机处在企业或单位网络，那么就要根据所在组织内部网络的具体规划来设置。

在本例中采用的是如图 15-50 所示的 IP 地址设置。

⑤ IP 地址配置完成后，可以看到"网络"图标与"Internet"图标之间已经实现连通，计算机可访问局域网络及互联网，如图 15-51 所示。

安装 Windows 7 操作系统 第 15 章

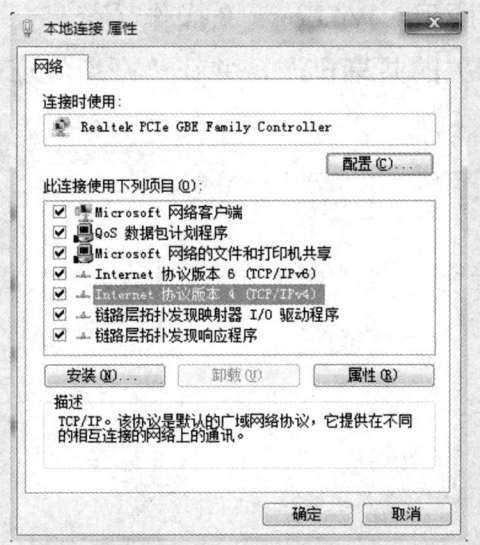

图 15-49 "本地连接 属性"对话框

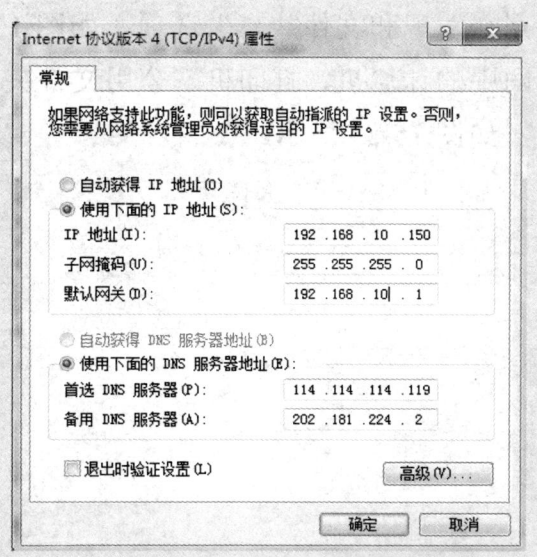

图 15-50 "TCP/IPV4 属性"对话框

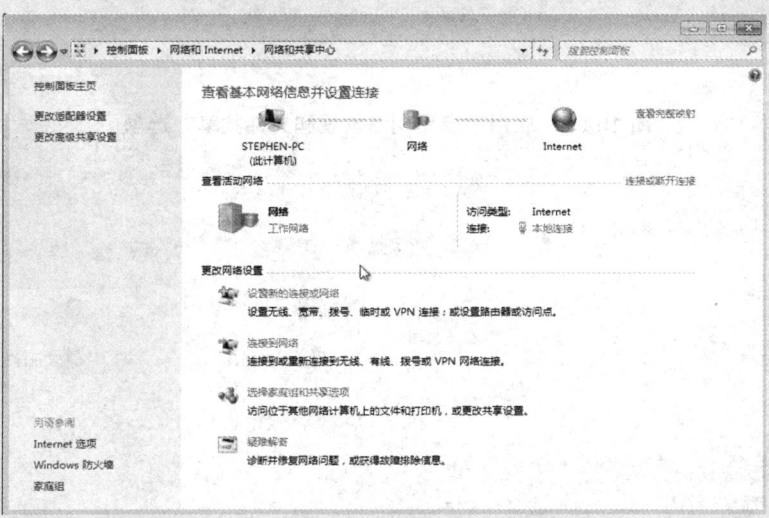

图 15-51 连通后的网络连接图示

单击"未识别的网络 公用网络"图标，在弹出的"设置网络位置"对话框中将其更改为"工作网络"，以便于系统识别局域网内的其他计算机，如果计算机处在家庭宽带网则更改为"家庭网络"，如图 15-52 所示。

⑥ 单击图 15-51 中的"STEPHEN-PC（此计算机）"图标，可打开计算机的配置界面，单击"网络"图标可以查看本地局域网中的共享资源。由于尚未开启文件共享功能，这里无法显示网络共享资源，用户可单击窗口上方的提示栏，然后选择"启用网络发现和文件共享"，如图 15-53 所示。然后在弹出的"网络发现和文件共享"对话框中单击"是，启用所有公用

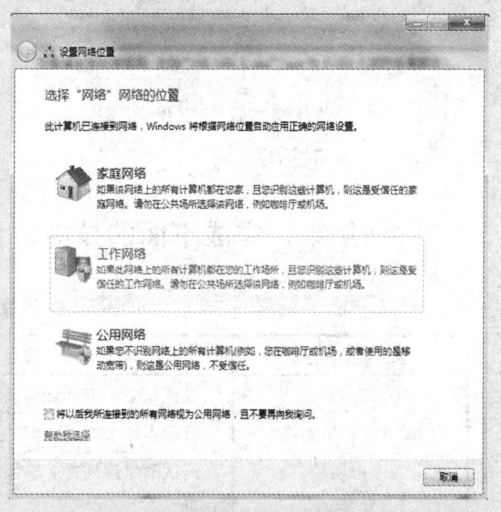

图 15-52 "设置网络位置"对话框

网络的网络发现和文件共享"选项，如图 15-54 所示，Windows 7 操作系统将会扫描本地局域网中的计算机、打印机、公用文件夹等相关的共享资源，并在"网络"窗口中显示出来，如图 15-55 所示。

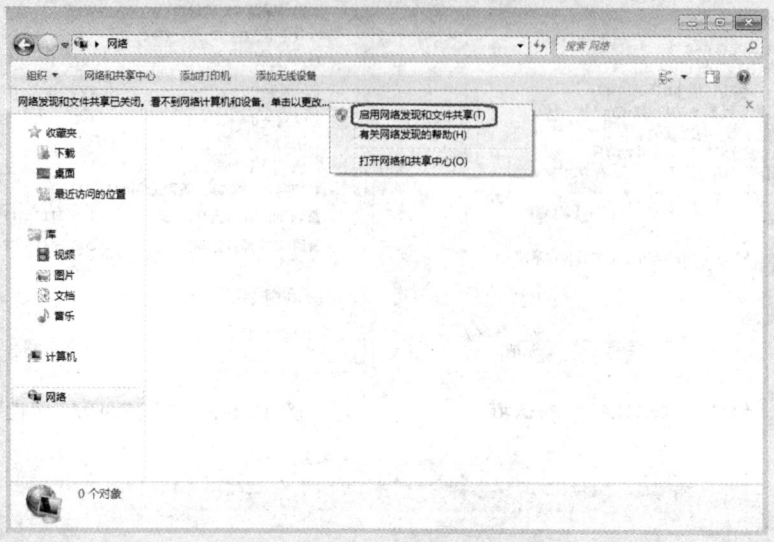

图 15-53　启用"启用网络发现和文件共享"选项

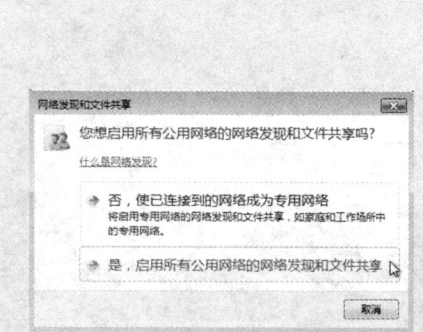

图 15-54　"网络发现和文件共享"
　　　　　对话框

图 15-55　"网络"列表窗口

实训结束，完成下面的技能评价表。

设置计算机网络连接属性技能评价

实训任务	检查点	完成情况	出现的问题及解决措施
设置计算机网络连接属性	设置正确的 IP 地址、子网掩码和默认网关	□完成　□未完成	
	设置本地 ISP 运营商的 DNS 服务器地址	□完成　□未完成	
	测试网络连通性，确保能够访问局域网中的其他计算机	□完成　□未完成	

（2）更改计算机名称

大多数 Windows 7 版本在安装完成后，会随机分配一个计算机名称，作为网络识别的"名片"。但是随机分配的名称比较长，且没有规律，用户在访问网络共享资源时不好分辨与记忆，因此可以更改一个容易辨识的计算机名称。

实训任务 7 更改本地计算机名称

【操作步骤】

① 右击"计算机"图标，再单击"属性"命令，弹出如图 15-56 所示的"查看有关计算机的基本信息"窗口。

图 15-56 "查看有关计算机的基本信息"窗口

② 单击"计算机名称、域和工作组设置"一栏右侧的"更改设置"按钮，弹出"系统属性"对话框，如图 15-57 所示。

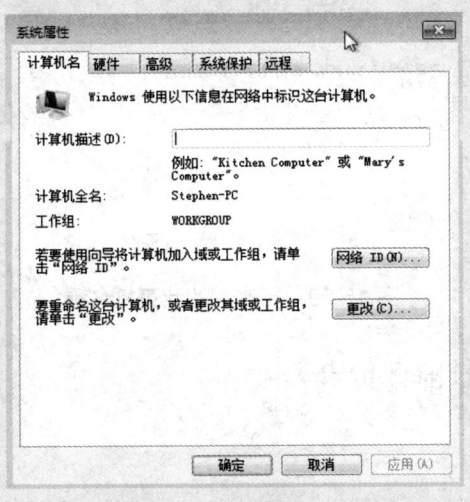

图 15-57 "系统属性"对话框

③ 单击"更改"按钮，随后弹出"计算机名/域更改"对话框，在"计算机名"一栏中，输入一个合适的计算机名称。由于本例中的计算机处在单位网络中，需要遵循单位统一的计算机命名策略，因此这里将计算机账号更改为"SA-PC06"，工作组名称"WORKGROUP"则保持默认不变，如图15-58所示。如果计算机要访问Windows域网络中的资源，就必须使用域管理员账号将计算机添加进Windows域中。

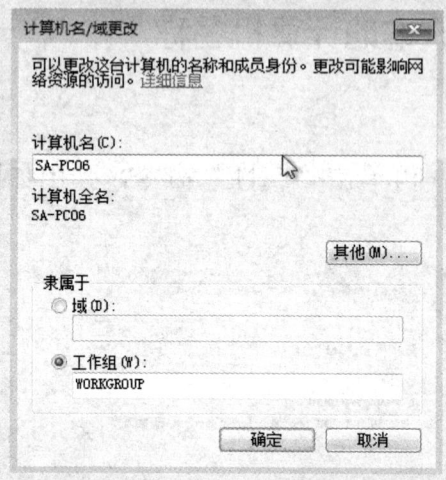

图15-58 "计算机名/域更改"对话框

④ 更改完成后，在弹出的"计算机名/域更改"对话框中单击"确定"按钮，选择"立即重新启动计算机"。系统重启之后打开"系统属性"对话框，可以看到新的计算机名称生效，如图15-59所示。

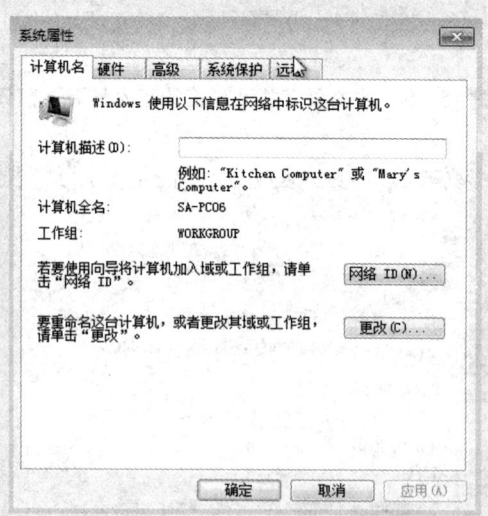

图15-59 更改后的计算机名称

实训结束，完成下面的技能评价表。

安装 Windows 7 操作系统 第 15 章

更改本地计算机名称技能评价

实训任务	检 查 点	完 成 情 况	出现的问题及解决措施
更改本地计算机名称	将计算机名称更改为自己的名字，比如"张三"或者"zhangsan"	□完成 □未完成	
	重启计算机后，能在内部局域网中查看到更改后的新计算机名	□完成 □未完成	
	如果处在域网络中，将计算机加入 Windows 域中，并测试域网络内的通信	□完成 □未完成	

视野拓展/术语解释

为什么硬盘在格式化后容量会变小？

实际上，格式化是不会导致硬盘真实容量发生变化的，其主要原因是，硬盘厂商与操作系统所采用的计算标准不一样，从而产生了容量描述偏差。硬盘的制造是按 1000 的进制单位进行计算，即 1TB=1000GB，1GB=1000MB，1MB=1000KB，而操作系统进行磁盘格式化采用的则是 1024 进制算法，即 1TB=1024GB，1GB=1024MB，1MB=1024KB，因此才会出现格式化容量与硬盘标值不相符的情况，并非硬盘质量存在问题。

但是，如果格式化后硬盘容量显示大幅减少，则应考虑硬盘是否存在内部错误或部分坏道，且可能已被系统屏蔽，这种情况可使用硬盘检测工具进行坏道/坏区扫描检查。

常见的硬件驱动程序版本

常见的硬件驱动程序版本有公版驱动程序、非公版驱动程序、测试版驱动程序和微软 WHQL 认证版驱动程序，详细内容请读者扫描二维码查阅。

视野拓展
常见的硬件驱动程序版本

知识巩固与能力拓展

1. 在 Windows 7 中可以用几种方法共享文件夹？请用不同的方法分别设置一次。
2. 设置 Windows 7 操作系统的网络连接，使之能与实训室内部局域网或者校园网实现联网通信。
3. 更改计算机名称，在局域网中与其他计算机进行互相访问。
4. 创建家庭组，并将一些图片、视频或文档共享给局域网中的其他用户。
5. 在实训计算机中安装 Office 2010/2013/2016 软件，尝试使用新安装的办公软件进行简单的文字编辑排版和表格制作。
6. 根据自己的兴趣，再安装其他的应用软件，如 Photoshop CS6、Flash CS6、QQ、迅雷下载软件、Internet Explorer 11、暴风影音播放器、金山打字软件等。
7. 分别在"开始"菜单和"控制面板"中将部分软件卸载，并检查这些软件是否已卸载干净。

8. 了解教室或实训室所用的是哪一种 Windows 操作系统？该操作系统共发布了多少个版本？你所用的版本属于 32 位还是 64 位系统？

9. 上网查找有关 Windows 10 操作系统的信息，并与目前所用的 Windows 操作系统对比，看看 Windows 10 有哪些新的功能和重大改进。

10. 安装 Windows 7 操作系统有什么硬件配置上的要求？

11. 在安装 Windows 7 操作系统时，应该选择哪一种安装方式？

12. 如果采用光盘或者 U 盘安装 Windows 7 操作系统，需要先做好哪些准备工作？

13. 在实训计算机上，用系统光盘安装一个完整的 Windows 7 操作系统，并将安装过程中所做的设置记录下来。

14. 系统安装完成后，放入主板驱动光盘，安装主板芯片组、集成显卡和其他配套的硬件驱动程序。

15. 如果有独立显卡、独立声卡或其他扩展设备，则逐一安装驱动程序。

16. 如果没有设备驱动光盘，则安装驱动精灵软件，搜索合适的驱动程序版本。

17. 如果仍不成功，则将计算机设置联网，用 Windows 更新功能搜索合适的驱动程序，或者登录设备厂商官网下载相关的驱动程序。

系统备份与故障修复

第 16 章

🔽 工作任务分析

本任务主要学习如何制作U盘启动盘，并使用U盘启动盘和Ghost软件备份及还原系统，此外还介绍了使用EasyRecovery软件进行数据恢复的操作方法，引导学生掌握备份和还原计算机系统，以及恢复用户重要数据的完整过程，帮助学生养成重视备份、防患于未然的职业意识，以减少未来工作上和生活上的意外数据损失。

🔽 知识学习目标

- 熟悉U盘启动盘的制作和使用方法。
- 掌握备份与还原计算机系统的方法。
- 掌握恢复用户重要数据的常用方法。

🔽 技能实践目标

- 能够制作、测试和使用U盘启动盘。
- 能够使用相应工具备份和还原系统。
- 能够根据需要恢复重要的用户数据。

🔽 课程思维导图

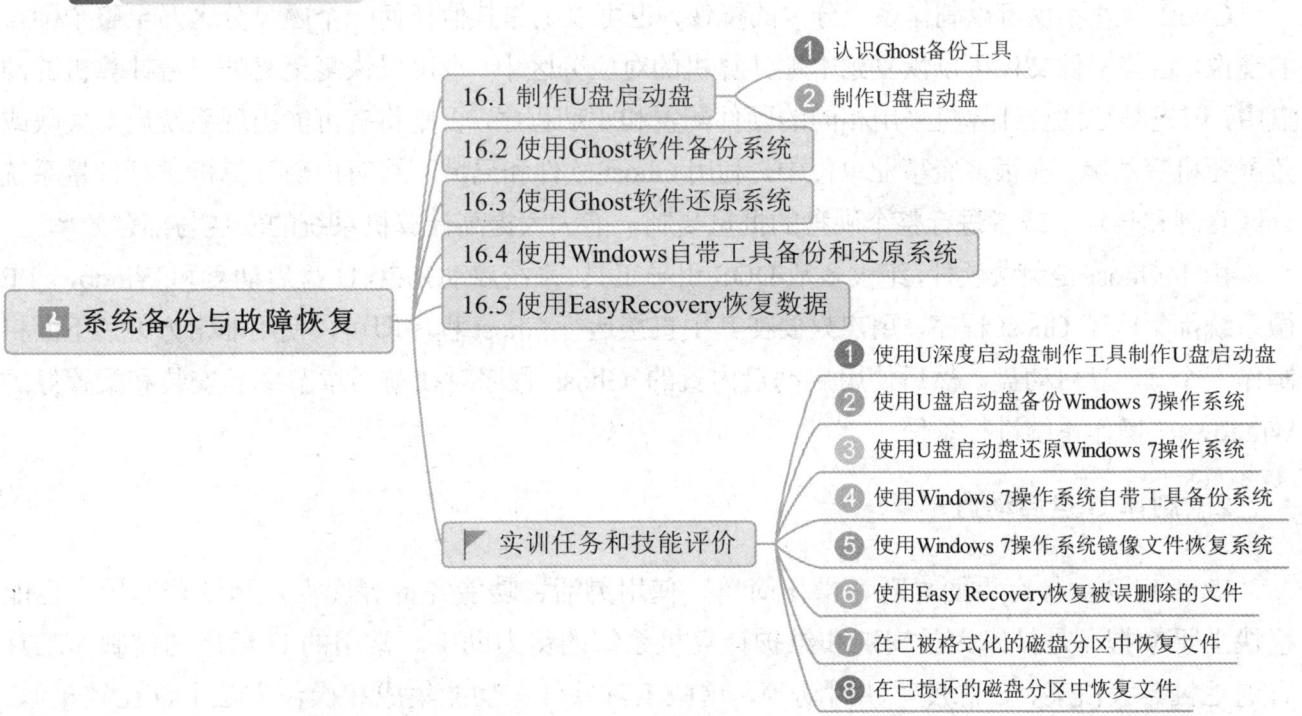

计算机在日常使用过程中，难免会碰到各种意想不到的问题或故障，例如系统文件被人为

215

或无意删除、病毒感染造成系统崩溃、过多的应用程序或垃圾文件严重减缓系统运行速度、硬件驱动程序与系统不兼容而导致频繁死机等。如果用户无法修复系统问题，或者修复后的系统仍然不好用，那么最好的办法就是使用一个经过优化设置、具备常用功能和应用软件的镜像文件来恢复系统。本章将详细介绍如何备份系统与相关数据，并且在需要的时候对系统进行恢复安装。

16.1 制作 U 盘启动盘

U 盘启动盘是对计算机系统进行维护与修复操作的常用工具，它易于使用，携带方便，用来恢复系统的速度也很快，同时不影响 U 盘正常的数据存储与复制功能。制作一个 U 盘启动盘并完成系统的备份或还原，需要借助专门的工具软件来实现。

1. 认识 Ghost 备份工具

Ghost 软件是美国 Symantec 公司推出的一款专业系统备份和还原工具，它可以将磁盘中的某一个分区或者整个硬盘中的所有数据完全复制到另外一个分区或者硬盘上，也可以把某个磁盘分区中的数据压缩并转换为一个磁盘镜像文件，以方便保存和重复使用。对于一个新安装的操作系统，当用户完成必要的系统设置、性能调优和软件安装后，可以使用 Ghost 工具备份该系统，这样在系统发生严重故障而不能正常运行时，就能够用 Ghost 软件快速将系统恢复至最佳状态，从而避免重新安装操作系统、应用软件以及再次设置系统功能的麻烦。

Ghost 软件不仅可以制作系统分区的镜像，也可以制作其他任何一个磁盘分区乃至整个硬盘的镜像，这些镜像文件可以恢复到本地计算机的对应分区中，也可以恢复至另外一台计算机的硬盘中，前提是这两台计算机采用相同的硬件配置和驱动程序，否则将有可能出现系统启动失败或蓝屏死机等故障。在很多企事业单位中，利用 Ghost 软件和局域网络对内部计算机进行批量系统分区复制和传输，或者进行整个硬盘的批量复制，能大大提高计算机系统的安装与部署效率。

由于 Ghost 是免费软件，绝大多数 DOS 引导工具、系统启动光盘、U 盘启动盘和 Windows PE 微系统都集成了 Ghost 程序，用户只要在其中直接运行 Ghost 程序即可，使用非常方便。下面将制作一个 U 盘启动盘，然后使用启动盘内置的 Ghost 程序对在前面章节中已安装和配置好的 Windows 7 操作系统进行备份。

2. 制作 U 盘启动盘

U 盘启动盘具有界面直观、操作简单、使用灵活、功能齐备等优点，即使普通用户也能很快上手掌握，是技术人员安装和维护计算机系统的得力助手。常用的 U 盘启动盘制作工具有老毛桃、大白菜、U 深度、U 启动等，这些工具软件在功能集成和操作方法上都比较相似。这里以 U 深度启动盘制作工具为例进行介绍。

第 16 章 系统备份与故障修复

实训任务 1　使用 U 深度启动盘制作工具制作 U 盘启动盘

【操作步骤】

第一步：下载并安装 U 深度启动盘制作工具。

① 登录 U 深度官方网站，下载最新的 U 盘启动盘制作工具 V5.0（UEFI 版）软件。

② 双击打开安装包，单击窗口中的"立即安装"按钮，如图 16-1 所示。

③ 安装完成后，弹出如图 16-2 所示的"安装完成"提示窗口。单击"立即体验"按钮，即可进入 U 深度 U 盘启动盘制作工具主界面，如图 16-3 所示。

图 16-1　"安装 U 深度"窗口

图 16-2　"安装完成"提示窗口

第二步：使用 U 深度启动盘制作工具一键制作 U 盘启动盘。

① 准备一个能正常使用的 U 盘，容量建议在 8GB 以上，先将 U 盘中的重要资料备份至本地硬盘中。

② 将 U 盘插入计算机的 USB 接口中，U 深度软件会自动扫描、识别出 U 盘，如图 16-4 所示。

图 16-3　U 深度 U 盘启动盘制作工具主界面

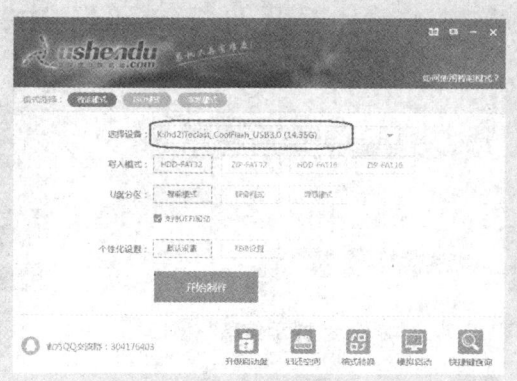
图 16-4　识别计算机中的 U 盘

③ 保持软件界面中各项默认设置不变，一般情况下无须修改任何参数项，直接单击"开始制作"按钮。

④ 随后弹出"U 深度-警告信息"对话框，如图 16-5 所示，提醒用户安装程序将会删除 U 盘中的所有数据，并且无法恢复。若用户已确认 U 盘中没有重要资料，或已将相关资料全部备份，则单击"确定"按钮。

⑤ U 深度软件在执行过程中，会显示制作进度，如图 16-6 所示。正常情况下，U 盘启动盘的制作过程需要花费 2～3min，在此其间用户尽量不要进行其他操作。

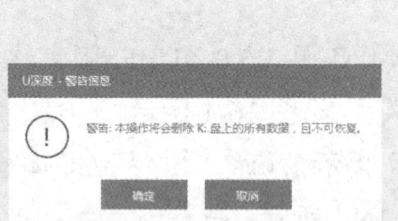

图 16-5 "U 深度-警告信息"对话框　　　　　图 16-6 "U 深度制作进程"窗口

⑥ U 盘启动盘制作完成后，会弹出"U 深度-提示信息"对话框，询问用户是否要用"模拟启动"功能来测试 U 盘的启动情况，如图 16-7 所示。

⑦ 单击"是"按钮，随后弹出如图 16-8 所示的模拟启动界面，这说明 U 盘启动盘已经制作成功。请注意，这个只是 U 深度软件模拟出来的 U 盘启动盘操作界面，仅供启动测试所用，并没有实际的功能，用户不用进一步操作，直接关闭窗口即可退出该模拟启动界面。

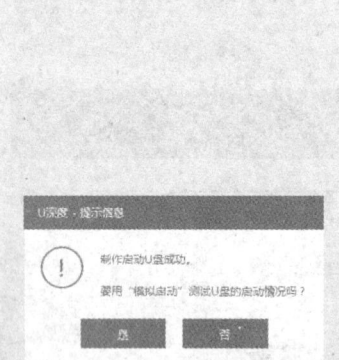
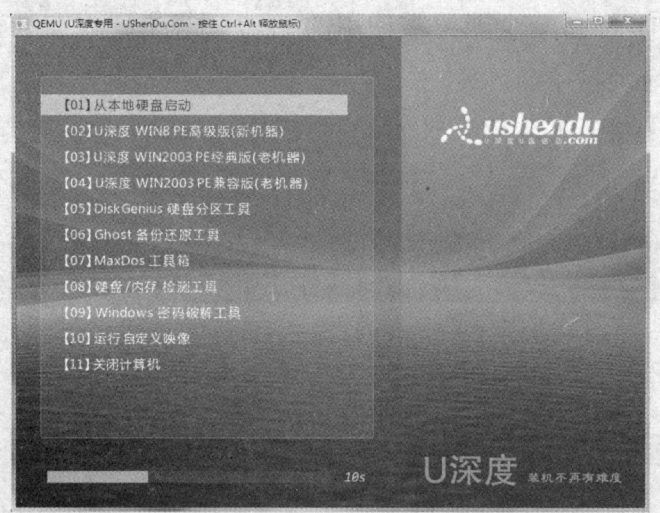

图 16-7 "U 深度-提示信息"窗口　　　　　图 16-8 U 深度模拟启动界面

实训结束，完成下面的技能评价表。

系统备份与恢复技能评价

实训任务	检查点	完成情况	出现的问题及解决措施
使用 U 深度工具制作 U 盘启动盘	安装最新版本的 U 深度工具软件，并熟悉该软件的常用操作功能	□完成　□未完成	
	使用 U 深度工具软件独立制作一个 U 盘启动盘，采用智能模式以及 HDD-FAT32 格式	□完成　□未完成	
	测试 U 深度工具的启动界面及主要功能	□完成　□未完成	

16.2 使用 Ghost 软件备份系统

U 盘启动盘制作完成后，就可以使用它来备份系统了。

实训任务 2　使用 U 盘启动盘备份 Windows 7 操作系统

【操作步骤】

① 插入制作好的 U 盘启动盘，开机进入 BIOS 程序设置主界面，将系统第一启动设备设为可移动式存储设备（U 盘），保存并重启计算机。另外也可以在开机时直接按键盘的快捷键，调出系统启动菜单，再选择从 U 盘启动，具体的快捷键设置请查看主板说明书。

② U 盘启动盘开始自引导，然后进入"U 深度主菜单"窗口，如图 16-9 所示。

③ 选择"【06】 Ghost 备份还原工具"一项，随后进入如图 16-10 所示的 Ghost 11.5.1 版功能选择界面，其中包括标准压缩版和极限压缩版两种模式，这里选择"[01]Ghost 11.5.1"标准压缩模式，直接按 Enter 键进入。弹出一个提示窗口，显示了 Ghost 软件的基本信息，按空格键退出该窗口即可。

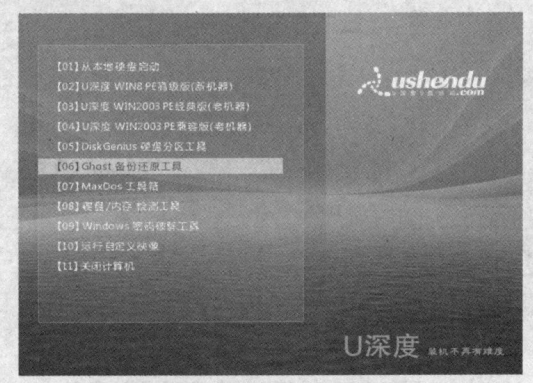
图 16-9　"U 深度主菜单"窗口

图 16-10　"Ghost 11.5.1 版功能选择"界面

④ 随后打开 Ghost 11.5.1 程序主界面，首先选择要备份的方式。如果此时鼠标处于激活状态，那么可直接使用鼠标分别单击"Local"菜单→"Partition"子菜单→"To Image"选项，即采用"分区对镜像"的备份转换方式，如图 16-11 所示。如果鼠标不可用，也可以通过方向键来选中对应的命令，然后按"Enter"键完成上述操作。

⑤ 这时出现"选择本地源驱动器"窗口，如图 16-12 所示。选择本地硬盘驱动器（"Drive 2 Local"驱动器），然后单击"OK"按钮。如果鼠标不可用，那么可以按"Tab"键切换到要选择的项目或菜单中，然后按"Enter"键确认（下同）。

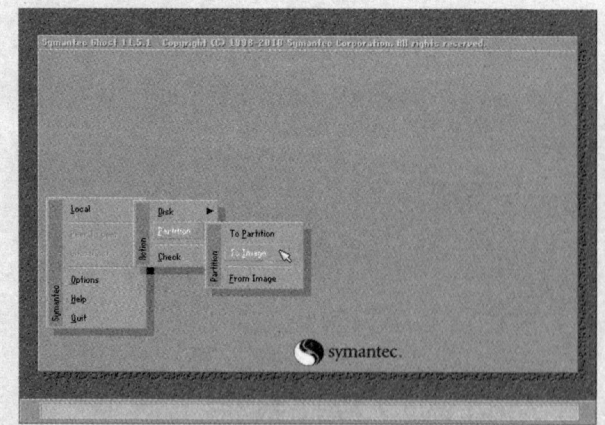
图 16-11 "选择要备份的方式"窗口

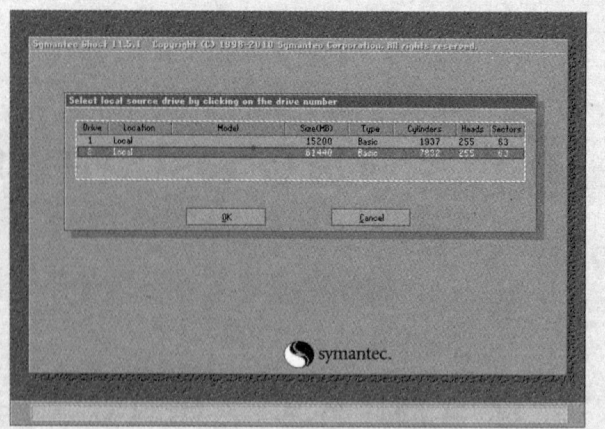
图 16-12 "选择本地源驱动器"窗口

⑥ 接下来进入"选择磁盘源分区"窗口，选择一个要备份的磁盘分区，如图 16-13 所示。由于操作系统一般会安装在 C 盘，所以应选择第一分区，即"Part 1，Primary（主分区）"，然后单击"OK"按钮。

⑦ 这时出现"镜像文件配置"窗口。单击下拉列表框，选择镜像文件保存的位置（如 D 盘），此处选择"2.2 [] NTFS Drive"，注意用来存放镜像文件的分区要留有足够的磁盘空间，并在"File Name"一栏处输入镜像文件的名称"Win7ghost"，然后单击"Save"按钮，如图 16-14 所示。

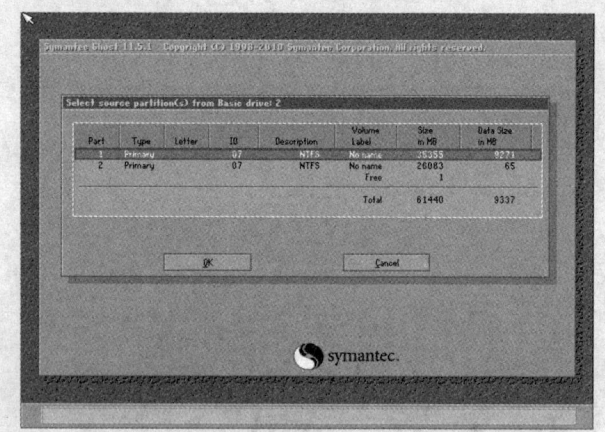
图 16-13 "选择磁盘源分区"窗口

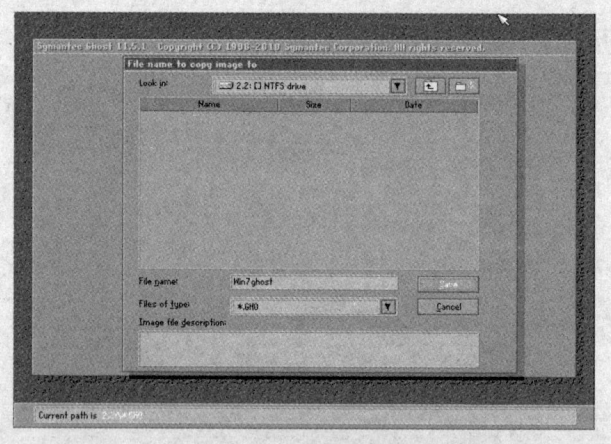
图 16-14 "镜像文件配置"窗口

⑧ 随后弹出"压缩镜像文件"对话框。Ghost 软件提供了"High""Fast""No"三种镜像压缩方式，如图 16-15 所示。这三种压缩方式各有不同，分别简述如下。

- "High"表示高度压缩，其数据压缩比例较高，所生成的镜像文件占用磁盘空间较小，但是镜像制作和恢复过程将耗费较长的时间。
- "Fast"表示快速压缩，它降低了数据压缩的比例，能够缩短镜像制作和恢复所耗费的时间，但是最终生成的镜像文件比较大。
- "No"表示不压缩，镜像制作和恢复的速度最快，但是镜像文件所占用的磁盘空间更为庞大。

为了加快镜像压缩的速度，同时保障镜像文件在制作过程中的稳定性，建议用户选择中间的"Fast"镜像压缩方式。

⑨ 单击"Fast"按钮，随后打开如图16-16所示的确认对话框，询问用户是否要创建分区镜像文件，单击"Yes"按钮确认。

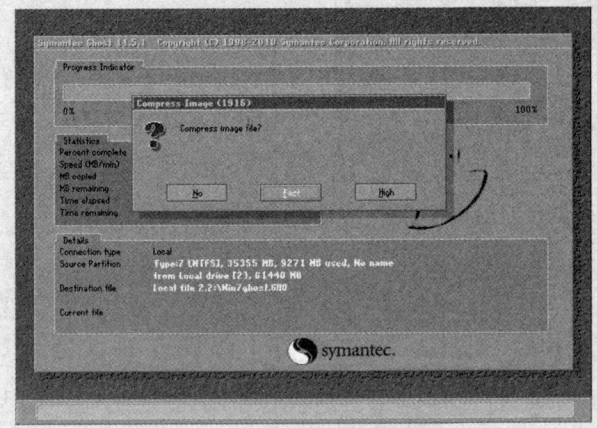

图16-15 "压缩镜像文件"对话框

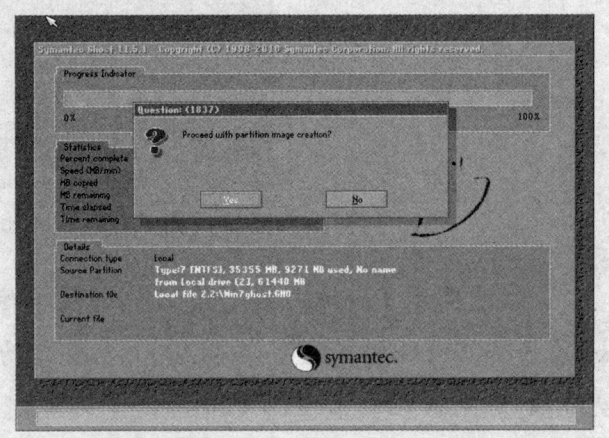

图16-16 "确认执行"对话框

⑩ 随后Ghost软件开始执行备份命令，并显示当前备份的实时进度、备份速度、备份的数据量、备份已用时间以及预估的剩余时间等信息，如图16-17所示。

⑪ Ghost备份完成后，将弹出"镜像文件创建完成"对话框，提示备份操作已成功，如图16-18所示。

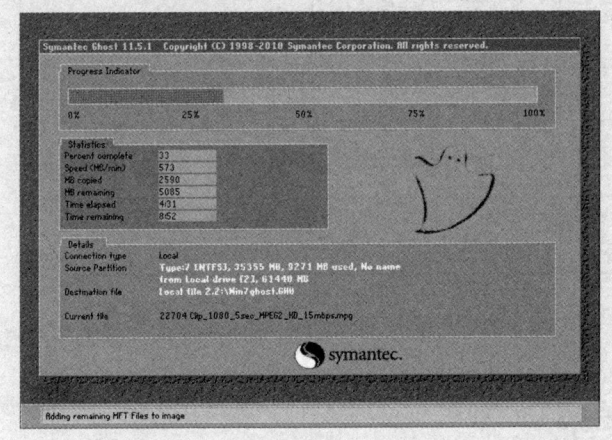

图16-17 "备份执行进程"窗口

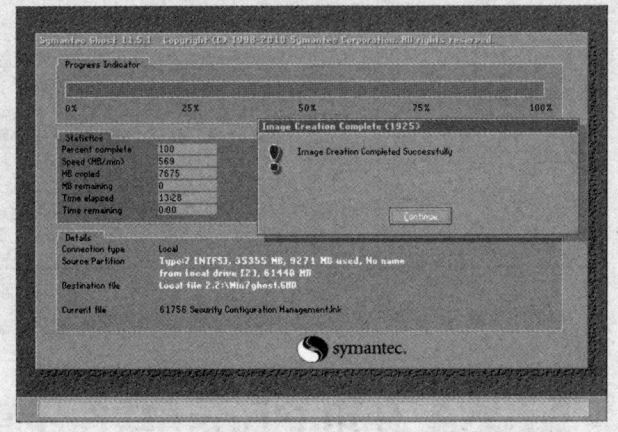

图16-18 "镜像文件创建完成"对话框

⑫ 单击"Continue"按钮，返回Ghost程序主界面。单击菜单最下方的"Quit"按钮，随后弹出如图16-19所示的"Quit Symantec Ghost"对话框，询问用户是否要退出Symantec Ghost软件。拔出计算机中的U盘，然后单击"Yes"按钮，Ghost将会重新启动计算机。重启后在D盘中将会看到已经生成的Ghost镜像文件"Win7ghost.GHO"。至此，使用Ghost软件进行系统镜像文件的制作已经全部完成。

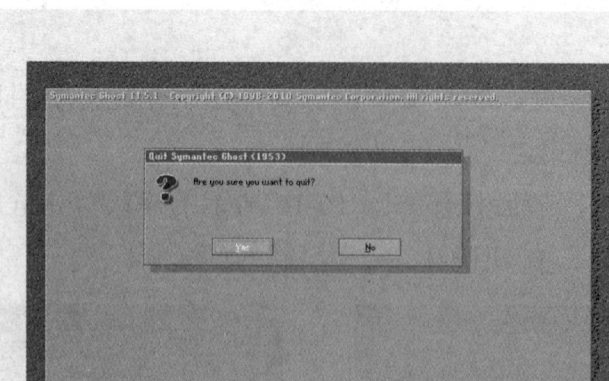

图 16-19 "退出 Ghost 软件"对话框

【操作提示】如果用户是一名企事业单位的计算机技术人员或网络管理员,可以把制作好的系统 Ghost 镜像文件复制到 U 深度启动 U 盘中的 "GHO" 文件夹下,以便于日常维护,尤其是当保存在硬盘中的 Ghost 镜像文件损坏而无法使用时,管理员就可以通过 U 盘来迅速恢复系统。另外,如果单位采用的是联想、惠普等品牌的商用计算机,也可以通过网络同传功能进行远程、批量地恢复 Ghost 镜像系统。

实训结束,完成下面的技能评价表。

系统备份与恢复技能评价

实训任务	检查点	完成情况	出现的问题及解决措施
使用 U 盘启动盘备份 Windows 7 操作系统	用制作好的 U 盘启动盘引导计算机启动,并备份本机中的 Windows 7 操作系统	□完成 □未完成	
	采用 "Fast" 镜像压缩方式来备份 Windows 7 操作系统,并将其命名为 "Win7gho"	□完成 □未完成	
	重新启动计算机,检查 "Win7gho" 镜像文件的保存位置,并确认本次备份是否成功	□完成 □未完成	
	将新生成的 "Win7gho" 这个 Ghost 镜像文件复制到 U 盘启动盘的 "GHO" 文件夹中	□完成 □未完成	

16.3 使用 Ghost 软件还原系统

操作系统出现重大故障而无法正常工作,或者系统运行速度严重下降时,用户就可以使用先前已备份好的镜像文件迅速恢复系统。在 Ghost 软件中恢复系统只需简单的几步操作就可完成。

实训任务 3　使用 U 盘启动盘还原 Windows 7 操作系统

【操作步骤】

① 插入先前制作好的 U 盘启动盘，进入 U 深度主菜单，选择"【06】Ghost 备份还原工具"，随后进入 Ghost 软件主界面，单击"Yes"按钮，然后用鼠标或方向键依次选择"Local"→"Partition"→"From Image"命令，指定从镜像文件中恢复系统，如图 16-20 所示。

② 随后弹出"Image file name to restore from"（选择镜像文件）对话框，单击下拉列表框，进入"2.2：[] NTFS Drive"驱动器，选中在"实训任务 2"中已做好的系统镜像文件"Win7ghost.GHO"，如图 16-21 所示。

③ 单击"Open"按钮，随后弹出"Select source partition from image file"（选择源分区镜像）对话框，上面显示了该镜像文件的大小、文件标签、文件格式等信息，如图 16-22 所示。

④ 选中源分区后单击"OK"按钮，随后弹出如图 16-23 所示的"Select destination drive by clicking on the drive number"（选择本地目标驱动器）对话框，指定要恢复到的目标硬盘。由于在本机中只有一个硬盘，直接单击"OK"按钮即可。

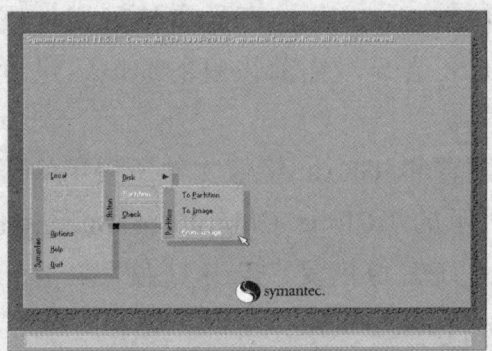

图 16-20　"选择镜像文件"窗口

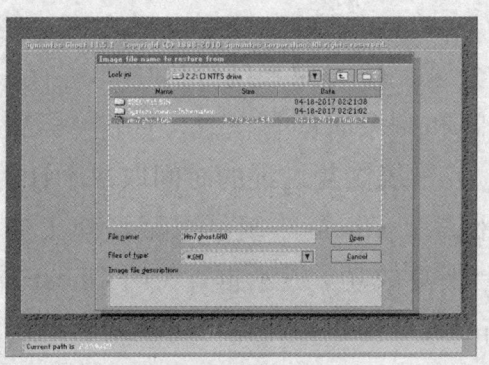

图 16-21　"Image file name to restore from"（选择镜像文件）对话框

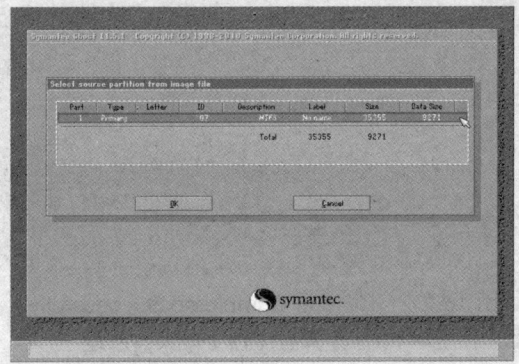

图 16-22　"Select source partition from image file"（选择源分区镜像）对话框

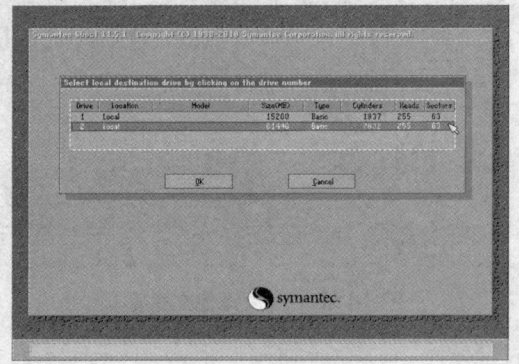

图 16-23　"Select destination drive by clicking on the drive number"（选择本地目标驱动器）对话框

⑤ 在弹出的"Select destination partition from Basic drive:2"（选择目标分区）对话框中指定要恢复到的磁盘分区，如图16-24所示。由于在本例中要恢复的是系统分区（C:盘），因此这里选择恢复到第一分区，即"Part 1，Primary"主分区，然后单击"OK"按钮。

⑥ 随后弹出"Question(1823)"（执行分区恢复）提示框，询问用户是否确定进行分区恢复操作，如图16-25所示。

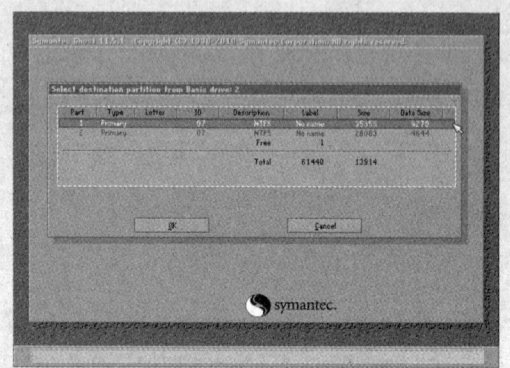

图16-24 "Select destination partition from Basic drive:2"（选择目标分区）对话框

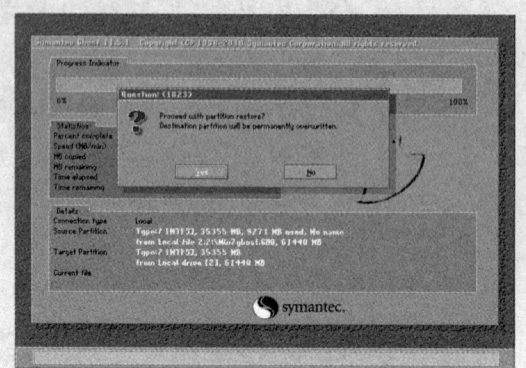

图16-25 "Question(1823)"提示对话框（执行分区恢复）

⑦ 单击"Yes"按钮，进入恢复镜像文件窗口，Ghost程序开始将镜像文件恢复至系统分区，覆盖原系统分区中的所有数据。Ghost还会显示当前恢复的速度、进度、已用时间和剩余时间等信息，如图16-26所示。

⑧ 系统恢复过程的时间取决于计算机的性能配置和Ghost镜像文件所采用的压缩格式等因素。Ghost恢复结束后，弹出如图16-27所示的"Clone Completed Successfully"（镜像恢复成功）提示框，表明Ghost软件已完成系统镜像恢复。拔出U盘，单击"Reset Computer"按钮，计算机将重新启动。至此，Ghost镜像恢复操作全部完成。

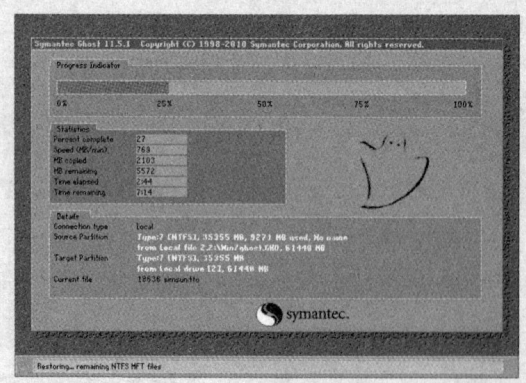

图16-26 恢复镜像文件窗口

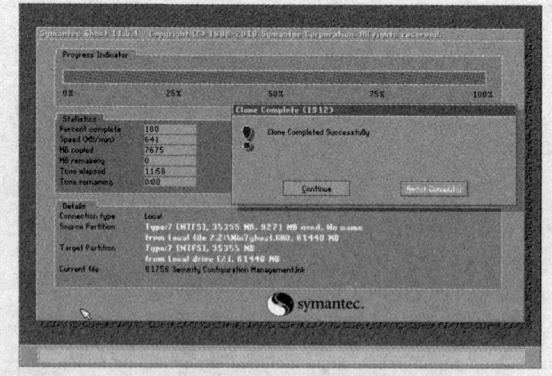

图16-27 "Clone Completed Successfully"（镜像恢复成功）提示对话框

【操作提示】U深度U盘启动盘内置的Windows PE微系统中也自带有Ghost软件，它提供了可视化的人机交互界面和更为友好的中文使用方式，并简化了备份与还原的操作过程，不失为一个简易便捷的系统维护工具。用户可以在U深度主菜单中选择"【02

U深度Win8 PE高级版（新机器）"选项或者"【04】U深度Win2003 PE兼容版（老机器）"功能选项，前者适用于性能配置较好的主流计算机，而后者则适用于硬件配置较低、运行性能不高的老式计算机。进入Windows PE桌面后会自行启动"U深度PE装机工具"程序，再从中选择"备份分区"或"还原分区"功能，然后在图形界面中根据实际需要进行操作即可。

实训结束，完成下面的技能评价表。

系统备份与恢复技能评价

实训任务	检查点	完成情况	出现的问题及解决措施
使用U盘启动盘还原Windows 7操作系统	插入U盘启动盘，从U深度工具中进入Ghost软件界面	□完成 □未完成	
	在Ghost软件中找到"Win7gho"镜像文件的位置，将该镜像系统恢复至C盘，并记录恢复过程所用的时间	□完成 □未完成	
	重新启动计算机，检查恢复后的Windows 7操作系统是否能够正常登录和运行	□完成 □未完成	

16.4 使用Windows自带工具备份和还原系统

Windows XP及更早的操作系统中已内置有一款名为"NTBackup"的备份程序，在Windows 7操作系统中，微软将"NTBackup"更名为"Windows备份"，并对其进行了改进和升级，用户可以很方便地备份系统文件、系统状态数据和用户资料，以此生成系统镜像文件，此外还可以制作系统恢复光盘，而进行常规恢复的操作过程也更为直观和简单，用户无须借助第三方备份软件和U盘启动盘就能快速恢复Windows系统。下面介绍使用Windows 7操作系统自带工具进行系统镜像备份和恢复的方法。

实训任务4 使用Windows 7操作系统自带工具备份系统

【操作步骤】

① 依次单击"开始"菜单→"控制面板"→"系统和安全"→"备份和还原"项目，打开如图16-28所示的"备份或还原文件"设置窗口。

② 单击"设置备份"链接，弹出"选择要保存备份的位置"窗口，用户可以指定用来存放系统镜像文件的位置，如图16-29所示。一般来说，由于镜像文件容量较大，因此最好存放在可用空间较多的磁盘分区中，另外也可以单击"保存在网络上"按钮，将镜像文

件保存在局域网内的其他计算机、专用服务器或者备份用的移动硬盘中。这里选择"G:盘"，然后单击"下一步"按钮。

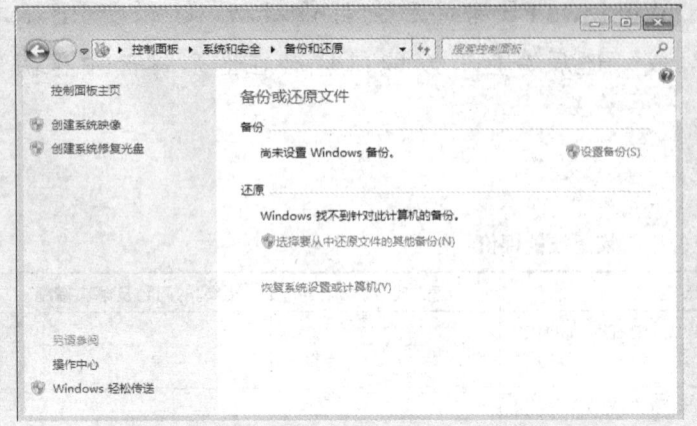

图 16-28 "备份或还原文件"设置窗口

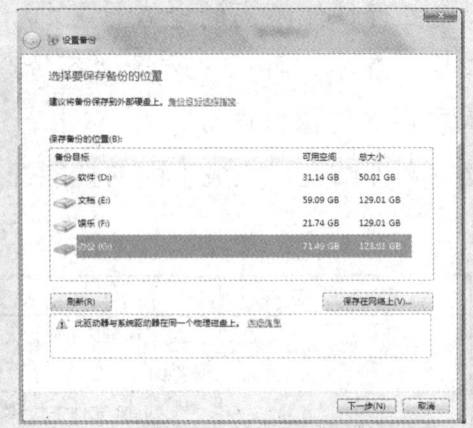

图 16-29 "选择要保存备份的位置"窗口

③ 这时弹出"您希望备份哪些内容"对话框，用户可以选择两种备份方式，如图 16-30 所示。系统默认采用"让 Windows 选择"方式，这样 Windows 7 操作系统不仅会备份桌面、库、用户账户配置信息以及默认的系统文件夹中的数据，同时还将创建一个 Windows 系统镜像文件；而"让我选择"选项则是用户自定义方式，用户可以自行指定需要备份的磁盘分区、库、文件夹和其他数据文件，也可以决定是否需要创建镜像文件。这里采用 Windows 7 操作系统推荐的备份方式，再单击"下一步"按钮。

④ 弹出如图 16-31 所示的"查看备份设置"对话框，其中显示将要执行备份的两类项目：用户资料数据和系统镜像文件。为减少备份所需的时间和资源消耗，系统不会全部覆盖原有的备份镜像，而是采用增量备份的方式，将备份项目中已做过更改的文件或新创建的文件添加到镜像文件内。

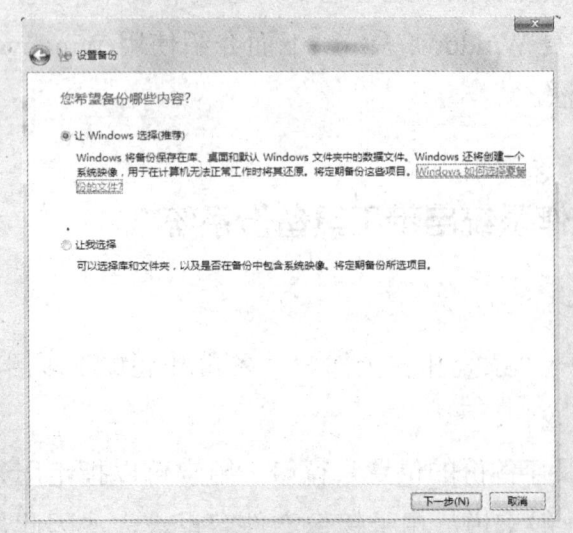

图 16-30 "您希望备份哪些内容"对话框

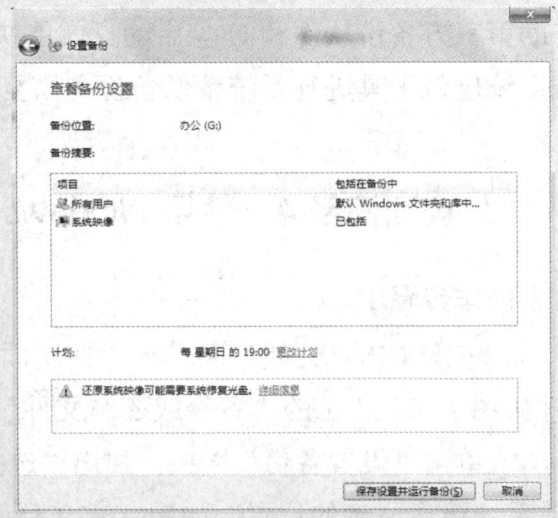

图 16-31 "查看备份设置"对话框

单击"更改计划"链接，弹出"您希望多久备份一次"对话框，用户在这里可以设置备份执行的频率和开始时间，如图 16-32 所示。

⑤ 设置完成后，单击"保存设置并运行备份"按钮，系统将开始执行备份，如图 16-33 所示。如果系统分区和其他文件夹中的数据非常多，备份过程将可能消耗较长的时间，需要耐心等待。

⑥ 备份结束之后，系统将显示备份过程的相关信息，包括备份位置、执行时间、备份的对象和容量大小等，如图 16-34 所示。至此，Windows 系统备份操作就已完成了。

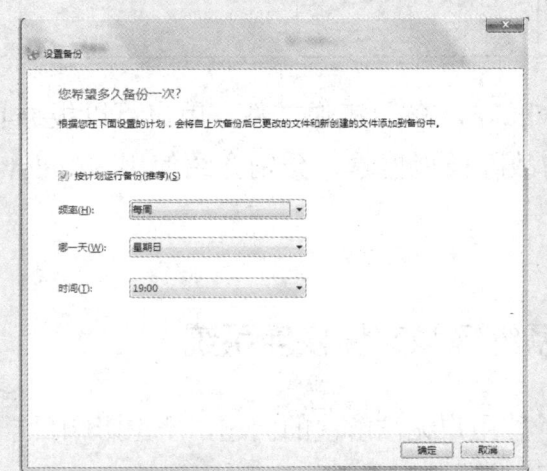

图 16-32 "您希望多久备份一次"对话框

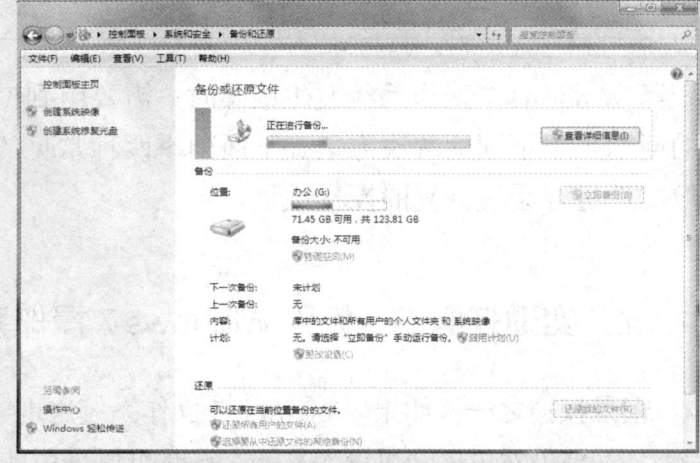

图 16-33 "正在进行备份"窗口

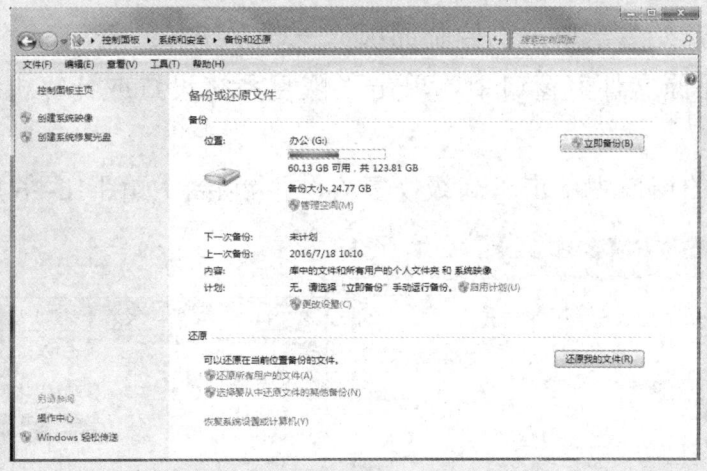

图 16-34 备份操作完成窗口

【操作提示】若用户只想创建系统镜像文件，可在"备份或还原文件"窗口的左侧单击"创建系统映像"链接，Windows 7 操作系统允许将镜像文件保存在本地硬盘、DVD 光盘和局域网内的共享文件夹中。如果计算机中安装有 DVD 刻录机，则可以单击"创建系统修复光盘"链接，进而制作一张专用的 Windows 系统修复光盘，这张光盘中包含有 Windows 镜像文件和系统恢复工具，用户在日常工作中就可以对 Windows 7 操作系统进行快速还原，或者修复 Windows 7 操作系统出现的严重错误。

实训结束，完成下面的技能评价表。

系统备份与恢复技能评价

实训任务	检查点	完成情况	出现的问题及解决措施
使用 Windows 7 自带工具备份系统	打开 Windows 7 操作系统中的备份程序，将镜像文件指定保存在 E 盘，并采用 Windows 默认的备份方式	□完成 □未完成	
	备份完成后，检查该镜像文件的大小和格式，并与先前制作的 Ghost 镜像文件做比较	□完成 □未完成	
	设置一个备份计划，让系统在 10 分钟后自动执行一次备份，并覆盖原有的 Windows 镜像文件，然后观察此次自动备份的执行情况	□完成 □未完成	

当 Windows 7 操作系统发生故障时，需要用到 Windows 备份镜像文件，用户可以根据具体的问题采用不同的解决方案。下面列举两种常见的故障模拟情景，分别介绍使用 Windows 镜像文件进行系统恢复的操作过程。

实训任务 5　使用 Windows 7 操作系统镜像文件恢复系统

情景模拟之一　如果 Windows 7 操作系统出现一些用户无法解决的问题，严重影响日常工作，不过仍然可以开机进入系统，这时可以采用如下办法，恢复系统运行。

【操作步骤】

① 依次单击"开始"菜单→"控制面板"→"系统和安全"→"备份和还原"命令，在打开的"备份或还原文件"窗口中，单击"恢复系统设置或计算机"链接，如图 16-35 所示。

② 在随后打开的窗口中单击"高级恢复方法"链接，如图 16-36 所示。

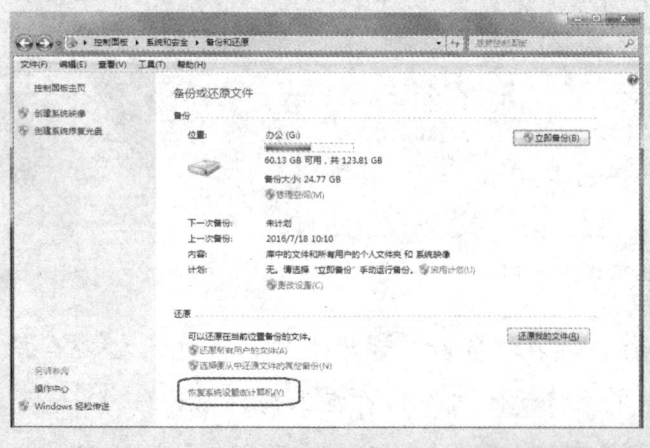

图 16-35　"备份或还原文件"设置窗口

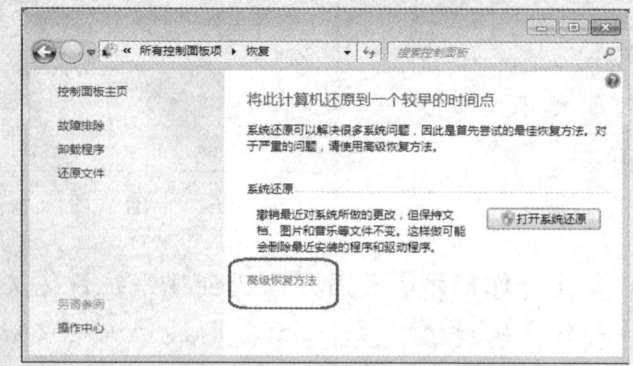

图 16-36　单击"高级恢复方法"链接

③ 这时会打开如图 16-37 所示的高级恢复方法选择窗口。由于在此之前已经使用 Windows 7 操作系统的自带工具对系统进行过备份，因此这里就可以选择"使用之前创建的系统映像恢复计算机"这一选项。

④ 弹出"您是否要备份文件"窗口，询问用户是否要先备份文件，如图 16-38 所示。如果在系统分区、桌面、我的文档及 Windows 库等位置存放了重要的资料，如文档、图片、音乐、视频等，可单击"立即备份"按钮，Windows 7 操作系统能帮助用户将这些文件资料备份至外部硬盘、DVD 光盘或移动存储设备中，当系统恢复完成后，Windows 7 操作系统将自动把这些文件还原到计算机中。这里无须备份用户文件，因此直接单击"跳过"按钮，镜像文件在还原时将覆盖原有系统和用户资料。

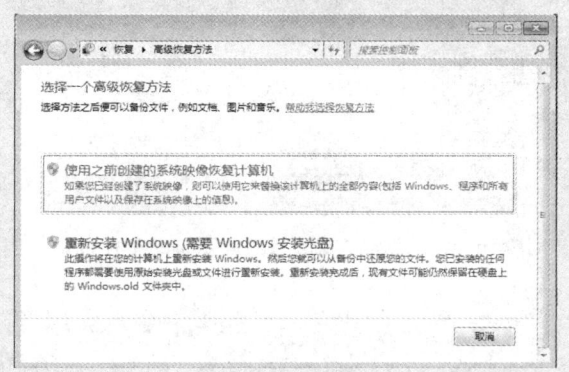

图 16-37　"选择一个高级恢复方法"窗口

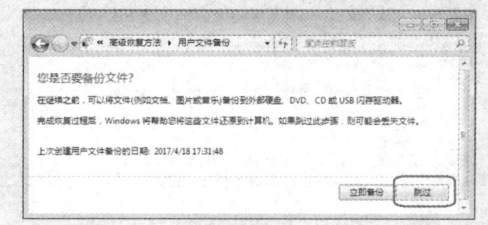

图 16-38　"您是否要备份文件"窗口

⑤ 弹出"重新启动计算机并继续恢复"对话框，如图 16-39 所示。单击"重新启动"按钮，计算机开始重启，继续进行恢复设置操作。

⑥ Windows 7 操作系统在完成启动文件加载后，弹出如图 16-40 所示的"系统恢复选项"对话框，用户需选择在还原过程中要使用的键盘类型，这里选择"中文（简体）-美式键盘"，然后单击"下一步"按钮。

⑦ 弹出"选择系统镜像备份"对话框，在这里要指定一个用来进行系统恢复的镜像文件。如果该系统至今只备份过一次，那么应选择"使用最新的可用系统镜像（推荐）"这一默认选项，该选项列出了上次镜像文件的创建时间、存放位置以及所在的计算机名称；而如果用户已做过多次系统备份，计算机中保存有几个不同的镜像文件，则可以单击"选择系统映像"选项，然后从中选择一个用于恢复的镜像文件。为了更好地说明恢复操作，这里单击第二项"选择系统映像"选项，如图 16-41 所示。

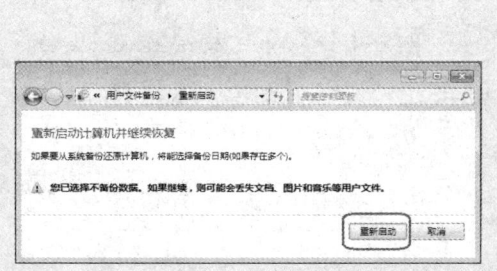

图 16-39　"重新启动计算机并继续恢复"窗口

图 16-40　"系统恢复选项"对话框

⑧ 单击"下一步"按钮,随后弹出"选择要还原的计算机的备份位置"窗口,这里显示了计算机中现有的系统镜像文件。单击列表中的镜像文件,再单击"下一步"按钮,如图 16-42 所示。

图 16-41 "选择系统镜像备份"对话框

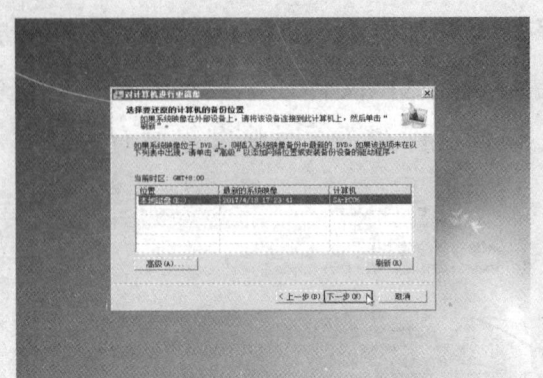

图 16-42 "选择要还原的计算机的备份位置"窗口

⑨ 在"选择其他的还原方式"对话框中,单击"下一步"按钮,如图 16-43 所示。

⑩ 随后弹出系统镜像文件确认对话框,如图 16-44 所示。用户可以对已选中的镜像文件与待恢复的计算机及磁盘分区进行检查,如确认无误即单击"完成"按钮。

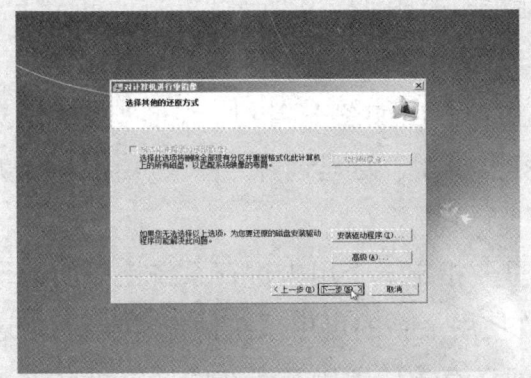

图 16-43 "选择其他的还原方式"对话框

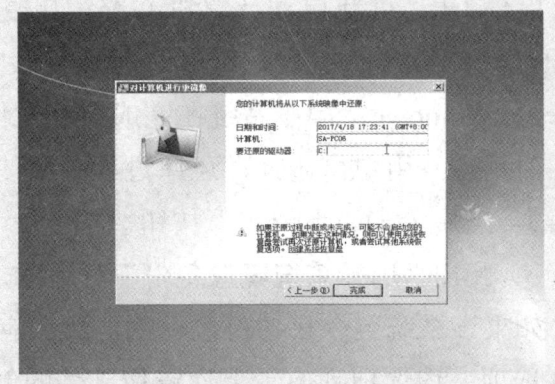

图 16-44 系统镜像文件确认对话框

⑪ 弹出一个确认对话框,提示用户要还原的磁盘分区将会被镜像文件完全覆盖,目标分区中的所有数据也将会被全部清除,如图 16-45 所示。

⑫ 单击"是"按钮,Windows 7 执行系统镜像还原操作,如图 16-46 所示。这个过程可能会持续几分钟到二十几分钟不等(视计算机性能配置与镜像文件的大小而定)。

⑬ 如果由于镜像文件损坏或者系统还原过程意外出错等各种原因,要终止系统镜像还原操作,可单击"停止还原"按钮,弹出如图 16-47 所示的"确定要停止还原吗"对话框。如果确实要取消还原,则单击"是"按钮,否则单击"否"按钮。这里单击"否"按钮,继续执行还原操作。

⑭ 还原进程执行完毕后,单击"立即重新启动"按钮。计算机在重新启动之后,将恢复至先前备份时的系统状态。

还原进程执行完毕后，计算机将重新启动，并进入系统桌面，这时弹出"恢复"对话框，询问是否要还原先前备份的个人文件，如图16-48所示。如果用户已做了资料备份，可单击"还原我的文件"按钮，否则单击"取消"按钮。本例无须还原用户文件，直接单击"取消"按钮。至此，恢复操作全部完成。

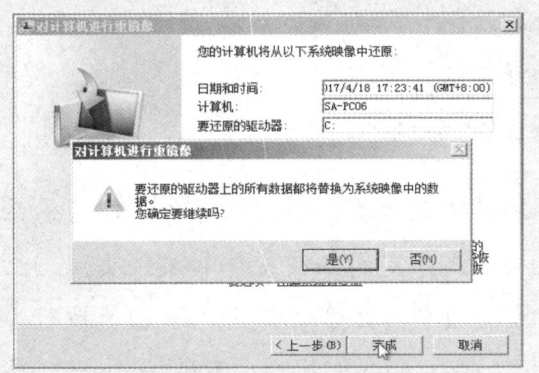

图16-45 系统还原操作提示对话框

图16-46 执行系统还原操作对话框

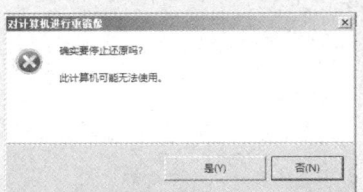

图16-47 "确定要停止还原吗"对话框

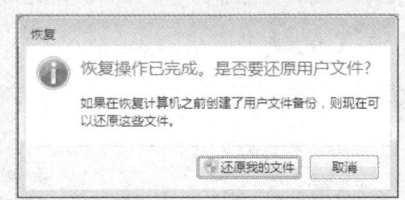

图16-48 "恢复"对话框

情景模拟之二 如果Windows 7操作系统出现较为严重的故障，已无法正常进入和运行操作系统，则可以按下面的操作方法进行恢复。

【操作步骤】

① 重启计算机，当屏幕出现Windows启动菜单选择画面时，按F8键，Windows 7操作系统将调出"高级启动选项"选项列表，如图16-49所示，然后使用"↓"方向键移动光标，选择"修复计算机"选项。

② 按"Enter"键，进入"加载文件"界面，Windows 7操作系统开始加载启动文件，如图16-50所示。

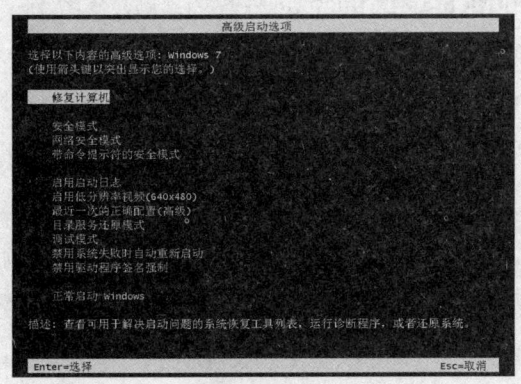

图16-49 "高级启动选项"功能列表

图16-50 "Windows加载文件"界面

③ 随后弹出如图 16-51 所示的"选择键盘类型"对话框,接下来的操作过程和"情景模拟之一"中的还原方法相似,这里就不再赘述了。

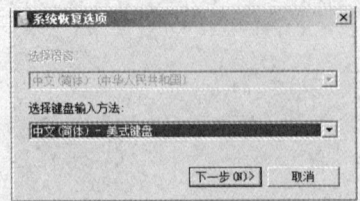

图 16-51 "系统恢复选项"对话框

【操作提示】Windows 7 操作系统自带的备份工具非常简单、实用,不但可以备份系统分区和用户的个人资料,还能备份其他各个磁盘分区及用户指定的任何文件和文件夹。除此之外,Windows 备份工具还可以设定备份的执行周期和执行频率,让系统定期、自动地执行备份操作,以保持系统及用户数据的最新状态,有效提高数据存储的安全性。不过 Windows 备份工具采用的数据压缩率不高,所生成的镜像文件往往会占用比较大的磁盘空间,因此在备份之前要注意留出充足的硬盘可用容量。

实训结束,完成下面的技能评价表。

系统备份与恢复技能评价

实 训 任 务	检 查 点	完 成 情 况	出现的问题及解决措施
使用 Windows 7 镜像文件恢复系统	打开 Windows 7 操作系统中的备份程序,并使用 Windows 镜像文件进行系统还原	□完成 □未完成	
	利用第三方系统管理工具格式化 C 盘,再使用 U 盘启动盘和 Windows 镜像文件来恢复系统	□完成 □未完成	
	比较这两种 Windows 系统恢复方法各自的特点,以及在应用场合与操作方面的区别	□完成 □未完成	

16.5 使用 EasyRecovery 恢复数据

EasyRecovery(易恢复)是由数据厂商 Kroll Ontrack 推出的一款数据文件恢复软件,其功能非常强大,能恢复人为原因的删除、病毒破坏、磁盘格式化、分区表损坏、系统崩溃等各种丢失或损坏的数据资料,此外还可以重建分区表、系统引导记录和文件系统,检查、诊断磁盘中存在的错误。EasyRecovery 在恢复时不会向原始驱动器写入任何数据,而是在内存中重建文件分区表,进而将数据保存在其他磁盘分区目录下,因此在操作上比较高效、安全。

EasyRecovery 可以在不同的存储介质中恢复数据,包括硬盘、光盘、U 盘、移动硬盘、闪存卡、手机存储卡、RAID 磁盘阵列等,能恢复文档、表格、图片、音频、视频、数据库文件、Outlook 电子邮件、Zip 压缩文件等各种文件类型。下面以 EasyRecovery Professional 6.1 版软件为例,分别介绍被删除文件和被格式化文件的恢复方法。

实训任务 6　使用 EasyRecovery 恢复被误删除的文件

现假设在计算机的 E:盘中有一个名为"静物图"的文件夹被用户误删除，并且已不在回收站中，可使用 EasyRecovery 软件将这个文件夹及里面的所有文件都恢复过来。

【操作步骤】

① 安装 EasyRecovery Professional 6.1 版软件，进入程序主界面，如图 16-52 所示。

② 单击窗口左侧的"数据恢复"选项，在弹出的"数据恢复"窗口中将同步显示该选项所包含的几个主要功能，如图 16-53 所示。

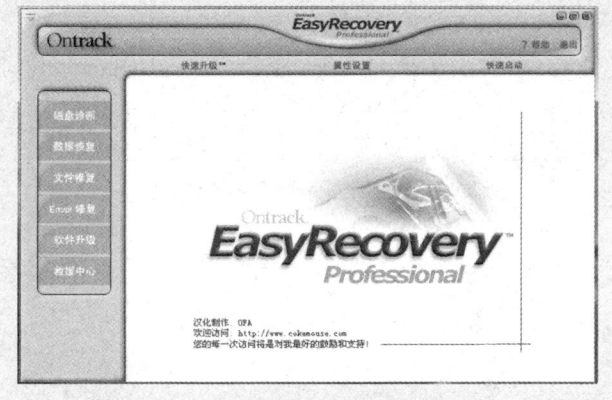

图 16-52　EasyRecovery 程序主界面　　　　　图 16-53　"数据恢复"主窗口

③ 单击"删除恢复"功能项，弹出如图 16-54 所示的"目标文件警告"对话框，提示用户需将待恢复的文件保存到除源位置以外的其他目录位置，然后单击"确定"按钮即可。

④ 随后会弹出分区选择窗口，用户要选择被删除文件所在的磁盘分区。这里选择 E:盘，如图 16-55 所示。

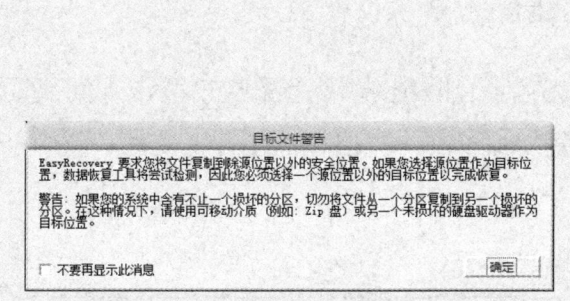
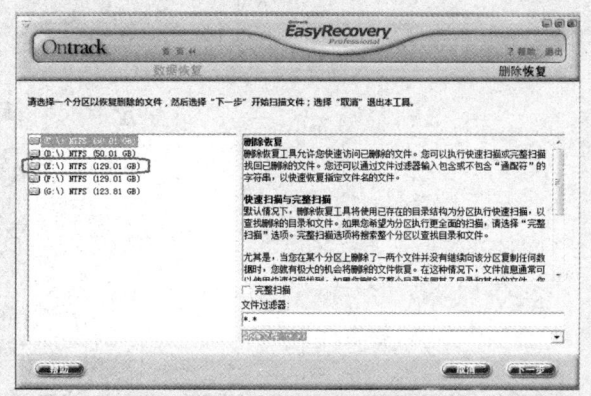

图 16-54　"目标文件警告"对话框　　　　　图 16-55　分区选择窗口

⑤ 单击"下一步"按钮，EasyRecovery 软件对 E:盘进行扫描，这要花费一定的时间，扫描结束后将打开扫描结果显示窗口。在窗口左侧中显示了 EasyRecovery 扫描到的已删除文件夹列表，其中可以找到先前已被彻底删除的"静物图"文件夹。单击"静物图"文件

夹，在窗口右侧会同步列出该文件夹下原有的各个图片文件。勾选"静物图"文件夹前面的小方框，其下面的所有图片文件也将一并被选中，如图16-56所示。

⑥ 单击"下一步"按钮，弹出指定恢复文件保存位置对话框，用户可以将恢复来的文件夹及图片文件保存在本地硬盘中（但不能放到原分区），建议先在其他磁盘分区中创建一个文件夹，专门用于存放恢复的文件。这里我们在"恢复至本地驱动器"文本框中输入"G:\恢复文件\"，也可以单击"浏览"按钮，进入G:盘后再选中该文件夹，如图16-57所示。

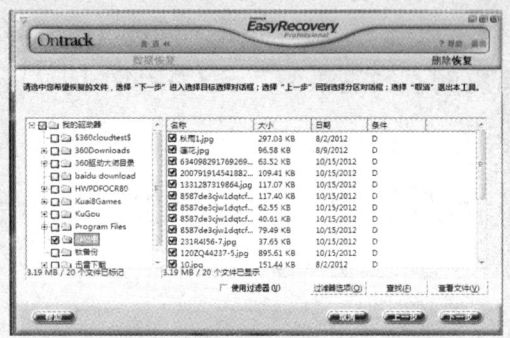

图 16-56　已删除文件扫描结果窗口

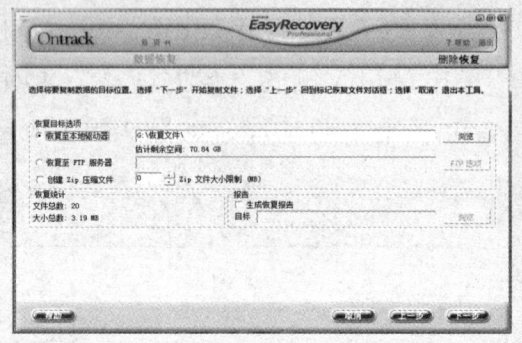

图 16-57　指定恢复文件保存位置

⑦ 单击"下一步"按钮，EasyRecovery进行恢复。稍等片刻后，软件会弹出一个恢复结果报告窗口，显示本次恢复操作的具体情况，表明"静物图"文件夹和其下的所有图片文件均已恢复成功，如图16-58所示。

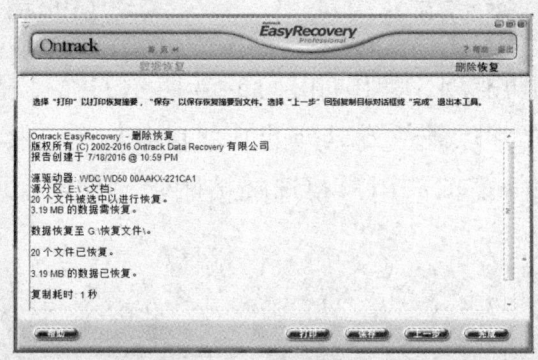

图 16-58　删除恢复报告窗口

⑧ 单击"完成"按钮，在弹出的"保存恢复"对话框中选择"否"按钮，即可返回EasyRecovery软件主界面，而在G:盘中也可以看到已经恢复的文件夹与图片文件。

实训结束，完成下面的技能评价表。

系统备份与恢复技能评价

实 训 任 务	检 查 点	完 成 情 况	出现的问题及解决措施
使用EasyRecovery恢复被误删除的文件	在计算机中分别删掉若干文件夹、图片和歌曲文件，然后使用EasyRecovery依次进行恢复	□完成　□未完成	
	分别检查这些文档资料是否已经全部恢复成功	□完成　□未完成	
	逐个双击打开已经恢复的图片和歌曲文件，确认这些资料都能正常使用	□完成　□未完成	

实训任务 7　在已被格式化的磁盘分区中恢复文件

当某个磁盘分区被格式化之后，如果该分区中还有重要资料事先没有备份，而此时又需要用到，那么用户仍然可以通过 EasyRecovery 软件将之恢复。

【操作步骤】

① 打开 EasyRecovery 软件主界面，进入"数据恢复"窗口，单击"格式化恢复"选项，在弹出的"目标文件警告"对话框中单击"确定"按钮，如图 16-59 所示。

② 在随后弹出的"格式化恢复"窗口中，选择已被格式化且需要恢复的磁盘分区，同时在"先前的文件系统"下拉列表框中，选择该分区原先使用的文件系统类型，如图 16-60 所示。这里选择 E:盘，文件系统为默认的"NTFS"类型。

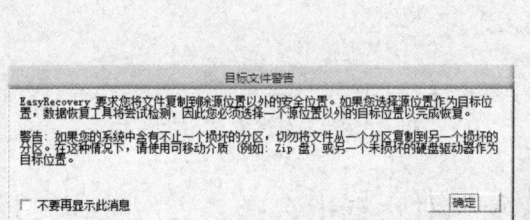

图 16-59　"目标文件警告"对话框

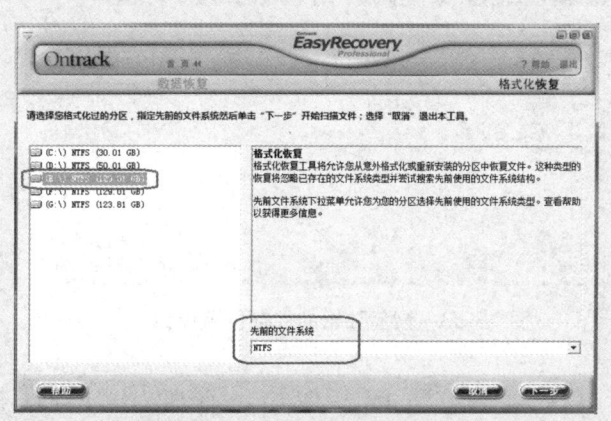

图 16-60　"格式化恢复"窗口

③ 单击"下一步"按钮，EasyRecovery 软件扫描已格式化分区中的文件系统、磁盘区块以及原有文件和文件夹。如果该磁盘分区的容量较大，这个扫描和分析过程将耗时较长，如图 16-61 所示。

④ 扫描分析完成后，弹出文件恢复选择窗口。在窗口左侧显示了 EasyRecovery 扫描到的文件夹列表，而窗口右侧则列出了某个文件夹中的原有文件。选中一个或多个要恢复的文件夹（这里选择"东山公园"文件夹），并勾选其前面的小方框，在窗口右侧可以看到该文件夹内的所有图片文件也同时被选中了，如图 16-62 所示。

⑤ 设置好后，单击"下一步"按钮，弹出恢复数据的保存位置窗口，用户要指定一个用于存放所恢复文件的磁盘路径。单击"浏览"按钮，在计算机中选择一个合适的磁盘分区和文件夹，这里把该文件夹保存在"D:\数据恢复\"路径之下，如图 16-63 所示。

⑥ 单击"下一步"按钮，EasyRecovery 开始进行文件恢复，操作完成后弹出恢复结果报告窗口，如图 16-64 所示。

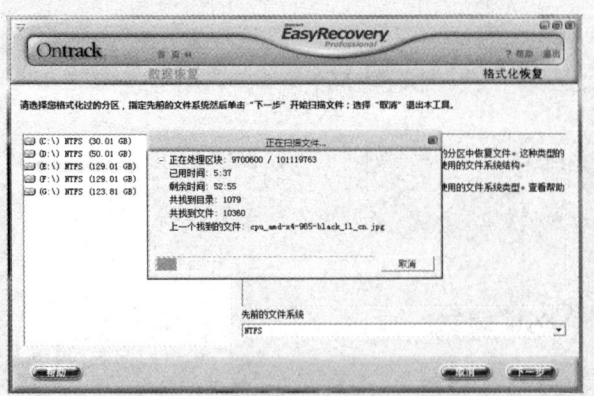

图 16-61　扫描已格式化的分区窗口

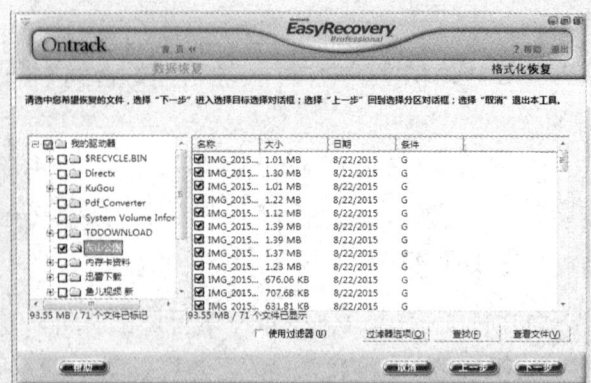

图 16-62　选择要恢复的文件窗口

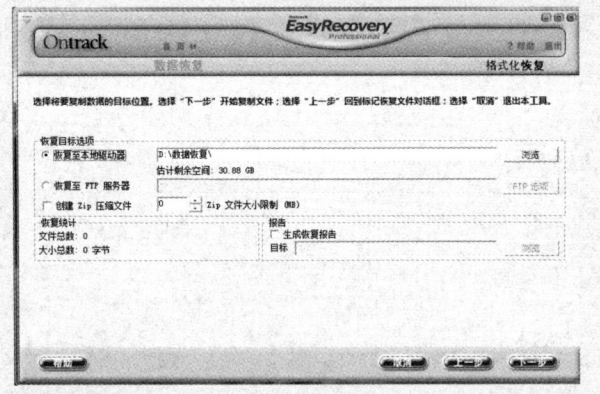

图 16-63　恢复数据的保存位置窗口

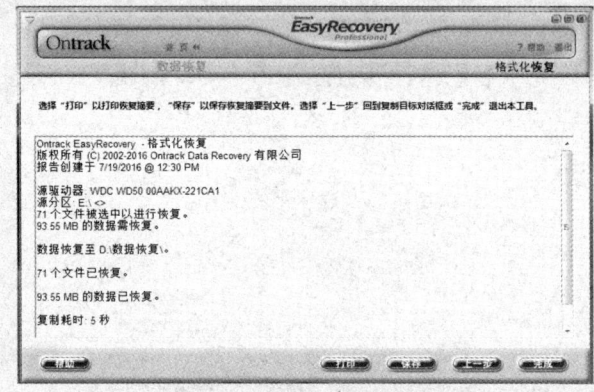

图 16-64　恢复结果报告窗口

⑦ 单击"完成"按钮，在弹出的"保存恢复"对话框中选择"否"按钮，返回 EasyRecovery 软件主界面。然后进入 D:盘的"数据恢复"文件夹中，可以看到已恢复成功的文件夹与图片文件，如图 16-65 所示。

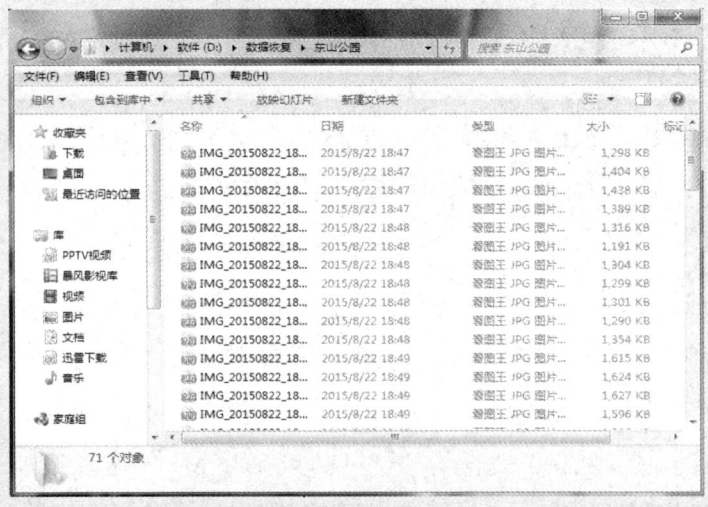

图 16-65　已恢复成功的文件夹与图片文件

实训结束，完成下面的技能评价表。

系统备份与恢复技能评价

实训任务	检 查 点	完 成 情 况	出现的问题及解决措施
在已被格式化的磁盘分区中恢复文件	准备一台用于实训的计算机,格式化 E:盘后,再使用 EasyRecovery 恢复 E 盘中的部分文件(恢复至 D:盘保存)	□完成　□未完成	
	准备一个实验用的 U 盘,先在里面存放一部分测试文件,将 U 盘格式化后再把这些文件恢复至 D:盘保存	□完成　□未完成	
	分别检查、测试上述所有已恢复的文件数量是否齐全,且恢复后能够正常打开使用	□完成　□未完成	

实训任务 8　在已损坏的磁盘分区中恢复文件

如果计算机中的某个磁盘分区发生逻辑性错误,如磁道、扇区、分区表等部分损坏,并因此而导致数据丢失,EasyRecovery 软件也能帮助用户恢复所需的数据。

【操作步骤】

① 打开 EasyRecovery 软件主界面,进入"数据恢复"窗口,单击"高级恢复"选项,在弹出的"目标文件警告"对话框中单击"是"按钮。

② 弹出如图 16-66 所示的磁盘分区选择窗口,选择已损坏且需要恢复的磁盘分区,这里以 D:盘为例。窗口右侧列出该分区的起始/结束扇区位置、簇大小和分区的总容量等信息,窗口右下方的彩色饼图则显示了整个硬盘的分区比例,以及当前分区所在的位置区间和所采用的文件系统类型。

③ 单击"下一步"按钮,EasyRecovery 扫描已损坏分区中的文件系统、磁盘区块及原有的各类文件,如图 16-67 所示。

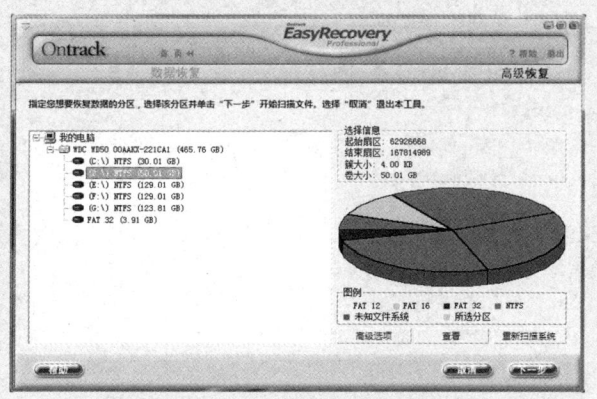
图 16-66　选择需修复的磁盘分区窗口

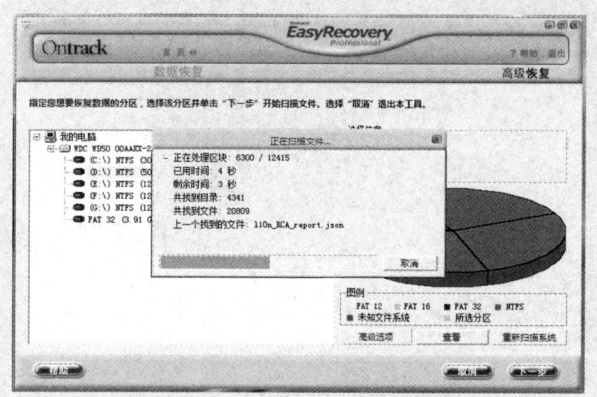
图 16-67　扫描已损坏的磁盘分区窗口

④ 扫描完成后,弹出文件恢复选择窗口。在左侧的文件夹列表中勾选想要恢复的文件夹,如图 16-68 所示。

⑤ 单击"下一步"按钮,弹出文件恢复的保存位置窗口,单击"浏览"按钮,指定用于存放恢复文件的磁盘路径,如图 16-69 所示。

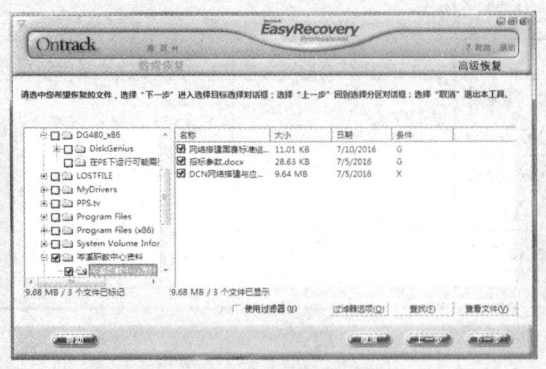
图 16-68 选择要恢复的文件

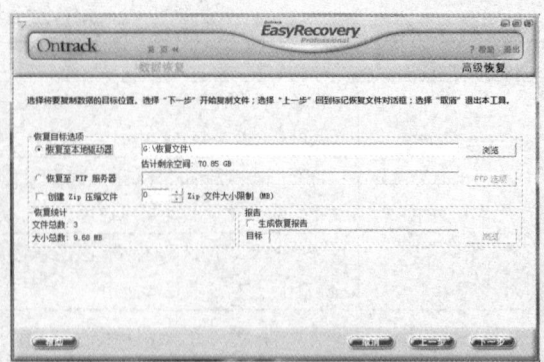
图 16-69 文件恢复保存位置窗口

⑥ 单击"下一步"按钮，EasyRecovery 执行恢复命令，操作结束后弹出恢复操作报告窗口，如图 16-70 所示。

⑦ 单击"完成"按钮，在弹出的"保存恢复"对话框中选择"否"按钮，返回 EasyRecovery 主界面，文件恢复操作至此完成。

【操作提示】除了恢复丢失的数据外，EasyRecovery 还能修复因程序内部损坏、病毒感染破坏或人为操作不当等原因而无法打开的文档资料，其修复的对象包括微软 Office 套件中的 Word、Excel、PowerPoint、Access 程序文件、Microsoft Outlook 电子邮件客户端程序所用的 pst 文件格式及 Zip 压缩文件类型等。用户可在 EasyRecovery 软件主界面中，通过选择"文件修复"或"E-mail 修复"下属的相关功能按钮来完成对应文件的修复工作。

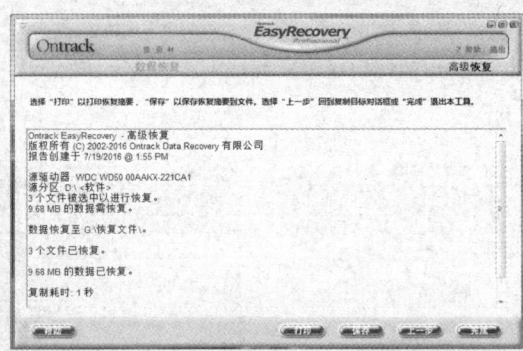
图 16-70 高级恢复操作报告窗口

实训结束，完成下面的技能评价表。

系统备份与恢复技能评价

实训任务	检 查 点	完 成 情 况	出现的问题及解决措施
在已损坏的磁盘分区中恢复文件	准备一块存在故障且难以正常访问的机械硬盘、U 盘或移动硬盘，检查这块存储设备的损坏程度	□完成 □未完成	
	使用 EasyRecovery 尝试恢复该存储设备下相关磁盘分区中的数据	□完成 □未完成	
	如果能恢复文件，则检查这些文件的完好性与可用性；如无法恢复，请分析操作失败的原因（硬件、软件或其他）	□完成 □未完成	

知识巩固与能力拓展

1. 参考本书中的操作示例,使用老毛桃、大白菜或 U 深度工具软件中的其中一种来制作一个 U 盘启动盘。

2. 使用制作好的 U 盘启动盘备份 Windows 7 操作系统,或者进入 Windows PE 微系统桌面,运行一键备份工具来备份 Windows 7 操作系统。

3. 在实训计算机中,使用 Windows 7 操作系统的自带工具对其进行备份。

4. 分别使用 U 盘启动盘中的 Ghost 工具和 Windows 7 操作系统自带工具还原一次系统,观察这两种工具备份、还原系统的操作效果,并开展小组讨论与评估,然后选择一种适合自己习惯和实际条件的备份工具。

5. 在实训计算机中删除某些用户文件(非系统盘中的文件),然后格式化一个逻辑分区(事先备份重要文件),再使用 EasyRecovery 软件分别进行恢复,观察是否能将丢失的数据恢复。

第三篇

维护与修复计算机

职业场景创设

这段时间,小明已经和主管老陈处理了较多的计算机问题,这其中有些是由于系统运行过慢而影响正常使用,有些是由于软件出错而导致业务中断,有些则是由于硬件故障导致无法开机。小明在维修过程中观察到一些现象,特意向老陈请教。

小明: 我注意到有的主机机箱内灰尘过多,有的计算机安装了太多不必要的软件,而有部分用户操作计算机的方法不正确,这些都可能会导致计算机出现问题吧?

老陈: 的确是这样。计算机的正常运行不仅受到外部环境的影响,也离不开必要的保养与维护。只有操作规范,维护及时,才能减少计算机故障的发生,延长使用寿命。

小明: 说到计算机故障,这几天我也很头疼,感觉处理起来很伤脑筋,有什么办法可以快速处理各种各样的故障呢?

老陈: 别着急。虽然计算机故障现象及产生的原因复杂多变,但只要系统性地了解计算机故障的基本特点与规律,掌握一定的排除方法,就能够处理很多常见的故障!

职业训练计划

老陈计划带领小明对公司计算机及相关设备进行一轮检修,让小明了解公司在计算机使用、管理、维护及维修等方面的制度,熟悉相关操作流程,对各类设备的运行状态做到了然于心,同时在与用户沟通和反馈的过程中加强小明的表达能力与服务意识。

情感价值目标

- 培养积极的职业认同感。
- 培养乐观的职业服务观。
- 增强集体荣誉感。

职业能力目标

- 良好的自主学习与探究精神。
- 较强的分析与解决问题能力。
- 必要的沟通交流与合作能力。

职业素养品质

- 遵纪守法、爱岗敬业、乐于奉献的职业精神。
- 较强的职业心理素质,能乐观面对职业压力。
- 严谨的职业工作习惯,较强的职业安全意识。
- 良好的时间管理、沟通交流和团队协作能力。
- 具备基本的职业认知,了解行业发展趋势,主动学习与运用新技术、新工具和新理念。

计算机保养与维护

第 17 章

工作任务分析

本任务主要学习计算机保养维护的基本要求，以及主机部件和外部设备的保养维护方法，使学生对计算机保养维护的环境要求、操作方法和注意事项有一个总体认识，形成并强化操作实践的规范性、安全性与团队合作意识，以养成良好的职业素养。

知识学习目标

- 了解计算机保养与维护的环境要求。
- 熟悉计算机保养与维护的操作要点。
- 掌握计算机硬件设备的基本保养方法。

技能实践目标

- 能够判断计算机硬件设备的运行状态。
- 能够对硬件设备进行简单的保养维护。
- 能够具备良好的操作习惯与团队意识。

课程思维导图

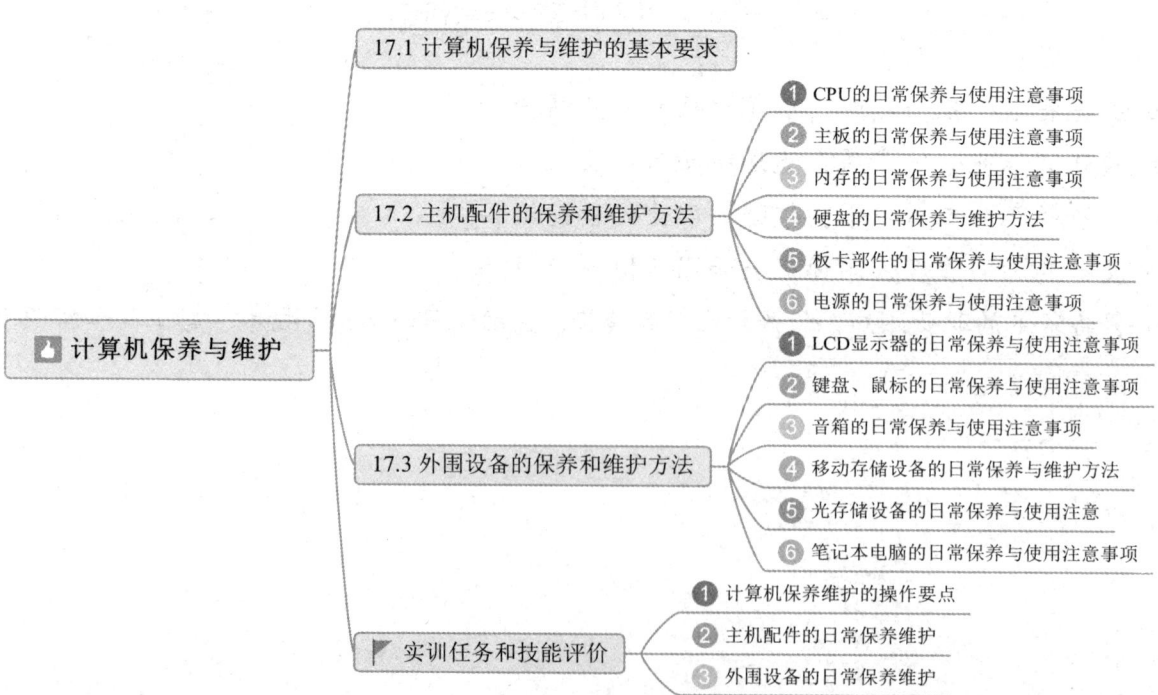

计算机日常的保养和维护是一项不可忽视的工作，不仅可以使计算机保持最佳的运行状态，也能够降低发生故障的可能性，从而延长计算机的使用寿命。

计算机的保养与维护主要是对计算机定期进行清理、清洁和优化，包括硬件设备的清洁和除尘、操作系统的性能调优、磁盘存储空间的清理以及软件垃圾数据的清除等。除了计算机自身的保养外，用户操作的正确与否也会对计算机的正常运行产生很大的影响。本任务将重点介绍计算机硬件设备的保养方法，以及在日常使用方面的注意事项。

17.1 计算机保养与维护的基本要求

计算机保养与维护的方法有很多，这里简单列举以下基本要求。

（1）保持室内环境的气流通畅

计算机在运行时，会在相对狭小的局部范围产生较多的热量，虽然主机内部有散热系统，但如果室温过高且通风不良，就会影响计算机（尤其是主机部件）的散热。因此，计算机最好放置在通风条件良好的房间中，室内温度维持在 5～35℃，湿度保持在 30%～80%，交流电压稳定在 220V。如果夏天气温过高，还可以打开机箱侧盖板，用风扇加强主机内部的散热效果。

（2）注意除湿、防尘和防静电

计算机对其所处的环境非常敏感，灰尘、水汽和静电都是影响计算机运行的不利因素。用户应该定期对计算机进行除尘清洁，包括配件表面、配件插槽，以及线缆接口处。平常不用计算机时，可用透气的遮盖布将机箱、显示器和键盘盖起来，能很好地防止灰尘进入计算机。在潮湿的季节，应尽量常开计算机，以驱散机箱内凝聚的水汽，避免主机配件因受潮而发生短路。而在较为干燥的秋冬季节，则要特别注意人体静电的危害，尽量不要直接用手触碰主机配件，防止静电毁坏电路元件。此外还要使用带过载保护功能的三孔电源插座，有效减少静电的积聚。如图 17-1 所示为带过载保护功能的三孔电源插座。

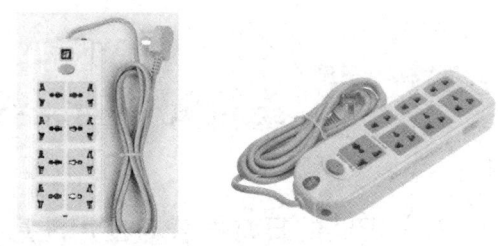

图 17-1 带过载保护功能的三孔电源插座

（3）远离电磁干扰

大功率电器、电子产品和变压器会产生强烈的磁场效应，这不仅会影响显示器、主板、显卡等设备的敏感电路，严重时还可能会造成设备损坏和硬盘数据丢失。因此在使用计算机时，应尽量让计算机设备远离各种强干扰源。

（4）养成良好的计算机使用习惯

良好的使用习惯对于保障计算机的稳定和安全运行是很重要的。例如，用户应遵循正确的开关机操作方法，开机时应该先开启外部设备，如显示器、音箱、打印机等，最后再开主机电源；而关机时则要先关主机电源再关闭外部设备。另外，不要频繁地开关机，否则对主机各部件（特别是硬盘）的损伤很大，若短时间内不用计算机，可启用睡眠模式。计算机在关机后，一般需等待 20 秒以上再开机，而当计算机在正常工作时，应避免直接拔电关机，如果此时计算机正在进行数据读写操作，突然强行关机容易损坏硬盘。

实训任务 1　计算机保养维护的操作要点

在开始进行保养维护之前，先要对计算机的周边环境和当前的工作状态进行初步检查，这样能帮助用户得出直观的判断，便于开展有针对性的保养操作。

【操作步骤】

① 检查计算机的工作环境，确保室内环境通风良好，阳光没有直射到计算机设备上，温度和湿度都控制在合理范围内。

② 检查主机箱内各部件与外部设备的灰尘是否积聚过多，并将机箱可能存在的静电消除掉。

③ 检查计算机周边是否存在大功率、强磁场的设备，如果有则将这些设备移走。

实训结束，完成下面的技能评价表。

计算机保养与维护技能评价

实训任务	检查点	完成情况		出现的问题及解决措施
计算机保养维护的操作要点	了解保养计算机设备的基本要求	□完成	□未完成	
	检查室内通风环境和电器设备的摆放是否合理	□完成	□未完成	
	释放人体、衣服和计算机设备上的静电	□完成	□未完成	
	学习、掌握常用的计算机操作和维护方法	□完成	□未完成	

17.2　主机配件的保养和维护方法

1. CPU 的日常保养与使用注意事项

CPU 作为计算机关键的配件之一，若出现问题将对计算机产生非常大的影响，因此在平常使用中要做好 CPU 及散热器的保养维护。CPU 的基本保养要求包括以下几点。

（1）定期检查 CPU 的温度状况

CPU 对温度变化极为敏感，如果核心温度上升过快将严重影响其内部线路的稳定性。对于经常玩游戏或运行大型软件的用户，CPU 温度有可能频繁地大幅波动，因此用户可定期进入 BIOS 或使用工具软件查看 CPU 当前的工作温度，若发现温度持续过高，那么就要检查 CPU 硅胶的散热效果，以及散热风扇的运行状态。如果硅胶的散热效力下降，则应该刮掉已经硬化的旧硅胶，重新在 CPU 底座上均匀地涂上一层新硅胶。如果散热风扇转动不好，可以给风扇轴承部件加注润滑油，如问题仍然没有得到解决，则应更换 CPU 风扇。

在图 17-2 中可以看到，系统工具软件检测到 CPU 温度存在异常，提醒用户检查散热效果或 CPU 风扇是否有问题。

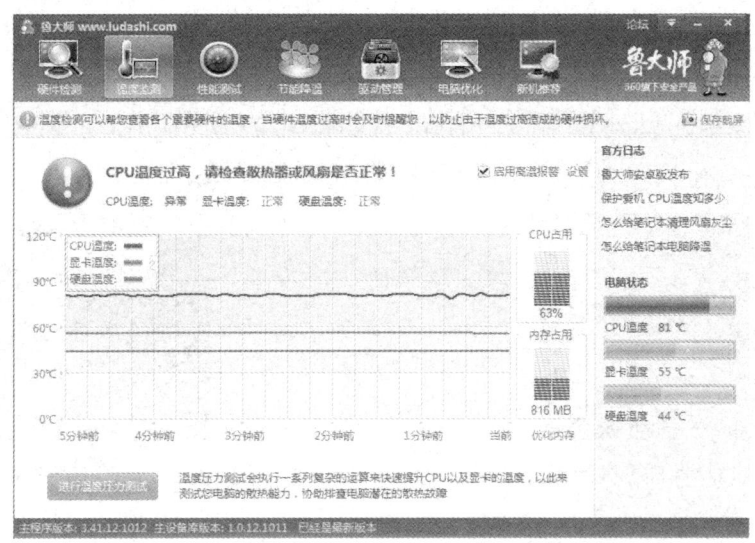

图 17-2　CPU 温度检测异常

（2）不要忘记给散热风扇除尘

CPU 风扇在转动时容易吸附灰尘，时间久了不仅会阻碍散热风扇的转动和通风，还会产生噪声，所以建议用户每半年左右清理一次散热风扇。清理时先将散热片和风扇拆开，用毛刷轻轻扫除扇叶上的灰尘，如图 17-3 所示。注意不要过于用力，否则容易损坏风扇。而散热片则可以直接用清水冲洗。如果风扇在正常运转后噪声异常增大，大多是由于风扇内部的润滑油已耗尽所致，这时就需要给风扇轴承加注润滑油，如图 17-4 所示。

图 17-3　清除 CPU 扇叶上的灰尘

图 17-4　给 CPU 风扇轴承加注润滑油

（3）如非必要，尽量不要超频

目前，市面上的 CPU 产品一般都带有动态加速功能，当 CPU 的工作负荷增大时，会自动进行加速运转，并有可能会超过其额定的主频值，这对于大多数用户来说是足够用的。在没有较大把握的情况下，用户不要轻易手动超频，如确实有需要进行超频，则应注意该款 CPU 的超频支持范围及所允许的超频方式。

2. 主板的日常保养与使用注意事项

主板是较为特殊也是比较容易出现问题的主机配件，在日常使用中要注意下面一些事项。

(1) 注意防尘、防潮与防静电

主板由于自身面积较大、结构复杂，各种线路与电子元件繁多，很容易吸附灰尘、水气和静电。过多的灰尘与水汽会造成主板与各部件之间接触不良，产生各种意外故障，而静电的积聚则可能会对主板上面的线路及电子元件产生致命伤害，所以要特别注意对主板的灰尘和水汽进行清除保养，另外也可以使用带有防静电材质的机箱，以提升静电的防护和消除效果。如图 17-5 和图 17-6 所示为清除主板各处的灰尘杂质的方法。

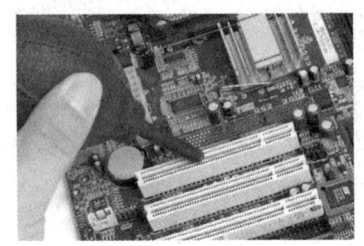

图 17-5　用喷嘴吹掉插槽内的灰尘

图 17-6　用毛刷清扫主板表面的灰尘

(2) 固定螺钉不要拧死

在安装主板时，用于固定主板的螺钉不要拧得太紧，且各个螺钉都应该尽量用同样的安装力度，以保证主板能够平稳地放置。如果螺钉拧得太紧或力度不均匀，主板则容易产生变形，进而影响主板自身与其他部件的正常运行。

3. 内存的日常保养与使用注意事项

内存的构造相对简单，然而在日常使用过程中却往往频出问题，因此对内存的保养维护就不容小觑。

(1) 定期清洁内存表面的灰尘

内存表面和内存插槽处容易积聚较多的灰尘，可用毛刷清扫干净，有条件的用户还可使用小型吹风机将机箱内的灰尘吹干净，要注意把握好机器的距离和角度，以免在吹风时因空气冲击力度过大而损坏部件，如图 17-7 所示。

(2) 擦除金手指的氧化层

内存的金手指在长期使用后，容易产生氧化效应，并呈现灰暗的颜色，这会导致内存与主板接触不良，影响内存的稳定性，可用干净的橡皮轻轻擦拭内存金手指的氧化部位，直到金手指重新变得光亮，如图 17-8 所示。

图 17-7　使用吹风机清除机箱内的灰尘

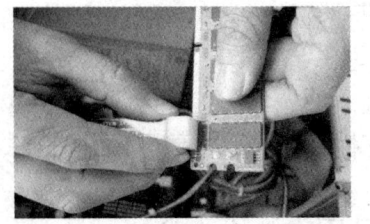

图 17-8　擦拭内存金手指的氧化层

（3）避免内存条之间的冲突故障

在安装两条或多条内存时，要使用品牌和规格相同的内存产品，如果要组建双通道或多通道内存，则需注意主板对该类内存通道模式的具体要求，以免有稳定性和安全性方面的隐患。

（4）不建议对内存进行超频

对于普通的计算机来说，内存超频的实际意义并不大，对整机性能的提升效果也不明显，反而会给内存带来不必要的损害，若超频方式设置不当，甚至还会给整台计算机造成巨大的安全风险。因此除非有特殊需要，用户最好不要超频内存。

4．硬盘的日常保养与维护方法

常用的计算机硬盘包括机械硬盘与固态硬盘两大类，在保养与维护方式上也有一些区别，这里分别进行介绍。

（1）机械硬盘使用注意事项

由于结构特殊，机械硬盘很敏感，也很娇弱，搬运或使用不当极易造成各种故障，甚至物理损伤，因此务必要小心呵护。机械硬盘的几个保养注意事项，请扫描二维码查阅。

（2）固态硬盘使用注意事项

固态硬盘和机械硬盘构造原理不同，在日常使用上也有一些自身的注意事项。固态硬盘的几个保养注意事项，请扫描二维码查阅。

5．板卡部件的日常保养与使用注意事项

显卡、声卡、网卡等板卡部件平常容易发生接触性或散热方面的问题，在日常保养和维护上要做好以下几点。

（1）保障散热效果

对于各种不同的板卡部件来说，其保养的核心问题是散热，尤其是对高性能或高端型号的独立显卡，可尽量选择水冷、热管等高效的散热系统。在安装时，板卡周围（特别是显卡风扇一侧）要留出足够的空间，这样才能及时、快速地排散热量。

（2）接口要有效固定

显示器的视频数据线接头要固定安装在显卡的对应接口上，拧好两侧的螺钉，虚接容易损坏显卡的接口。

（3）定期清理污物

板卡表面的灰尘、金手指上的污渍或氧化物要注意清洁干净，如图17-9所示。若条件允许的话，用户还可以使用无水酒精来清洗板卡表面，或冲洗声卡上的插孔，再用音频线的插头进行反复拔插，最后用吹风机吹干板卡上残留的液体即可。

图17-9　清理显卡表面的灰尘

（4）尽量不要超频显卡

超频会极大地增加GPU芯片的运行负荷，容易造成显卡速度下降，若操作设置不当甚至还会烧毁芯片。

6. 电源的日常保养与使用注意事项

电源是整台计算机的动力所在，由于其特殊的供电作用，应特别注重工作过程中的高效与稳定，在进行保养时要注意以下几点。

（1）定期做好清洁除尘

电源的进风口是灰尘最容易侵入的地方，如果风扇扇叶和轴承上积聚的灰尘过多，不仅会影响风扇转动，还会产生不小的噪声，因此需要定期对电源进行清洁除尘。在进行清洁时，用户要先卸下电源盒的固定螺钉，取出电源盒、外罩和风扇，用一块纸板将电源的电路板与风扇隔离开来，然后用毛刷或拧干的湿布将积尘擦拭干净，另外也可以用吹风机或高压气筒吹掉电源风扇的扇叶和轴承上的灰尘。

（2）及时加注润滑油

电源若使用久了，轴承由于润滑不良会产生较大的噪声，因此需要加注润滑油。打开电源外壳（或撕开不干胶标签），找到电机轴承，然后向轴承上滴3～4滴润滑油，并用手拨动风扇，让油均匀浸入轴承内就可以了。如果散热风扇内带有两个轴承，除了要给主轴上油外，还要给进风面的轴承上油。

这里需要注意的是，用户最好使用计算机专用的润滑油或高级轻质缝纫机油，而不要用普通的汽车润滑油或劣质润滑油，以免在温度较低时与进入风扇轴承的灰尘凝结在一起。一般情况下，每一年上油一次即可。

（3）注意改善局部散热效果

电源自身会排出较多的热量，在室温较高时，如果电源不能及时、有效地散热，将有可能烧毁电源。因此，用户在放置计算机主机时，不能过于贴近墙壁，而应该在主机与墙壁之间留出一定的空间，这个距离建议在 20cm 以上。同时要归纳整理好主机后部的各种插座和线缆，计算机后面不要堆放杂物，保持良好的局部空气流通环境，以利于电源乃至整个主机迅速、有效排热。

实训任务 2　主机配件的日常保养维护

下面将对计算机主机各种配件进行保养维护。

【操作步骤】

① 检查主板、CPU（含散热风扇）、内存、硬盘、电源、板卡部件等主要配件是否安装完好，是否存在较多的灰尘杂质。

② 对上述各种主机配件进行除尘、除湿等清洁保养措施，并观察这些配件是否有烧坏、变形、损伤等问题。

③ 对主机配件的清洁保养过程进行记录，并分组讨论分析出现的问题，尽可能地给予各种配件力所能及的修复。

实训结束，完成下面的技能评价表。

主机配件的保养与维护技能评价

实训任务	检 查 点	完 成 情 况	出现的问题及解决措施
主机配件的日常保养维护	检查当前主机内各个配件的状况，指出配件在安装、接线、清洁等方面存在的问题	□完成　□未完成	
	根据实际情况与需要，制定主机清洁保养的实施方案，并准备必要的工具和辅助材料	□完成　□未完成	
	对主机各个配件有针对性地进行一次保养维护工作，记录保养前后配件状况的对比	□完成　□未完成	

17.3　外围设备的保养和维护方法

计算机外围设备的保养与维护包括以下几类。

1. LCD 显示器的日常保养与使用注意事项

LCD 显示器是比较"娇气"的设备，在使用过程中不要忘记保养和维护。只有保养得当，才能保障 LCD 显示器持续稳定地工作，并延长显示器的使用寿命。

（1）防止振动碰撞

LCD 显示器的液晶屏幕十分脆弱，要避免因剧烈地移动而使显示器遭受碰撞、震荡或者划刮，更不能用重物压住液晶屏幕和显示屏盖。

（2）避免屏幕长时间工作

显示器若长时间使用会容易导致屏幕色彩失真，加剧显示器内部元件的老化，影响显示器的寿命，而这种损坏将是永久性的，无法挽回。所以在不用的时候，最好关闭显示器。

（3）远离电磁干扰

LCD 显示器要尽量远离磁场较强的电器设备，如果显示器一直处于强大的磁场环境中，将有可能影响显示器电压的稳定性，损伤其内部敏感的电子部件。

（4）定期清洁屏幕

显示器在用久了之后，屏幕上常会吸附一层灰尘，有时还会沾上水渍或其他污垢，就需要对屏幕进行清洁。清洁的方法很简单，先关闭显示器，将干净柔软的纯棉无绒布蘸上清水，然后稍稍拧干，再从液晶屏幕上的一边向另一边轻轻擦拭，另外还可以购买专门擦拭液晶屏幕的清洁剂，但注意不能使用硬纸或硬布来擦，也不可用力挤压屏幕。清洁完成后让液晶屏上的水汽自然风干即可。如图 17-10 所示为用于擦拭液晶显示屏的清洁套装。

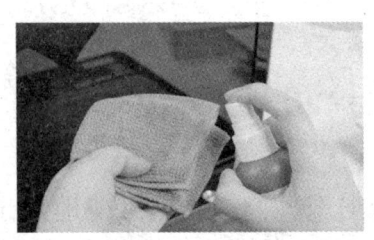

图 17-10　用来擦拭液晶屏幕的清洁套装

（5）勿用硬物触碰液晶屏幕

显示器屏幕属于玻璃制品，容易被硬物刮伤，所以用户平常应该避免用指甲、笔尖、硬币、纽扣、硬质纸等硬物触碰、敲击或划过屏幕。

2. 键盘、鼠标的日常保养与使用注意事项

键盘和鼠标在日常使用中要注意以下一些事项。

（1）键盘使用注意事项

要延长键盘的使用寿命，重点在于日常的保养维护，其中要特别注意食物和灰尘的腐蚀伤害，相关内容的详细介绍，请扫描二维码查阅。

17.3 外围设备的保养和维护方法-键盘使用注意事项

（2）键盘的清理保养方法

最简单的清洁方法是把键盘反过来轻轻拍打，使里面的灰尘或杂物掉落出来。如果键盘里面的杂物难以拍出，可使用大功率的吹风机或者吸尘器清理。另外还可以用毛刷清扫键盘表面，或者用拧干的湿布擦拭键盘，注意不要过于用力，以防止水流进键盘内部。

遇到难以清除的污垢，可用无水酒精来清洗。如图 17-11 所示为使用无水酒精擦拭键盘，如图 17-12 所示为使用专用的清洁胶来清理键盘表面的污垢。

 图 17-11　使用无水酒精擦拭键盘
 图 17-12　使用清洁胶清理键盘

　　如果键盘特别脏，或者按键不灵敏，可以拆开键盘，对其内部进行清洁。对于普通的薄膜键盘，只需把键盘后背的螺钉全部拧下来就可拆开外壳，然后取出里面的薄膜，吹掉上面的灰尘，用无水酒精或键盘清洁软胶轻轻擦拭顽固的污物，注意不要用酒精擦拭按键上的字符，以免酒精将字符溶解。键帽和弹性硅胶则可以拆下来用水清洗，最后放在阴凉通风的地方风干后，就可以安装回去了。

　　对于高档的机械键盘（如游戏竞技键盘），在不使用时可用键盘罩盖住键盘。键盘罩能够和键盘扣在一起，把内部的空气挤压出去，以达到较好的防尘效果。

　　（3）鼠标使用注意事项

　　鼠标虽然体积小巧，操作简单，但其日常的保养维护也同样不能忽视。

　　① 光电鼠标在使用中要避免摔碰鼠标和用力拉扯数据线，单击按键的力度要适宜，以防损坏弹性开关。另外，最好配备一张鼠标垫，既能增加鼠标操作的灵活度，还可以起到减震和保护光电元件的作用。

　　② 无线鼠标不宜在电器设备旁边使用，因为强磁场环境很可能会干扰无线鼠标信号的传输。如果长期不用鼠标，应取出电池，以避免电池过度放电而发生漏液而腐蚀鼠标。

　　③ 注意保持鼠标外壳和鼠标垫的清洁。如需清洁鼠标内部，可先拆开鼠标，用清洁巾或棉签沾上清水轻轻擦除污垢，而鼠标的感光头则只需用吹气球吹净表面的灰尘就可以了。

3. 音箱的日常保养与使用注意事项

　　音箱不仅要品质好，在使用过程中也有不少需要注意的事项，掌握一些正确的使用和保养方法能更好地发挥音箱的功效。下面列举几个常见的音箱使用和保养细节。

　　（1）合理摆放音箱的位置

　　主音箱之间或卫星音箱之间要拉开一定距离，同时根据房间和电脑桌的布局摆放在合适的位置，然后开始试音，并适当调整音箱的朝向，这样能获得较好的立体声效果。音箱上面不要摆放物品，防止因产生谐振而破坏音质，导致声音失真。此外，由于音箱是强磁场设备，要注意远离电视机、手表、手机、收音机等对磁场辐射比较敏感的物品，以免造成干扰。如图 17-13 所示为一套家庭影院型音箱系统的摆放设计布局。

（2）房间适当摆放些杂物

从声学原理来说，东西杂乱往往能够吸收多余的音波反射，减少表面反射所带来的影响，使房间接近正确的混响指数，因此稍显杂乱的房间对提升音质会更有利，如图17-14所示。

图17-13 家庭影院型音箱系统的摆放设计

图17-14 通过在房间中摆放物品来提升音质

（3）保持合适的温度和湿度

音箱的各种电子元件大多对温度和湿度的变化很敏感，如果室内温度过低或者过高，都有可能影响这些部件的稳定性。所以，音箱要避免放在湿气较重的地方或者日光直接照射的位置，否则容易引起箱体脆化爆裂或表面起泡，重则还会导致音箱内部电子部件的迅速老化甚至损坏。在潮湿天气应保持室内通风，常开音箱以驱散水汽；而到秋冬季节时，若空气太过干燥，在房间内放一盆水，也是明智之举。

（4）注意音箱与功放的配接

如果音箱与功放器连接，则需要正确匹配音箱和功放，使两者能够合理搭配。音箱与功放配接的要素有功率匹配、功率储备量匹配、阻抗匹配、阻尼系数匹配。

一般来说，高保真功放器要留有充足的输出功率富余量，其功率建议达到音箱的1.5倍以上，这样可获得足够的播放力度。而音箱的阻抗要与功放的额定输出阻抗相一致，阻抗不匹配会造成声音失真，严重时还会烧毁器材。阻尼系数是指音箱的标称阻抗与功放器输出内阻的比值，提高一点阻尼系数，低音音质会更加纯净和细腻，声音的重音效果也会更好。

4. 移动存储设备的日常保养与维护方法

17.3 外围设备的保养和维护方法-移动硬盘使用注意事项

移动硬盘与U盘等移动式存储设备由于平时拔插、操作及携带都较为频繁，容易对设备的接口或内部元件造成损伤，因此在使用时需要多加注意。

（1）移动硬盘使用注意事项

移动硬盘属于比较精密的电子设备，由于常用来存放重要数据，因此在使用过程中要注意做好保护，避免损坏硬盘。要少分区、尽量不热插拔、防止湿气和高温损害、避免振动与撞击，具体内容，请扫描二维码查阅。

（2）U 盘使用注意事项

① 虽然 USB 接口支持热插拔，但热插拔并不等于随意插拔，尤其是当指示灯在持续闪烁时，强行拔出对 U 盘伤害很大。

② 减少碎片整理次数，延长 U 盘使用寿命。

③ U 盘不用时记得拔出，避免计算机在每次开机或者从休眠状态苏醒时都对 U 盘进行读写。

④ 随身携带的 U 盘不要和其他硬物混放在一起，以免发生摩擦、挤压而导致 U 盘物理受损或变形。

⑤ U 盘要避免阳光照射，远离热源和电磁辐射源。

5. 光存储设备的日常保养与使用注意

光驱/刻录机与光盘若保养维护不好容易影响刻录或播放的质量，在使用过程中要注意避免频繁换盘、做好防尘清洁维护、注意防振保护、不要使用劣质光盘、尽量减少光驱使用的时间、不长期或频繁使用刻录机读盘。刻录盘在日常使用中要做到"三防"——防晒、防划、防贴标签。具体保养方法，请扫描二维码查阅。

17.3 外围设备的保养和维护方法-光存储设备的日常保养与使用注意

（1）光驱/刻录机使用注意事项

光驱由于内置有敏感度很高的激光头与其他精密部件，且紧密依赖盘片的配合，因此在使用中要注意避免遭受外界的不利影响和物理损害，同时要尽量延长内部光学元件与机械部件的使用寿命。

（2）刻录盘使用注意事项

刻录盘都比较敏感、易坏，哪怕一个细小的损伤也可能会给盘片造成严重的安全隐患，甚至会加快光盘的报废，危及数据安全，因此用户要注意刻录盘的保养方法，尽量延长盘片的使用寿命。

6. 笔记本电脑的日常保养与使用注意事项

笔记本电脑由于移动方便、使用频繁，往往会出现各种软硬件问题，因此要注意日常使用过程中的保养和维护。笔记本电脑的保养不仅仅在于外表的保养，同时还要注意相关部件的保养。只有笔记本电脑保养得好，才能有效延长其工作寿命，使用效果也会更佳。下面简述几点笔记本电脑日常保养维护的方法。

（1）显示屏保养

液晶显示屏是笔记本电脑非常重要的一部分，不仅价格昂贵（可占到整机售价的 1/3 以上），同时也非常脆弱，若屏幕保护不好，长期使用就容易导致屏幕显示不清晰，屏幕也会显得比较陈旧。对于新买的笔记本电脑，最好在液晶显示屏的表面粘贴一层专用的屏幕贴或保

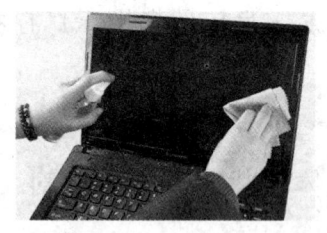

图17-15 使用专门的清洁工具擦拭笔记本屏幕

护膜，以避免液晶屏遭受意外的划伤。另外在日常使用时，不要将屏幕亮度调得太高，若有必要，还可启用省电模式，这不仅可以有效节能，也能很好地延长液晶显示屏的寿命。在闭合笔记本电脑时，一定要先确认键盘上没有遗留物品。如果显示屏需要清洁，尽量不要直接用湿布来擦，可使用专门的液晶屏清洁剂与清洁布擦拭，然后自然晾干即可，如图17-15所示。

（2）电池保养

笔记本电脑的电池保养比较讲究，尤其是要注意定期对电池进行保养性的充放电操作，若电池的保养做得不好，笔记本在使用一两年之后，电池的耐用性就会大大下降。由于电池的使用寿命主要是由充放电次数来决定的，所以最好的保养方法就是避免频繁地使用电池。

在笔记本电脑的使用过程中，尽量不要在电池还含有较多电量时就充电，应在电量接近用完之时再进行充电，在闪电、雷雨天气时切勿给笔记本电脑充电。此外，即使长期不使用电池，也要定期（例如每个月）对电池充放电一次，用完电量之后再充满电池，然后放到纸盒里，置于阴凉处保存，以避免锂离子失去活性。

（3）键盘保养

键盘是用户直接接触笔记本电脑最多的部件。键盘不仅容易出现故障，更换也比较麻烦，所以在使用过程中就更加需要保护。例如，用户在敲打键盘时不能太用力，以免导致键盘失灵，也不要边吃食品边用笔记本电脑，因为零食粉末、细小颗粒物、水、饮料或油容易吸进键盘，增大笔记本电脑清理的难度，同时也会破坏触摸板环境的洁净。

有些用户为避免弄脏键盘，喜欢在笔记本键盘表面盖上一层贴膜来使用，这其实是不可取的。覆盖键盘膜会阻碍键盘缝隙等地方的空气对流，不利于笔记本电脑的散热，长期下去将加快笔记本电脑的老化，严重情况下还会造成笔记本内部温度过高，从而导致笔记本电脑死机、蓝屏崩溃、硬件损坏等故障。而使用键盘膜也会降低键盘触摸的手感，并且还容易造成联键、错键等问题。

笔记本键盘在长时间使用后，在内部难免积聚杂物，有时还造成按键卡死或损坏，因此需要定期予以清洁。在进行清洁时可使用干净柔软的毛刷，轻轻地清扫按键、键盘周边及键盘缝隙，也可以使用专用清洁胶来清理，如图17-16所示。

图17-16 清洁笔记本键盘

（4）光驱保养

笔记本光驱属于消耗件，其价格要比同类的台式机光驱贵，由于平时光驱的使用不是很频繁，很多用户并不注意对光驱的保养。光驱是比较敏感的设备，频繁地读盘或刻盘会加重光头部件的压力，缩短光驱的寿命，因此要尽量避免直接使用光驱来听音乐、看电影或打游戏，如果用户要经常读取某张光盘，可以先将光盘内容复制到笔记本电脑硬盘中，或者制作成虚拟光盘，以备有需要时使用。

另外，光盘的品质对笔记本光驱也有很大的影响，用户应选购质量较好、表面光滑的光盘产品，尽量不要贪图便宜而购买品质较次、用料较差的盗版软件盘或刻录盘。对于用旧了的光盘，应保证光盘清洁再放入光驱，而有些表面存在明显划痕、污渍或表面涂料已严重变色的光盘则不应再继续使用了，以免损坏光驱。

（5）外壳保养

笔记本电脑的外壳是相对比较坚固的，但是在移动或携带过程中容易遭受外物挤压或划伤，因此平时应避免笔记本发生磕碰，尤其要避免尖锐或较硬的物体接触笔记本外壳，也不能让外壳沾染刺激性或腐蚀性液体。若需要清洁笔记本外壳，可将干净、柔软的湿布拧干水后进行擦拭，当然最好还是用软布蘸上专门的清洁剂来进行清洁。

（6）良好的使用习惯

在平时养成良好的使用习惯，能有效延长笔记本电脑的使用期限，减少各种故障的发生。用户平常在使用笔记本电脑时，应注意以下事项。

① 在关闭笔记本电脑时，切勿贪快求方便而直接强制关机或断电关机，这样对笔记本硬盘的伤害非常大。

② 不要让笔记本电脑在振动较大的环境下使用。若放在膝盖上或在颠簸行驶的车内使用就容易造成笔记本的不平衡，影响硬盘的正常运转，建议放到桌子或平稳固定的东西上。

③ 移动笔记本电脑时要轻拿轻放，避免摔碰和振荡。如果需要将笔记本电脑移动到较远的地方，务必要在关机后放进专用的笔记本携带包，这类专用包内部一般都经过了特殊的减振处理，可最大限度地保障笔记本电脑硬件的安全。

实训任务3　外围设备的日常保养维护

下面将对计算机各种外围设备进行保养维护。

【操作步骤】

① 检查显示器、键盘和鼠标、音箱、摄像头等外部设备是否安装完好，接口处是否存在较多的灰尘杂质，设备是否老化。

② 测试各个外部设备的工作状况，清除设备接口与连接线的灰尘，测试这些设备的实际使用效果，并检查各种按钮、按键的操作是否灵敏。

③ 对外部设备的检测与清洁保养过程进行记录，并分组讨论分析出现的问题，尽可能地给予相关设备力所能及的修复。

实训结束，完成下面的技能评价表。

外围设备的日常保养维护技能评价

实训任务	检 查 点	完 成 情 况	出现的问题及解决措施
外围设备的日常保养维护	检查显示器、键盘和鼠标、音箱、摄像头等外部设备是否存在老化问题或使用上的故障	□完成 □未完成	
	制定外部设备的保养维护方案，并准备必要的工具和辅助材料	□完成 □未完成	
	对各个外部设备逐一进行保养维护，然后检查并开机测试维护后的效果	□完成 □未完成	

知识巩固与能力拓展

1. 计算机平时应该做好哪些基本的保养与维护工作？
2. 在春季、夏季和秋冬季节应该如何保养好计算机？
3. 在使用计算机时你会习惯把手机放在机箱上面或笔记本电脑旁边吗？这样是否会对计算机产生影响？为什么？
4. 计算机在保养维护时要准备哪些工具或设备？要注意哪些问题？
5. 在教师的指导下，检查实训计算机的主机部件和外部设备，并根据实际情况对计算机硬件进行一次灰尘清理和污垢清洁工作。

计算机故障诊断与排除

第 18 章

工作任务分析

本任务主要学习计算机故障产生的主要原因和常用的排除思路，分析计算机自检、启动、运行和关机等阶段可能会出现的故障及解决方法，列举计算机软硬件系统的典型故障排除案例，梳理计算机故障的来龙去脉，并培养学生必要的职业观念、职业安全意识以及自主学习与探究实践的能力，使学生能够分析、诊断并排除常见的计算机故障。

知识学习目标

- 了解计算机故障的常见类型和产生原因。
- 熟悉计算机典型故障的主要解决过程。
- 掌握解决计算机故障的一般思路和常用方法。

技能实践目标

- 能够对计算机故障进行基本的分析与判断。
- 能够根据故障特点与现有资源解决常见故障。
- 能够自主学习、善于思考、勇于尝试，解决实际问题。

课程思维导图

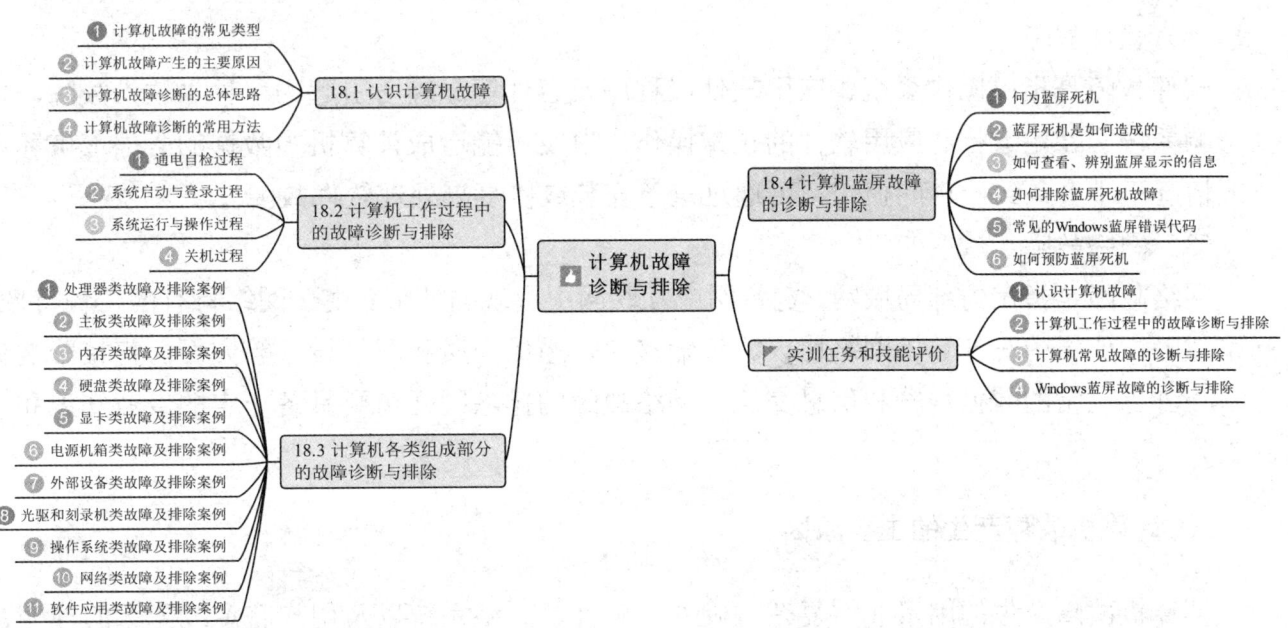

计算机在长期使用过程中，难免会出现各种各样的问题，轻则降低计算机的运行速度，影响软件操作，重则导致系统崩溃，甚至硬件损坏。掌握一些基本的故障排查与维护知识，

能够帮助用户快速处理计算机故障，恢复系统正常运行。

本任务将介绍常见计算机故障的诊断和排除方法，包括故障的类型、产生原因、故障诊断的基本要求，以及具体的排查处理要点等。此外，本任务还从计算机工作过程、计算机主要组成部分及计算机蓝屏故障等多个角度，全方位地介绍各种常见故障的特点、症状和解决方法，每一类故障都针对性地提供若干具体的案例分析。

18.1 认识计算机故障

计算机系统所产生的故障与问题多种多样，故障的表现特征也是五花八门，下面详细介绍计算机故障的基本特点。

1. 计算机故障的常见类型

围绕计算机系统的组成结构，可以把计算机故障划分为三种主要类型：硬件故障、软件故障和网络故障。

（1）硬件故障

硬件故障是由计算机硬件设备自身引起的故障，其中涉及计算机的各种芯片、板卡部件、存储设备、输入和输出设备、供电系统、外围设备，以及相应的硬件驱动程序等。发生硬件故障将会导致硬件设备工作的异常甚至失效，对计算机的正常运行也将产生不可预料的"硬伤"，往往需要用户具备一定的专业诊断技能和维修工具才能处理。

（2）软件故障

软件故障是指由操作系统、应用软件或程序兼容性等原因所引起的一种"软"故障，主要影响系统的稳定运行和应用软件的正常操作，以及可能造成计算机中数据的丢失或破坏，一般情况下不会导致硬件的损伤，可通过重新安装或修复来处理软件故障。

（3）网络故障

网络故障是指在内部局域网、宽带网或互联网中出现的故障。由于网络特有的传输特性，网络故障主要集中在计算机网络协议、传输接口、通信介质和网络设备等方面，直接影响计算机与外界正常的数据传输和信息交流。网络故障的排除同样需要具备一定的专业知识和诊断工具。

2. 计算机故障产生的主要原因

计算机故障产生的因素非常复杂，硬件、软件、网络系统以及用户有意或无意的行为都可能会产生无法预知的故障。但总体而言，计算机故障的形成主要包括以下几个方面。

（1）计算机软硬件产品的质量问题

计算机软件或硬件产品在设计、开发、制造过程中如果存在缺陷或漏洞，就有可能会降低产品质量，造成各种潜在的隐患，影响软件或硬件产品的稳定性与安全性，在某些情况下还会造成严重的后果。这是一类属于产品底层的先天性问题，只能通过厂商召回产品或发布补丁程序来修复。一般分为以下几种情况。

① 硬件设备的电路、电气设计方面有缺陷，或者软件系统的架构设计存在问题，主要原因在于产品前期的设计失误。

② 电子元件、零部件和其他材质存在用料不足、质量低劣等问题，硬件产品达不到设计要求，这种问题多半是生产厂商为降低成本、追求利润而偷工减料所致。

③ 各种假冒伪劣产品充斥市场。不法商家为了牟取暴利，以假货、次品、仿制品冒充正牌产品蒙骗消费者，这类产品很容易引发计算机故障，甚至还会直接损坏硬件。

（2）计算机使用环境的影响

计算机配件多为集成度较高的电子产品，对外界环境有一定的要求。如果计算机所处的环境不符合其正常运行的标准，则可能会造成各种故障的频发。影响计算机正常使用的环境因素有以下几点。

① 温度、湿度和干燥度：温度过高或过低、湿气过重都会对计算机部件产生巨大的影响。在这样的环境下，计算机很容易会因高温而烧坏部件，因低温或水汽凝聚而造成硬件短路。而在较为干燥的环境中，积聚的静电将有可能瞬间击穿硬件设备的电路和电子元件。另外，阳光如果直射主机、显示器或其他外部设备，也会对硬件造成损害。② 灰尘和杂质：空气中的灰尘和杂质黏附在电路板或电子元件上，会阻碍硬件的散热，加速其老化过程，有时还会损坏芯片。③ 强磁场：强烈的电磁波对机械硬盘、移动硬盘、主板芯片、显示器等硬件设备的伤害极大，甚至会造成永久性的故障。④ 外接电压：一般计算机所接的交流电压为220V，频率约为50Hz，由于电压瞬间的大幅度波动非常危险，因此要求接入计算机的电压源必须保持相对稳定。若外界电压过高，硬件设备的电子元件很容易会被烧坏，而如果接入电压过低，计算机无法获得足够的功率，硬件设备就不能正常运行，数据也可能会遭到破坏。对于电压不稳定或者经常停电的场合，建议采用UPS（不间断电源）来保护计算机，不仅可以稳定外部接入电压，在突然停电时也有足够的时间从容关闭计算机。

（3）硬件设备或软件程序兼容性冲突

计算机系统是由多种硬件和软件组成的，这些软硬件产品通常由不同的厂商进行设计和生产，虽然相关厂商会遵循业内统一的标准规范，但是它们的兼容性问题仍然得不到彻底解决。如果硬件与硬件之间、软件与软件之间或者硬件与软件之间产生运行冲突，例如抢占系统资源、争夺中断调度优先权、进程间的死锁等，往往就会影响计算机的正常运行，还可能会造成各种难以预知的故障。

计算机的兼容性故障包括硬件兼容性冲突和软件兼容性冲突两类。

① 硬件兼容性冲突。硬件设备在底层设计或驱动程序开发上如果出现缺陷或漏洞，就有可能与其他硬件或操作系统产生不能兼容运行的冲突。硬件兼容性冲突往往会造成比较严重的故障，例如开机时黑屏或蓝屏死机、计算机在运行过程中的突然关机或重启等。解决这类冲突问题的办法是升级驱动程序、重装操作系统或者更换硬件。

② 软件兼容性冲突。软件兼容性冲突大多是由于操作系统或应用软件在产品设计、代码开发或用户设置等方面存在问题而引起的，一般表现为应用程序越权运行、操作系统拒绝某些进程的执行等。用户可通过升级操作系统或者应用软件的版本、下载安装厂商发布的修补程序、重装操作系统或应用软件等方法来解决这类冲突。

（4）病毒恶意攻击和破坏

病毒可利用操作系统或应用软件内部存在的缺陷和漏洞，攻击、破坏或控制计算机系统，导致计算机出现各种各样的软件问题甚至硬件故障，进而还会威胁用户敏感数据和账户资金的安全。近年来，随着"互联网+"、云计算、电子商务、线上游戏和虚拟金融行业的飞速发展，病毒、木马、广告软件等恶意程序在全球范围内的攻击破坏也呈现高发态势，目前已成为造成计算机软件故障和信息安全问题的头号"元凶"。

（5）用户操作或管理不当

计算机系统最终是由人来使用的，如果用户日常的操作或管理不当，也会导致计算机出现各种问题。主要包括以下几个方面。

① 硬件设备安装不当。在安装硬件设备时，如果没有按照正确、规范的操作方法，就有可能留下隐患，例如因螺钉没拧紧或插槽没卡到位所引起的硬件接触不良，安装位置不对造成的板卡变形，使用劣质硬件导致主板接口损坏，粗暴或使用蛮力安装导致硬件划伤，带电拔插或带静电触摸导致硬件短路或元件烧坏等。

② 软件系统安装不当。安装盗版操作系统或者从非正规网站下载的软件程序也是引起计算机故障的一大因素，因为这类软件内置的功能特性已被人为删除或改动过，甚至还会被植入恶意程序，其稳定性、安全性与可靠性已打了折扣，将会对计算机的正常运行产生不利影响。

③ 使用管理上的不当。若用户在计算机的使用和管理上过于随意或疏忽，例如忽视防毒软件的安装和升级，随意访问不安全的网站，轻易打开陌生人发来的图片或链接，未经病毒扫描即安装网络上提供的共享软件，对与他人共用的计算机未做基本的安全防护设置等行为，都会产生计算机故障和安全问题。

3. 计算机故障诊断的总体思路

故障诊断是排除、处理各种计算机软硬件故障的前提。只要用户掌握一定的诊断和排除方法，在遇到计算机故障时就不会感到手足无措，也不会盲目地拆开机箱折腾硬件，无目标的操作反而会使原本简单的问题变得复杂。

计算机故障诊断的总体思路可概括为"先大后小、先软后硬、先易后难、由外及内"，即根据故障所表现出来的现象、特征和规律，初步判断故障的大体位置和所属类型，然后逐步缩小范围，最终确定故障发生的源头。

（1）先大后小

遇到计算机故障时，先判断该故障的一个大致的类型和范围，例如它属于硬件故障还是软件故障。如果是硬件问题，则先判断是主机内部配件发生故障还是外部设备出现问题。然后再进一步分析，是无法显示（涉及显示设备）、听不到声音（涉及音频设备）还是无法录入或打印资料（涉及输入和输出设备），这时就要运用一定的诊断方法，逐个或单独检查相关的硬件设备是否工作正常。而如果是软件故障，那么就要分析是操作系统出现问题，还是某个应用软件不能正常使用，或者是计算机已感染了病毒，此时就要对可疑的软件进行逐项检查，必要时可进行全盘病毒扫描，再依照具体情况修复或重装软件。

（2）先软后硬

计算机出现的故障大多由软件所引起，由于软件故障比硬件故障更容易出现，频率更高，症状更为明显，因而处理起来也相对简单一些。在发生故障时，应首先分析应用软件和操作系统是否有问题，如发现可疑的问题，先尝试进行修复、更新或重装，然后进一步检查硬件设备是否存在故障。

（3）先易后难

在处理计算机故障时应该先从最简单、明显或最常见的地方入手，例如先检查各个部件的安装是否正确到位，硬件插座和接口是否松动，螺钉是否拧紧或缺失，硬件插槽处是否积聚过多灰尘，各种线缆是否连接牢固，是否存在接错线缆等现象。这些故障并不是由于硬件自身问题而引起的，而是属于一种"假性"的故障，具有一定的迷惑性和误导性。在检查、排除了这些简单的问题后，再进一步考虑真正的硬件故障。

（4）由外及内

由外及内是指当计算机发生故障时，根据计算机的外部表现特征，例如开机提示信息、键盘指示灯闪烁、主机报警音、软件的出错提示等，来分析这些软硬件故障的具体特点和规律，进而再判断可能是哪一个硬件设备或应用软件出了问题。另外，也可以先检查计算机外部设备（显示器、键盘、鼠标、办公设备、数码电子设备等）是否工作正常，必要时可关闭外部设备的电源或拔掉连接线缆，再进一步判断机箱内各部件是否出现故障。

4. 计算机故障诊断的常用方法

诊断和排除计算机故障的方法多种多样，下面仅介绍几类常见、实用的故障处理方法。

（1）直观感觉法

直观感觉法即通过感官去分析、判断故障的位置和原因，它包括望（观察法）、闻（嗅味法）、听（听声法）、切（触摸法）、问（询问法）等几个方面，与中医的诊断疗法相似。

① 望（观察法）。"望"就是通过观察主机电源指示灯是否常亮，显示器电源灯是否呈现

绿色，键盘指示灯是否在开机时闪烁，显示器的视频线接头是否安装牢固，键盘鼠标的接口是否松动，各配件与主板之间是否接触到位，硬件的连接线缆是否已经脱落，板卡部件的表面是否有明显的伤痕或烧痕，显示屏幕上是否出现有错误提示或警告信息等各个部分，用户可以获得直观的感觉，有助于排除一些常见的软硬件故障。

② 闻（嗅味法）。"闻"即通过嗅觉来分辨计算机内部是否有部件被烧坏。例如，如果计算机散发出焦味、糊味、油漆味、塑料胶味等相似的气味，则说明有可能是某个配件或外部设备的电阻、电感线圈、连接线缆、二极管、金手指或者外部接口等部位已被烧坏，可根据发出气味的大致范围，最终确定故障的具体位置。

③ 听（听声法）。"听"就是用耳朵辨别计算机所发出的异常响声。一般来说，当计算机在启动或运行时，各部件是没有声音或者呈现正常状态声的。如果计算机发生故障，则可以仔细听电源、CPU风扇、主板、硬盘、显卡、显示器等部件的声音，如果发出的声音与平常不同，则说明该部件有可能出现了问题。

例如，在正常情况下，Phoenix-Award BIOS 主板自检完毕后大多会发出一声"滴"的短音，表明系统能够正常启动（也有一些主板没有自检音），而如果发出三声"滴"的短音，则表示主板 POST 自检失败；如果主机内发出三声"滴"的长音，表明内存可能有接触不良、物理损坏或者内存地址错误等问题；有些老旧的机械硬盘在运转时会发出"咔嚓咔嚓"的声音，这说明该硬盘内部可能存在物理性坏道，若继续使用下去容易造成永久性损坏；如果CPU风扇或电源风扇积累了太多的灰尘，则可能会发出较大的异常的啸声等。用户可根据这些提示声音来判别具体的故障原因。

采用不同 BIOS 芯片的主板往往会发出不同的报警音，表 18-1 与表 18-2 分别列出了 Phoenix-Award BIOS 和 AMI BIOS 的常见报警音，供读者参考。

表 18-1　Phoenix-Award BIOS 报警音一览表

报 警 音	含 义 说 明	报 警 音	含 义 说 明
1 短	主板自检（POST）通过	1 短 4 短 3 短	EISA 总线时序器错误
3 短	主板自检失败，系统无法启动	3 短 1 短 1 短	DMA 控制器或寄存器出错
1 短 1 短 2 短	主板出现错误	3 短 1 短 3 短	主中断处理寄存器错误
1 短 1 短 3 短	主板电池失效或 CMOS 损坏	3 短 1 短 4 短	副中断处理寄存器错误
1 短 1 短 4 短	BIOS 芯片或参数检测错误	3 短 2 短 4 短	键盘时钟错误
1 短 2 短 1 短	系统时钟失效	3 短 3 短 4 短	显卡 RAM 存储单元错误
1 短 2 短 2 短	DMA 通道初始化失败	3 短 4 短 2 短	显示器数据线连接错误
1 短 2 短 3 短	DMA 通道寄存器检测错误	3 短 4 短 3 短	显卡 BIOS 单元失效
1 短 3 短 1 短	内存通道刷新错误	4 短 2 短 1 短	系统实时时钟错误
1 短 3 短 2 短	内存元件损坏或 RAS 设置错误	4 短 2 短 3 短	BIOS 模式切换错误
1 短 3 短 3 短	内存硬件检测错误	4 短 2 短 4 短	保护模式中断错误
1 短 4 短 1 短	内存地址检测错误	4 短 3 短 1 短	内存元件损坏
1 短 4 短 2 短	内存 ECC 奇偶校验错误	4 短 4 短 1 短	串行接口（COM 或 PS/2 接口）错误

表 18-2　AMI BIOS 报警音一览表

报　警　音	含　义　说　明	报　警　音	含　义　说　明
1 短	内存刷新失败	7 短	处理器实模式运行错误
2 短	内存 ECC 奇偶校验错误	8 短	显卡存储单元读/写错误
3 短	内存常规检查失败	9 短	主板 ROM BIOS 检测出错
4 短	系统时钟错误	10 短	主板寄存器读/写错误
5 短	处理器运行错误	1 长 3 短	内存元件检测错误
6 短	键盘电路或接口故障	1 长 8 短	显示器连接错误

④ 切（触摸法）

"切"即是通过触摸计算机配件、外部设备或电子元件，感觉其表面形状、安装位置或工作温度是否与正常状态有所不同，从而判断出现问题的可能性。例如，当用手触摸某些电容时如果感觉其体积膨胀，触摸电子元件时如果感觉到弯曲变形，触摸板卡部件时如果感觉其松动不稳，触摸机箱背面时如果感觉电源出风量过小，触摸某些主机配件或者外部设备的表面时如果感觉温度很高甚至烫手等情况，都说明这些部件或设备可能出现了问题，甚至有可能已经损坏。

⑤ 问（询问法）

"问"也就是向计算机的使用者询问故障发生前及发生后的情况，包括故障前做了哪些操作，使用者是否安装了新的硬件或软件，是否拆卸过部件或线缆，是否更改过系统设置，故障发生时计算机是否有错误提示、故障发生后使用者做了哪些操作等。通过与使用者的沟通和了解，可以初步判断所出现的故障是属于人为操作不当所致还是计算机自身的问题，进而缩小故障排查的范围。

（2）替换法

替换法是指用一个品牌与规格相同的正常部件去替代怀疑有故障的部件，并观察故障现象是否消失，以此来确定被替换的那个部件是否正常可用。例如，将一个好的板卡插到有故障的计算机中后，若故障现象不再出现，那么问题就出在原先那个板卡上。此外，如果将某个怀疑有故障的部件安装在一台运行正常的计算机中，计算机随即出现了故障，那么也可判断该部件存在问题。

替换法特别适合于两台型号和配置都相同的计算机，当一台计算机出现故障时，可以直接用另外一台计算机的同类配件进行替换，从而迅速判断故障出在何处。

（3）最小系统法

最小系统法通常用于排查较为复杂的计算机故障，指的是当计算机发生故障而又无法确定具体部位时，可先保留支持计算机运行的最小硬件系统，其中包括主板（含板载显卡）、CPU（含散热风扇）、内存和电源，通电后观察这几大部件是否能正常启动和运行。在最小硬件系统正常工作的基础上，再逐步添加各个部件与设备，直到出现故障，就可以确定问题出在哪里了。

最小系统排查法可分为以下三类情况。

① 主板、CPU（含散热风扇）、内存、电源搭配使用，可检测计算机硬件核心是否能够正常开机。

② 主板、CPU（含散热风扇）、内存、电源、独立显卡、显示器搭配使用，可检测计算机是否能够正常启动和显示。

③ 主板、CPU（含散热风扇）、内存、电源、独立显卡、显示器、硬盘、键盘搭配使用，可检测计算机是否能够正常进入操作系统。在此基础上，可以再逐步添加鼠标、网卡、声卡、光驱、摄像头、打印机、游戏手柄等硬件设备（逐步添加法），并随时观察计算机的运行情况，密切留意可能会出现的故障现象。

最小系统法与逐步添加法相结合，能快速、准确地定位发生故障的部件，提高计算机的维修效率。

（4）逐项移除检测法

逐项移除检测法是逐步添加法的一种逆向检测操作，如果用户无法确定计算机故障的具体位置，可以先逐个拔除相对次要的硬件设备，如打印机、摄像头、光驱、游戏手柄等外设，以及声卡、网卡等板卡部件，并观察故障现象是否消失。如果故障依然存在，那么再逐项拔除鼠标、键盘、硬盘、显卡、显示器等部件，最后将计算机恢复至最小硬件系统来观察、判断，如有需要，还可以对最小系统的各个部件进行逐项检测。

（5）诊断工具辅助法

对于具备一定技术基础的用户，可以借助专业的诊断工具来帮助排除故障，主板诊断卡便是其中的一种。主板诊断卡也叫诊断测试卡，能够收集 BIOS 对各种硬件设备的检测信号，并以十六进制格式显示硬件的诊断代码。例如，若主板在进行 POST 自检时出现错误，用户就可以根据诊断卡中显示的具体代码，并参照该类主板的 BIOS 诊断代码含义表，查找与之对应的故障描述说明。有些智能诊断卡还会采用数字或中文显示，这样就使得硬件诊断信息更加直观，可读性也更强。

与其他诊断工具相比，主板诊断卡可以直接检测硬件级别的错误信号，特别是在计算机启动黑屏、键盘操作无反应、POST 报警音失效、系统无法引导时，使用主板诊断卡可为用户带来很大的便利性。如图 18-1 和图 18-2 所示分别为数字式主板诊断卡与中文显示主板诊断卡。

图 18-1 数字式主板诊断卡

图 18-2 中文显示主板诊断卡

每一款主板诊断卡的说明书都会提供 POST 诊断代码的详细说明，在不同主板上使用诊断卡进行 POST 故障诊断的方法大同小异，其基本操作步骤如下。

① 关闭计算机电源，拔下主板上的各种部件和独立板卡，只保留最小硬件系统。

② 将诊断卡插入主板的 PCI 扩展插槽中。

③ 开启电源，诊断卡的发光管会出现闪烁，并显示相关的硬件检测信息，这时观察诊断卡是否出现 POST 错误代码。

④ 如果显示错误代码，则查找对应的代码说明，并依照提示关机排除故障。

⑤ 重新开机，检查故障是否解决。

⑥ 如果故障已解决，那么可将其余的硬件设备安装回原位，并连接所有的线缆。然后重启计算机，对整台计算机进行一次检测。

⑦ 如果诊断卡检测正常，但仍然无法进入系统，则应考虑与操作系统相关的软件、硬件或驱动程序问题。

（6）软件测试诊断法

很多专业的测试软件能够对计算机进行硬件检查，测试主要部件的性能配置和工作状态，并提供基本的硬件运行诊断功能。常见的第三方测试软件有 Windows 优化大师、鲁大师、360 硬件大师、EVEREST，以及显卡图形性能测试软件 3DMark 等。

实训任务 1　认识计算机故障

在本实训任务中，将初步认识计算机故障的基本特点与表现形式，以期对计算机故障有一个较为直观的了解。由于计算机故障的产生具有一定的特殊性与不可预测性，因此用户可结合具体的计算机设备、辅助工具或相关软件进行模拟。用户可以参考以下"操作步骤"中列出的模拟操作方法。

【操作步骤】

① 准备一台实训用的计算机，接通电源后开机，观察该计算机在开机与运行过程中是否会出现异常情况，如屏幕不显示、蓝屏死机、发出报警音、屏幕显示错误提示信息等。如果发现上述问题，将相关问题的症状记录下来。

② 分别拔掉显示器的数据线与电源线，依次观察显示器将会出现何种现象，指示灯的颜色变化，并思考在屏幕没有显示的情况下，如何判别是主机出现问题还是显示器问题。

③ 关闭计算机电源，打开机箱侧板盖，取出内存条，然后通电开机测试，观察计算机会有何种症状，计算机是否会发出报警音。测试完毕后将内存安装回原位，保持计算机的完好，并将故障症状记录下来。

④ 用同样的方法，将硬盘的电源线或数据线拔除，并开机观察屏幕上是否会出现故障提示信息，然后将故障症状记录下来。

对于上述各项故障模拟测试，用户在获得第一手故障症状信息的基础上，可以通过小组讨论、请教任课老师或专业人士及上网查阅资料等方式，尝试找到有关产生这一问题的可能原因及解决该类故障的方法。

实训结束，完成下面的技能评价表。

认识计算机故障技能评价

实训任务	检查点	完成情况	出现的问题及解决措施
认识计算机故障	了解计算机故障的常见类型和产生原因	□完成 □未完成	
	了解内存、主板、显卡等常见部件的BIOS报警音	□完成 □未完成	
	掌握计算机故障排除的一般性方法	□完成 □未完成	
	通过模拟测试，熟悉故障的基本特征及解决思路	□完成 □未完成	

18.2 计算机工作过程中的故障诊断与排除

为便于说明，这里将计算机的工作过程划分为通电自检、系统启动与登录、系统运行与操作以及关机四个过程，并对各过程可能出现的故障进行分类，通过列出的故障现象为用户提供诊断和排除的参考思路及解决方法。

1. 通电自检过程

从按下主机电源开关（含 Reset 重启和热重启）到主板完成 POST 自检这一阶段称为通电自检过程，这个阶段所发生的故障关系到计算机开机和主板 BIOS 系统是否正常。

（1）可能出现的故障现象

① 主机不能通电，包括电源风扇不转、风扇转一下即停、电源间隔性断电等现象。

② 计算机开启时死机，屏幕无显示，亦无报警音，或者有报警音但显示器无任何画面显示。

③ 开机时 POST 自检报错，发出报警音，屏幕停留在主板自检画面。

④ 计算机反复重启，或者开机时无征兆地自动关机。

⑤ 主板 BIOS 中的参数设置丢失，系统时钟失效。

⑥ 开机掉闸，机箱的金属板盖带有静电等。

（2）故障可能涉及的部件

电源、主板、CPU（含散热风扇）、内存、显卡、机箱面板开关及连接线等。

（3）故障诊断及排除方法

如果主机不能正常通电、开机无显示或无报警音、开机时 POST 自检报错、计算机反复重启或自动开关机，可参照下列方法进行排查。具体操作，请扫描相应二维码查阅。

（4）通电自检类故障案例

下面列举两个通电自检类故障分析与排除案例。

① 故障案例之一　无法开机，主机自检报警。

② 故障案例之二　开机失败，主机无任何报警音和画面显示。

2. 系统启动与登录过程

从 POST 自检结束到进入操作系统桌面或应用界面这一阶段称为系统启动与登录过程，这个阶段发生的故障主要与操作系统及启动硬件有关。

（1）可能出现的故障现象

① 系统启动过程中报错、死机无反应或无显示、反复重启等。

② 无法正常引导操作系统，提示系统内核进程崩溃、引导文件丢失、硬件冲突或启动硬件错误等。

③ 系统无法正常进入桌面，只能以安全模式或命令行模式启动。

④ 系统启动时，自动执行磁盘扫描或其他无关的应用程序。

⑤ 系统登录时出错、重启或死机。

⑥ 无法进入 BIOS Setup 主程序，或 BIOS 中的配置信息与实际不符。

（2）故障可能涉及的部件

主板及 CMOS 设置、CPU（含散热风扇）、内存、硬盘、显卡、声卡、外部设备等硬件，以及操作系统和应用软件。

（3）故障诊断及排除方法

如果 BIOS 配置出现异常、系统启动时出错或死机、系统引导失败或不能正常加载、无法登录系统桌面，可参照下列方法进行排查。具体操作，请扫描相关二维码查阅。

（4）系统启动与登录的故障案例

下面列举两个系统启动与登录的故障排查案例。

① 故障案例之一　系统无法启动，显示器呈现黑屏状态。

② 故障案例之二　系统启动时频繁死机。

18.2-2（1）
系统启动与登录过程故障诊断及排除方法

18.2-2（2）
故障案例之一
系统无法启动，显示器呈现黑屏状态

18.2-2（3）
故障案例之二
系统启动时频繁死机

3. 系统运行与操作过程

进入系统桌面后，用户便可以对计算机进行各种操作和设置，这一阶段统称为运行与操作过程，这个阶段发生的故障大多与操作系统、应用软件和用户操作有关，也有部分故障是由硬件因素所引起。

（1）可能出现的故障现象

① 系统运行速度变得较慢，或有卡顿现象，硬件指示灯经常会长时间闪亮。

② 办公软件、播放软件、游戏软件等应用程序无法打开或运行出错。

③ 运行应用软件时硬件设备突然报错。

④ 系统在运行过程中突然出现黑屏、蓝屏死机故障，或弹出程序非法操作、内存某段地址不能读取等报错提示。

⑤ 应用软件安装、卸载时出错，或在使用过程中出现各种错误。

⑥ 系统进入休眠或睡眠模式后，不能正常唤醒。

（2）故障可能涉及的部件

主板、CPU（含散热风扇）、内存、硬盘、显卡等硬件设备，以及操作系统、硬件驱动程序和应用软件等。

（3）故障诊断及排除方法

如果计算机在使用过程中出现硬件、系统或应用软件故障，可参照下列方法进行排查。

具体排查方法，请扫描相应二维码查阅。

（4）运行与操作类故障案例

下面列举两个运行与操作类故障排查案例。

① 故障案例之一　系统运行无故变慢，正常的操作也有些卡。

② 故障案例之二　插入 U 盘时系统报错。

18.2-3（1）
系统运行与操作过程故障诊断及排除方法

18.2-3（2）
故障案例之一
系统运行无故变慢，正常的操作也有些卡

18.2-3（3）
故障案例之二
插入 U 盘时系统报错

4. 关机过程

从操作系统执行关机命令开始，到主机电源关闭或重新开机自检这一阶段，称为关机过程，这个过程出现的故障主要是与操作系统对关机命令的执行，以及硬件设备对系统调度指令的响应情况有关。

（1）可能出现的故障现象

① 单击关机命令后操作系统没有反应，需要强行关闭主机电源。

② 系统在关闭或退出过程中异常缓慢，关机时间过于漫长。

③ 在关机时系统报错、崩溃或死机。

④ 系统在正常运行和操作过程中突然提示准备关机。

⑤ 无征兆地自动关机或重启。

（2）故障可能涉及的部件

主板、CPU（含散热风扇）、内存、硬盘、显卡、电源等硬件设备，以及操作系统、硬件驱动程序和应用软件等。

（3）故障诊断及排除方法

如果计算机在关机时出现故障，可参照下列方法进行排查。具体排查方法，请扫描相应二维码查阅。

（4）关机类故障案例

下面列举两个关机类故障分析与排除案例。

① 故障案例之一　关机时提示应用程序出错。

② 故障案例之二　关机时会自动重启。

18.2-4（1）
关机过程
故障诊断及排除方法

18.2-4（2）
故障案例之一
关机时提示
应用程序出错

18.2-4（3）
故障案例之二
关机时会自动重启

实训任务 2　计算机工作过程中的故障诊断与排除

在本实训任务中，将练习模拟、分析、辨别计算机在工作过程中可能会出现的故障，并对故障所属的类型与工作阶段进行判断，同时尝试对故障进行处理或修复。

【操作步骤】

① 在通电自检阶段，用户可以拔掉 CPU（含散热风扇）、内存或显卡等关键配件来模拟故障，并观察计算机的启动状况。

② 在系统启动与登录阶段，用户可以拔掉键盘线、硬盘线或显示器数据线，检查计算机是否能够正常启动。或者在虚拟环境（如 VM 虚拟机）中，删除 Windows 虚拟系统的显卡、主板芯片组等硬件驱动程序，然后重启虚拟系统，观察是否还能正常开机运行。

③ 其他运行阶段，用户可以在虚拟环境中删除部分 Windows 系统文件、删除应用软件的部分文件，或者安装多个杀毒软件等，观察系统是否会出现兼容性冲突、运行崩溃等现象。

另外，在日常使用过程中，用户如果碰到各种计算机故障，也可以进行分析和归纳，以便更好地熟悉计算机故障的处理方法。

实训结束，完成下面的技能评价表。

计算机工作过程中的故障诊断与维护技能评价

实 训 任 务	检 查 点	完 成 情 况	出现的问题及解决措施
计算机工作过程中的故障诊断与排除	会识别、分析屏幕上出现的故障描述信息	□完成 □未完成	
	了解计算机各个工作阶段中较为常见的故障类型及排除方法	□完成 □未完成	
	准备一台实训计算机，观察在使用过程中是否会出现上述各类故障，并尝试进行分析、判断与修复	□完成 □未完成	

18.3 计算机各类组成部分的故障诊断与排除

计算机的硬件和软件系统在日常使用中均有可能出现各种故障，不同类型的故障会具备不同的表现特征，在分析和处理方法上也有很大的区别。下面选取部分典型的硬件设备和软件应用故障来进行分类介绍，并对每一类故障分别提供两个解决案例。

1. 处理器类故障及排除案例

处理器类故障主要涉及 CPU 和散热风扇。通常情况下，CPU 芯片自身是不会损坏的，造成 CPU 故障的原因大多是 CPU 安装不当、散热片接触不良、灰尘积聚过多、风扇散热效果不好及用户不正确的设置或超频等。

① 故障案例一　CPU 使用率过高，导致系统无法正常运行。
② 故障案例二　CPU 散热风扇故障导致计算机自动重启。

18.3-1（1）
故障案例之一
CPU 使用率过高，导致系统无法正常运行

18.3-1（2）
故障案例之二
CPU 散热风扇故障导致计算机自动重启

2. 主板类故障及排除案例

主板电路复杂，所包含的电子元件也很多，因此比较容易出现故障，主要包括接触不良、电路短/断路、插槽损坏、电池失效、元件和接口损坏或烧毁等。

① 故障案例一　主板安装不当导致无法开机。
② 故障案例二　主板BIOS无法保存用户设置。

3. 内存类故障及排除案例

内存虽然结构简单，安装容易，却是最容易出现故障的部件之一。究其原因，主要有接触不良、金手指老化、兼容性冲突、硬件质量问题、安装或设置操作不当等。

① 故障案例一　内存接触不良导致无法开机。
② 故障案例二　内存混插造成频繁死机。

4. 硬盘类故障及排除案例

硬盘是存储操作系统、应用软件及用户数据的主要设备，也是非常容易受到外界影响和外力破坏的部件，尤其是对于机械硬盘来说，其物理结构的精密性、敏感性和存储介质的脆弱性往往会给用户带来很多麻烦。导致硬盘出现故障的主要原因包括接触不良、病毒感染、分区表被破坏、外力碰撞、磁盘逻辑或物理坏道、温度、湿度、静电、磁场影响、硬盘质量问题等。

① 故障案例一　开机时硬盘报错。

② 故障案例二　硬盘存在坏道，导致计算机频繁死机。

5. 显卡类故障及排除案例

显卡有集成显卡和独立显卡之分，集成显卡已将GPU芯片和主要元件集成到主板上，发生故障的概率相对较小，而独立显卡和其他独立安装的板卡一样，面临着很多故障隐患，如安装不到位、插接不牢固、散热效果不良、显卡质量较次或驱动程序未正确安装等。

① 故障案例一　显卡接触不良导致无法开机。

② 故障案例二　运行时出现花屏死机。

6. 电源机箱类故障及排除案例

电源和机箱在计算机使用过程中出现问题的频率也不低，常常会影响计算机的正常启动和稳定工作。导致电源和机箱发生故障的原因有电源功率不足、市电电压不稳、电源老化、灰尘积聚过多、静电影响、机箱带电、产品质量问题、机箱面板接线不正确或开关不灵等。

① 故障案例一　计算机开机数秒钟后会自动关机。

② 故障案例二　电源功率不足导致计算机频繁发生故障。

18.3-6（1）
故障案例之一
计算机开机数秒钟后
会自动关机

18.3-6（2）
故障案例之二
电源功率不足导致计算机
频繁发生故障

7. 外部设备类故障及排除案例

计算机外部设备种类较多，其中显示器、键盘、鼠标、声卡、打印机等硬件设备比较容易出现故障，其原因主要有安装或连接不当、硬件自身设置不正确、驱动程序出现问题、设备接口或数据线损坏等。

① 故障案例一　液晶显示器屏幕出现黑白线条。
② 故障案例二　启动计算机时不能识别键盘。

18.3-7（1）
故障案例之一
液晶显示器屏幕
出现黑白线条

18.3-7（2）
故障案例之二
启动计算机时
不能识别键盘

8. 光驱和刻录机类故障及排除案例

光驱是一种易耗品，其核心部件——激光头是非常脆弱和敏感的部件，长期、频繁地使用会加速光学元件的老化，降低光驱运转和读盘的稳定性。此外，线缆连接不牢固、驱动程序出问题或设置错误也是光驱出现故障的重要因素。而对于刻录机来说，刻录盘质量的优劣则是决定刻录机使用寿命的关键因素之一，"因盘而废驱"的情况屡见不鲜。

① 故障案例一　播放 DVD 光盘时计算机出现故障。
② 故障案例二　刻录光盘时计算机死机。

18.3-8（1）
故障案例之一
播放 DVD 光盘时
计算机出现故障

18.3-8（2）
故障案例之二
刻录光盘时计算机死机

9. 操作系统类故障及排除案例

Windows 操作系统在安装、设置、启动、登录等过程中都有可能出现问题，这些问题既可能是系统文件自身的原因，也可能与硬件设备故障、BIOS 设置错误、病毒感染、用户操作不当等因素有关。

① 故障案例一　Windows 7 操作系统无法安装到指定分区。
② 故障案例二　Windows 7 操作系统无法启用网络发现功能。

18.3-9（1）
故障案例之一
Windows 7 操作系统无法
安装到指定分区

18.3-9（2）
故障案例之二
Windows 7 操作系统无法
启用网络发现功能

10. 网络类故障及排除案例

网络是计算机应用中一个不可缺少的领域，一旦出现网络故障，会直接导致用户无法访问网络资源，或无法实现网络共享，计算机也将变成一个"信息孤岛"。网络故障一般是由于网络设置不当、操作系统出现问题、病毒攻击和破坏、网络软件漏洞以及网络硬件问题引起的。

① 故障案例一　在 Windows "网络"中无法查看局域网内的其他计算机。
② 故障案例二　访问网站域名出错，但可以通过 IP 地址访问网站。

18.3-10（1）
故障案例之一 在Windows"网络"中无法查看局域网内的其他计算机

18.3-10（2）
故障案例之二 访问网站域名出错，但可以通过IP地址访问网站

11. 软件应用类故障及排除案例

随着应用软件种类的极大丰富，用户在使用软件的过程中也会经常碰到各种故障。这些问题大多是由于软件安装、设置、操作上的不当或软件自身的问题所造成的，在不同程度上给用户带来了诸多不便。

① 故障案例一 在Word中输入网址和邮件地址总是自动转换成超链接。
② 故障案例二 使用IE浏览网页时出现非法操作错误。

18.3-11（1）
故障案例之一 在Word中输入网址和邮件地址总是自动转换成超链接

18.3-11（2）
故障案例之二 使用IE浏览网页时出现非法操作错误

实训任务3 计算机常见故障的诊断与排除

在"实训任务1"与"实训任务2"已积累知识的基础上，尝试分析并排除几个完整的计算机故障，应包含对故障的分析判断、故障归纳、具体处理措施以及处理结果等主要过程，以完善故障排除的相关知识，并能将所学知识与所得经验应用于工作实践中。读者可参照以下几种实践操作方法。

【操作步骤】

① 分析、诊断、排除一次主机类（重点为主板、内存（含散热风扇）、硬盘、显卡、电源等配件）故障，并将实践过程记录下来。

② 分析、诊断、排除一次外设类（重点为键盘、鼠标、光驱、显示器、打印机、移动存储设备等）故障，并将实践过程记录下来。

③ 分析、诊断、排除一次软件类（操作系统或应用软件）故障，并将实践过程记录下来。

④ 分析、诊断、排除一次网络类（局域网访问或网络连接）故障，并将实践过程记录下来。

实训结束，完成下面的技能评价表。

计算机常见故障诊断与维护技能评价

实 训 任 务	检 查 点	完 成 情 况	出现的问题及解决措施
计算机常见故障的诊断与排除	排除一次主机配件或外部设备故障	□完成 □未完成	
	排除一次操作系统或应用软件故障	□完成 □未完成	
	排除一次网络连接（局域网或互联网）故障	□完成 □未完成	
	能够规范地处理计算机故障，具备安全操作的意识	□完成 □未完成	

18.4 计算机蓝屏故障的诊断与排除

蓝屏是一种常见的计算机故障，可能会出现在各个版本的 Windows 操作系统中。由于蓝屏故障的成因复杂，涉及面较广，因此用户在处理蓝屏故障时，要注意掌握基本的诊断规律和排除方法，以尽量降低蓝屏故障所造成的影响和损失。

1. 何为蓝屏死机

蓝屏死机（Blue Screen of Death，BSOD）是 Windows 操作系统的一种特有的故障处理方式，也是一种系统自我保护机制。当 Windows 的某个核心服务或进程出现异常，并可能危及系统内核的稳定或安全时，Windows 不会冒着内核被破坏和文件丢失等风险继续运行，而是立即强行停止当前的工作，阻止内核异常演变成更加严重的后果，在第一时间把损失降至最低，同时在蓝色屏幕上显示有关系统崩溃的问题描述，以供用户参考和排查修复。这种蓝屏故障操作是由一个名为"KeBugCheckEx"的系统核心进程来控制的，通常也把 Windows 系统的蓝屏调试称为"BugCheck"。

2. 蓝屏死机是如何造成的

蓝屏死机故障在早期的 Windows 95/98 时代就已频繁出现，成为广受用户诟病的一大问题，到了 Windows 2000/XP 时代，由于微软摒弃了之前的 16 位与 32 位混合内核，而首次在个人版本中采用纯 32 位 NT 内核，这使得 Windows XP 操作系统拥有更好的安全性和稳定性，蓝屏死机现象也大为减少。从 Windows 7 操作系统开始，微软不断优化系统内核架构设计，并强化了系统级安全防护功能和应用程序隔离机制，Windows 系统因而变得更为稳固，但是仍然无法避免蓝屏死机这一现象。

导致系统发生蓝屏死机的原因非常复杂，除了操作系统在产品设计、代码开发上的缺陷之外，更主要的是来自下列的各种因素。

- 第三方硬件驱动程序兼容性不佳。
- 硬件设备自身的质量较差。
- 硬件设备接触不良或安装不当。
- 主机内部温度过高。
- 操作系统或 BIOS 参数设置错误。
- 应用软件内部的 Bug 问题，或者软件与系统发生冲突。
- 使用第三方工具软件安装了不兼容的系统补丁。
- 病毒对系统的攻击和破坏等。

从计算机硬件的角度来看，操作系统对硬件设备自身的故障是难以直接修复的，硬件问题可能会破坏系统底层的稳定运行，甚至让系统无"立足之地"，最终被迫蓝屏重启。而从软件运行的角度来看，任何一个从系统"用户模式"（User Mode）越权进入"内核模式"（Kernel Mode）执行，或者非法闯入系统内存保护"禁区"运行的应用程序，都会引起操作系统的强烈反应，若系统无法恢复原有秩序，那么将以蓝屏死机的方式来"杀死"这个危险的进程（Kill the Task）。

3. 如何查看、辨别蓝屏显示的信息

在 Windows 2000/XP 和 Windows 7 操作系统中，发生蓝屏故障时屏幕显示的画面框架基本上是相似的，一般包含了错误代码、错误的来源、错误的描述信息、引起错误的"罪魁祸首"名称，通常还会提供排查和处理此项错误的建议措施。有时候屏幕信息中还会包含内存堆栈转储信息，这些信息列出了发生蓝屏故障时内存中运行的进程，以及它们当时正在做什么事情。如图 18-3 所示为一个常见的 Windows 系统蓝屏故障示例。

下面简单解释 Windows 系统蓝屏 BugCheck 的基本描述信息。

- STOP 后面的第一项信息是十六进制错误代码 ID，也是直接可供用户诊断和排查的实用信息。括号内的四项信息是在发生蓝屏故障时系统生成的参数，用于系统内部或者专业技术人员进行错误调试。
- "KERNEL_MODE_EXCEPTION_NOT_HANDLED"这一行是对应于 STOP 错误代码而生成的，它对蓝屏故障的原因进行了简单的描述，表明该故障是由于系统内核程序出

现异常引起的，但是具体原因尚不明确，需要结合其他信息来进行排查。如果这里没有显示名称，则说明错误非常严重，以至于系统不能对该错误进行归类定义。

图 18-3　一个常见的 Windows 系统蓝屏故障示例

> 不少蓝屏信息还会列出一个具体的文件名或进程名，表明在蓝屏故障发生时系统检测到该文件或进程存在异常情况，并很可能是由于它所引起的问题，而这往往会成为缩小范围排查的关键所在。比如本例中的"nvlddmkm.sys"文件，这是 NVIDIA 显卡驱动程序的重要文件，由此可判断，应该是安装了与系统内核不匹配的显卡驱动程序，从而造成兼容性冲突故障。

掌握辨别蓝屏信息的方法对于快速检测、排除蓝屏故障是很有帮助的，用户就能够自行解决很多简单的蓝屏死机故障。如图 18-4 所示为另一个蓝屏故障的画面，其中第三行信息为："The problem seems to be caused by the following file: halmacpi.dll"，表明该蓝屏故障很可能是由"halmacpi.dll"这个 Windows 动态链接库文件引起的，该文件已经丢失或损坏，用户可以从网上下载一个新的文件并覆盖原位置，或者用系统安装光盘进行修复安装。

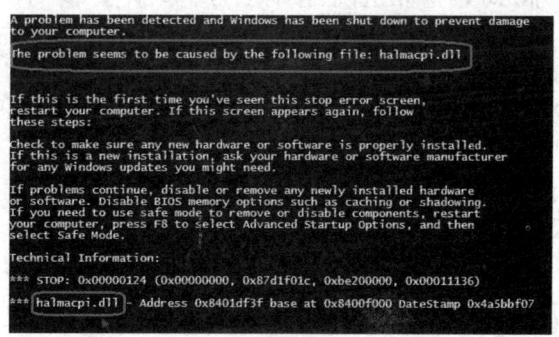

图 18-4　指出可能导致本次蓝屏的系统文件

在 Windows 8/8.1/10 操作系统中，微软重新设计了蓝屏显示和处理机制，系统不再显示详细的蓝屏描述信息，而是简单扼要地向用户发出故障提示，收集必要的错误信息，并提供引起该错误的关键词，方便用户搜索问题的具体原因和解决办法，另外还附上一个以文本字符描绘的悲伤表情。如图 18-5 和图 18-6 所示分别为 Windows 8 系统和 Windows 10 系统发生蓝屏死机时的画面。

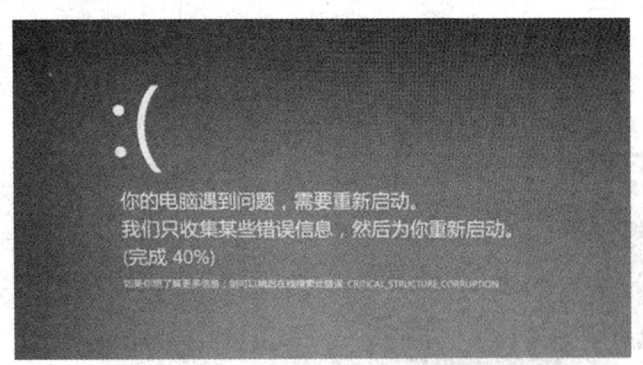

图 18-5　Windows 8 操作系统蓝屏示例

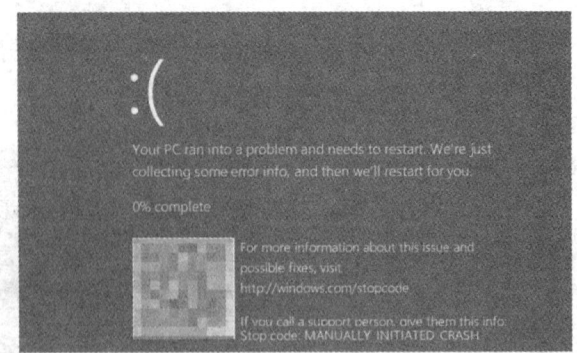

图 18-6　Windows 10 操作系统蓝屏示例

4. 如何排除蓝屏死机故障

计算机发生蓝屏死机故障时，可以采用以下方法对蓝屏错误进行初步分析，并寻找可能的解决方案。

（1）重启计算机

有些蓝屏故障只是操作系统或应用程序的偶然错误，重启计算机后系统会自动恢复正常。重新开机后也可以按"F8"键进入 Windows 高级启动选项菜单，然后选择从"最近一次正确的配置"来启动系统。

（2）查杀病毒

很多病毒和木马（如"冲击波"和"震荡波"等病毒）会攻击、破坏系统文件，造成系统蓝屏崩溃。因此，用户最好用防毒软件或专门的病毒清除工具对计算机进行全盘病毒查杀。

（3）卸掉新安装的硬件和软件

如果计算机在添加硬件设备后出现蓝屏故障，就要检查相关的硬件设备是否插牢、装错和损坏，然后拔下该硬件，插到其他插槽或接口中，重新安装与所用操作系统相兼容的新版本驱动程序。而如果最近安装有应用软件（尤其是大型软件），则要检查软件是否出错、是否与系统冲突、是否需要进行专门设置等，必要时可卸载软件以测试和排除故障。

（4）升级 Service Pack 服务包和系统补丁

Windows 系统自身存在的缺陷和错误也可能会导致蓝屏故障，为修复系统的各种错误和漏洞，完善系统的安全性和功能性，用户应及时升级最新的补丁程序和 Service Pack（SP）服务包。但是，如果在升级系统（例如升级到 Windows 10）或更新安全补丁之后计算机发生蓝屏故障，那么最好卸载新安装的补丁程序，或将 Windows 系统"回滚"（升级后的 30 天内才能使用）至原来的版本。

（5）检查系统事件日志，查找故障元凶

Windows 系统因为发生蓝屏错误而崩溃时，系统会在后台将相关的进程强行停止，并生成一系列的 XML 文件，其中包含系统崩溃时正在运行的进程名称以及内存的使用信息。用户可以在系统事件日志中查看这些信息，并根据日志的描述寻找故障元凶。下面以 Windows 7

操作系统为例，介绍查看事件日志的方法。

① 右击"计算机"图标，在弹出的快捷菜单中单击"管理"命令，打开"计算机管理"窗口。

② 依次单击展开窗口左侧的"事件查看器"→"Windows 日志"→"系统"选项，在中间的主窗口中查找并单击描述蓝屏错误的事件日志（带有红色叹号图标，级别定义为"错误"），而下方的窗口则会同步显示该日志文件的简要描述内容。这里以一个"Application Popup"类错误级别事件为例，该事件提示一个名为"BrowserSafe.sys"的驱动文件与 Windows 系统存在不兼容，有可能会危害系统的稳定运行，因此被 Windows 操作系统禁止启用，该事件 ID 号为"1060"，如图 18-7 所示。

图 18-7　打开系统事件日志窗口

③ 双击该事件，随后弹出一个独立的窗口，包含"常规"和"详细信息"两个组成部分，用户可以在窗口中查看有关该事件的具体描述内容，如图 18-8 所示。

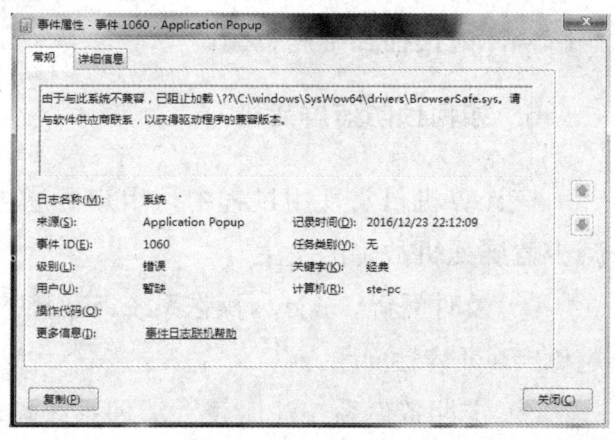

图 18-8　事件详细信息

④ 如果该窗口提供的信息不能有助于解决问题，用户也可以登录访问微软官方技术支持网站，然后输入该事件的 ID 号（如本例中的 1060），进一步查找有用的故障解决方案。

（6）根据蓝屏错误代码上网搜索处理方法

系统提供的蓝屏错误代码和所列出的进程名称是不可忽视的信息，在网上可以查找这些代码或进程的解释内容，有些网站还会提供解决故障的参考方法。建议用户登录微软帮助和技术支持网站，以蓝屏错误代码为关键词，搜索微软提供的有关该类故障的知识库（Microsoft Knowledge，KB）文章，如图 18-9 所示。

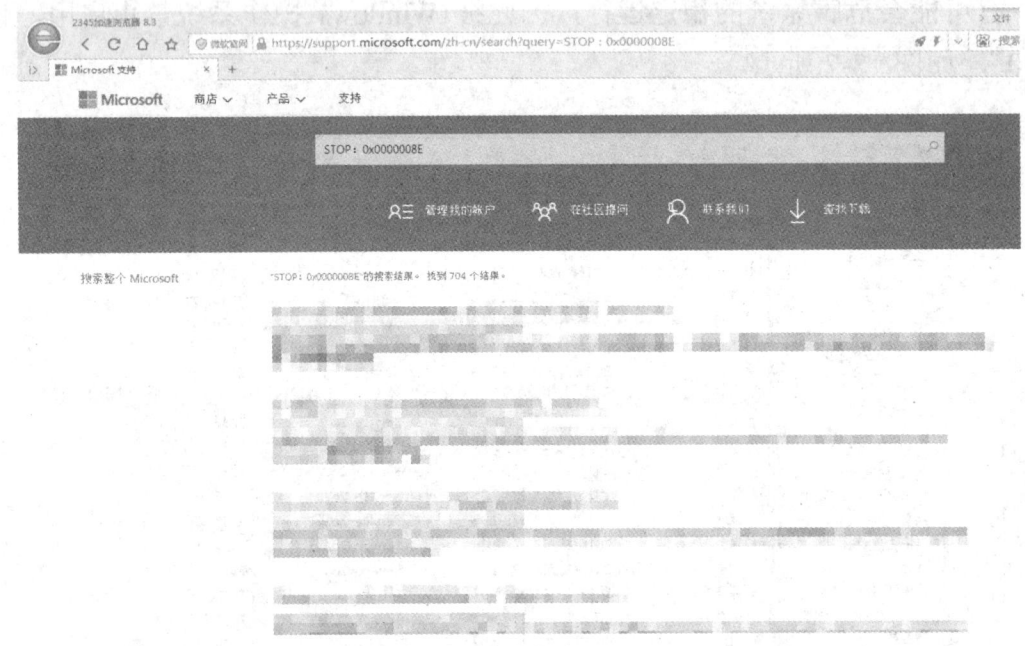

图 18-9　登录微软帮助和技术支持网站搜索蓝屏解决方案

5. 常见的 Windows 蓝屏错误代码

18.4-5　常见的 Windows 蓝屏错误代码

Windows 蓝屏错误代码的数量超过 200 种，其中只有少数代码是经常出现的。下面列举几种常见的蓝屏错误代码示例，具体的代码解释，请扫描二维码查阅。

6. 如何预防蓝屏死机

在计算机日常使用过程中，用户可通过以下一些方法来预防或减少蓝屏死机故障的发生。

① 及时更新 Windows 操作系统、应用软件和硬件驱动程序的版本，避免出现兼容性问题。

② 定期备份系统注册表、清理系统垃圾文件、优化系统性能，确保防毒软件保持更新并定期查杀病毒。

③ 如非必要，尽量不要安装过多的应用软件，卸载软件时要用正确的操作方法将软件卸载干净。

④ 平时要注意保养、维护计算机，定期检查主机部件是否存在异常（如温度、灰尘、牢固性等），养成良好的使用习惯。

⑤ 添加额外的硬件设备时要检查硬件是否有损坏，接口是否良好，安装非公版或第三方驱动程序之前，要核对驱动程序的具体版本和安装要求，切勿为了求新、求快、求全而冒险安装可能不受系统支持的设备驱动程序。

实训任务 4　Windows 蓝屏故障的诊断与排除

本实训任务将在实践中强化对蓝屏故障相关知识的掌握，读者可参考以下操作方法来判别蓝屏故障的类型，并练习如何优化计算机设置，以降低蓝屏故障发生的风险。

【操作步骤】

① 上网搜索由于硬盘、内存、显卡等关键配件故障而产生的蓝屏故障信息，了解对该类蓝屏故障进行分析与处理的常用技术方法。

② 上网搜索一张其他的蓝屏故障图片，结合本节介绍的方法，对该图片中的主要蓝屏故障信息进行分析，判断该蓝屏故障所属的类型、可能产生的原因。

③ 搜索蓝屏故障的系统日志信息或官方支持页面，以加深对蓝屏故障的具体认识。

④ 对计算机系统进行一次全面的优化与安全设置，清理系统垃圾文件，防范恶意程序侵袭，以提高系统的稳定性、安全性及运行效率。此外对计算机进行一次硬件保养维护，排除潜在的硬件故障隐患。这些措施将会有效降低计算机发生蓝屏故障的风险。

实训结束，完成下面的技能评价表。

Windows 蓝屏故障诊断与维护技能评价

实训任务	检查点	完成情况	出现的问题及解决措施
Windows 蓝屏故障的诊断与排除	能够辨识屏幕上出现的蓝屏错误信息，并掌握如何搜索蓝屏故障解决方法	□完成　□未完成	
	查找本机中的系统事件日志，看看是否存在蓝屏错误或其他严重故障的错误信息。如果有，则具体分析错误产生的原因	□完成　□未完成	
	对计算机进行必要的整理、维护和优化设置，以降低发生蓝屏故障的风险	□完成　□未完成	

知识巩固与能力拓展

1. 常见的计算机故障分为哪几类？分别是由哪些因素造成的？
2. 一台计算机发生故障时，应该如何入手进行诊断？简要说明你的思路。
3. 可使用哪些方法排除计算机故障？其中哪些方法比较直观？哪些需要具备一定的技术基础？
4. 找一台出现故障的计算机，对这台计算机进行一次全面检查，并根据本任务介绍的思路和方法，分析、判断其发生故障的原因，并尝试修复此故障。
5. 结合自己所处的实际环境，简述如何减少计算机发生故障或损坏的概率。

附录　本书导读和拓展知识列表

序　号	名　　称	页　码
1	在计算机硬件领域，我们中国已经很厉害啦！	1
2	我们要有严谨、规范、爱岗敬业的职业意识！	120
3	工欲善其事，必先利其器！	240
4	未来先进的计算机形态	14
5	CPU 的性能参数-缓存（Cache）详解	18
6	CPU 的选购参考-CPU 市场上的一些"猫腻"现象	25
7	CPU 的选购参考-CPU 真伪辨别方法	25
8	2nm 芯片之后，"中国芯"将迎来破茧化蝶的曙光	26
9	芯片产业发展的灵魂——摩尔定律	26
10	散热器的选购参考-散热器产品的真伪辨别	31
11	液态金属散热器	32
12	主板的功能作用-芯片-南北桥芯片与单芯片	35
13	主板的功能作用-芯片-集成芯片	35
14	主板的功能作用-接口-USB 接口	39
15	主板的功能作用-接口-集成设备接口	40
16	可弯曲的柔性设备	51
17	主板特色功能简介	51
18	内存的选购参考-内存造假手段简介	59
19	内存的选购参考-内存真伪辨析	59
20	内存行业的发展趋势	61
21	革新极致的 DDR5 内存	61
22	计算机存储单位及换算方式	61

续表

序号	名称	页码
23	服务器内存	61
24	使用大容量内存的注意事项	61
25	机械硬盘-主流硬盘品牌与产品特点简介	69
26	机械硬盘与固态硬盘选购参考-机械硬盘真伪辨别	73
27	机械硬盘与固态硬盘选购参考-固态硬盘真伪辨识	74
28	越来越大的计算机"胃口"	75
29	"另类"的玻璃硬盘	75
30	未来幻影式的智能键盘和鼠标	85
31	显卡-显示输出端口	88
32	显卡的性能指标-显示芯片	89
33	声卡-输入输出接口	92
34	下一代显卡技术和未来的多媒体世界	98
35	什么是GPU	98
36	什么是显卡交火	98
37	LCD显示器选购参考-根据用途选购	106
38	LCD显示器选购参考-液晶面板类型	106
39	你的"报纸"怎么能看电影?	108
40	能变身的柔性显示织物	108
41	给你一副有"魔法"的眼镜	108
42	正在悄悄变身的计算机电源	119
43	机箱的另一种美	119
44	组装一台完整的计算机-配备装机工具	139
45	组装一台完整的计算机-安装注意事项	139
46	硬盘分区与格式化概述-硬盘分区的类型	173
47	硬盘分区与格式化概述-硬盘分区格式	173

续表

序 号	名 称	页 码
48	了解和创建硬盘分区-磁盘分区注意事项	176
49	常见的硬件驱动程序版本	213
50	主机配件的保养和维护方法-机械硬盘使用注意事项	247
51	主机配件的保养和维护方法-固态硬盘使用注意事项	247
52	外围设备的保养和维护方法-键盘使用注意事项	250
53	外围设备的保养和维护方法-移动硬盘使用注意事项	252
54	外围设备的保养和维护方法-光存储设备的日常保养与使用注意	253
55	通电自检过程故障诊断及排除方法	267
56	故障案例之一　无法开机，主机自检报警	267
57	故障案例之二　开机失败，主机无任何报警音和画面显示	267
58	系统启动与登录过程故障诊断及排除方法	268
59	故障案例之一　系统无法启动，显示器呈现黑屏状态	268
60	故障案例之二　系统启动时频繁死机	268
61	系统运行与操作过程故障诊断及排除方法	269
62	故障案例之一　系统运行无故变慢，正常的操作也有些卡	269
63	故障案例之二　插入U盘时系统报错	269
64	关机过程故障诊断及排除方法	270
65	故障案例之一　关机时提示应用程序出错	270
66	故障案例之二　关机时会自动重启	270
67	故障案例之一　CPU使用率过高，导致系统无法正常运行	271
68	故障案例之二　CPU散热风扇故障导致计算机自动重启	271
69	故障案例之一　主板安装不当导致无法开机	272
70	故障案例之二　主板BIOS无法保存用户设置	272
71	故障案例之一　内存接触不良导致无法开机	272
72	故障案例之二　内存混插造成频繁死机	272

续表

序号	名称		页码
73	故障案例之一	开机时硬盘报错	273
74	故障案例之二	硬盘存在坏道，导致计算机频繁死机	273
75	故障案例之一	显卡接触不良导致无法开机	273
76	故障案例之二	运行时出现花屏死机	273
77	故障案例之一	计算机开机数秒钟后会自动关机	274
78	故障案例之二	电源功率不足导致计算机频繁发生故障	274
79	故障案例之一	液晶显示器屏幕出现黑白线条	274
80	故障案例之二	启动计算机时不能识别键盘	274
81	故障案例之一	播放 DVD 光盘时计算机出现故障	275
82	故障案例之二	刻录光盘时计算机死机	275
83	故障案例之一	Windows 7 操作系统无法安装到指定分区	275
84	故障案例之二	Windows 7 操作系统无法启用网络发现功能	275
85	故障案例之一	在 Windows "网络"中无法查看局域网内的其他计算机	276
86	故障案例之二	访问网站域名出错，但可以通过 IP 地址访问网站	276
87	故障案例之一	在 Word 中输入网址和邮件地址总是自动转换成超链接	276
88	故障案例之二	使用 IE 浏览网页时出现非法操作错误	276
89	常见的 Windows 蓝屏错误代码		282

反侵权盗版声明

电子工业出版社依法对本作品享有专有出版权。任何未经权利人书面许可,复制、销售或通过信息网络传播本作品的行为;歪曲、篡改、剽窃本作品的行为,均违反《中华人民共和国著作权法》,其行为人应承担相应的民事责任和行政责任,构成犯罪的,将被依法追究刑事责任。

为了维护市场秩序,保护权利人的合法权益,我社将依法查处和打击侵权盗版的单位和个人。欢迎社会各界人士积极举报侵权盗版行为,本社将奖励举报有功人员,并保证举报人的信息不被泄露。

举报电话:(010)88254396;(010)88258888
传　　真:(010)88254397
E-mail:　　dbqq@phei.com.cn
通信地址:北京市万寿路 173 信箱
　　　　　电子工业出版社总编办公室
邮　　编:100036